쉽게 배우는 반도체

内富 直隆 지음
정학기 옮김

Original Japanese edition published by Gijutsu-Hyoron Co., Ltd., Tokyo
This Korean language edition published by arrangement with Gijutsu-Hyoron Co., Ltd., Tokyo in care of Tuttle-Mori Agency, Inc., Tokyo through Bestun Korea Agency, Seoul.

역자 서문

반도체산업은 우리나라의 수출을 주도하며 세계적으로 품질의 우수성을 인정받고 있습니다. 반도체산업은 타 산업으로의 파급효과가 커 그 발전은 계속 이어지리라 생각합니다. 반도체는 비단 전자공학뿐만이 아니라 자연과학의 모든 분야를 포함하는 거대한 학문 분야라 할 수 있습니다. 그러므로 반도체를 '산업의 쌀'이라고도 합니다. 미국이 오늘날 반도체 강국으로 자리 잡은 것은 든든한 기초과학의 발전과 산업 수요의 증가 덕분이라 할 수 있습니다. 그러므로 주변 산업의 발전 없이 단지 반도체 칩만을 생산한다는 것은 단순한 하청 산업일 뿐입니다. 이러한 모순에 빠지지 않기 위해선 반도체 지식의 저변확대를 통하여 반도체산업의 중요성을 인식하고 주변 산업의 발전과 더불어 뒤처지지 않도록 부단히 노력하는 수밖에 없을 것입니다. 우리가 소위 반도체 선진국으로부터 기술을 도입하였듯이 지금은 우리나라도 반도체 선진국으로서 외부로부터의 강한 도전을 받고 있으며 이러한 도전을 극복해 나갈 때 진정한 반도체 강국으로 태어날 수 있을 것입니다. 반도체산업은 소재, 부품, 장비, 설계기술, 제품화 등에 이르기까지 매우 광범위한 분야를 포함하고 있습니다. 이에 본 서적에서는 반도체의 기본지식을 쉽게 습득할 수 있도록 매우 간단하면서 명료하게 설명하였습니다. 누구나 읽고 이해할 수 있도록 쉽게 그림을 통하여 설명하였으며 광범위한 반도체 지식을 단기간에 습득할 수 있도록 모든 설명을 군더더기 없이 진행해 나가고 있습니다. 일반인이라면 이 정도를 습득하고도 충분히 반도체의 중요성을 인식할 것이지만 전공하는 학생들에게는 이 서적의 내용으론 반도체를 완전히 이해하기는 부족할 것입니다. 이 서적을 이용하여 많은 참고서적을 접해보시기 바랍니다. 그러면 본인도 모르게 우리나라 반도체 발전의 일익을 담당하고 있을 것입니다. 반도체를 공부하는 모든 학생들에게 반도체의 무한한 발전 가능성에 도전해 주시길 기원합니다.

2020년 3월

역자 씀

머리말

트랜지스터가 발명된 지 벌써 60년이 넘었고, 이제는 트랜지스터라는 단어를 듣는 일은 거의 사라졌지만 트랜지스터가 사라지지는 않았습니다. 고도로 진화한 집적회로 안에는 무수히(적어도 과장이 아닐 정도로) 많은 트랜지스터가 내장되어 있기 때문에 '이것이 트랜지스터' 라고 지칭해 볼 수 없게 되었을 뿐입니다.

트랜지스터를 발명한 Bardeen은 한때 이렇게 말한 적이 있습니다. "지금 세상에 보이는 전자공학의 결과물은 발명 당시 사람들이 무리하게 예측한 성과에 미치지 못할 정도입니다". 트랜지스터는 이제 공기처럼 주변에 존재하게 되었고, IT 사회가 현재에 이르게 되었습니다. 하지만 옛날 라디오 소년들은 분명 기억할 것입니다. 트랜지스터를 1석, 2석으로 세어본 시대가 있었다는 것을... 그런데 트랜지스터는 왜 "석"이란 단위로 말한 것일까요? 그것은 진공 속을 전자가 흐르는 진공관과 달리 트랜지스터는 특수한 고체결정 속의 전자의 움직임을 응용해 검파나 증폭 같은 무선 통신에 필수 기능을 구현한 소자였기 때문입니다. 이 "특수 고체 결정"은 이 책에서 언급한 '반도체'에 해당합니다. 이 책은 2009년에 출간한 "초보의 공학- 기본이 잘 이해되는 처음 배우는 반도체 -"에 최신 정보를 추가해 전면 개정하였습니다.

2014년 봄
內富 直隆

차례

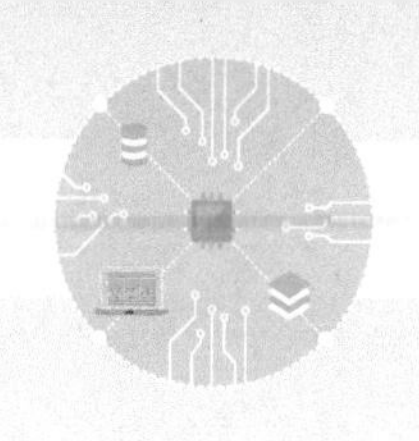

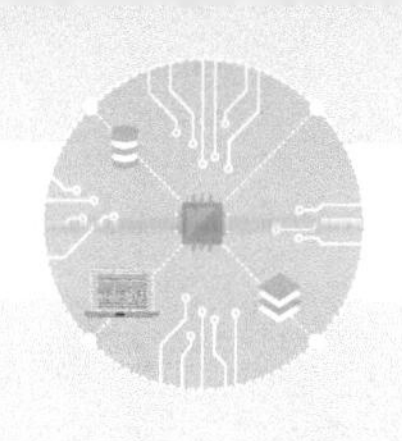

칼럼/목차

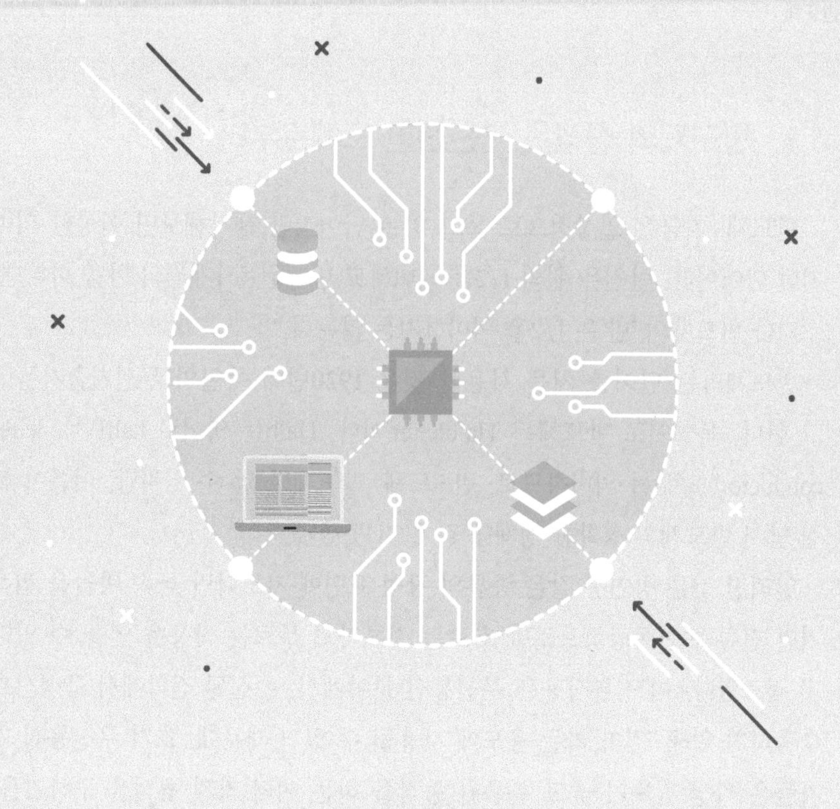

CHAPTER

1

반도체란 무엇인가

정체불명의 돌덩이에 불완전한 의미의 '반'을 붙인 여명기의 전기전자기술자들. 그들은 스스로 반도체라고 이름 붙인 돌들이 100년이 지나서 근대사회를 지탱하는 소재가 되는 것을 상상할 수 있었음에 틀림없다.

MEMO

1.1 반도체의 성장은 불완전한 도체로부터

반도체–지금은 일상적으로 듣고 있는 단어지만 생각해보면 이상한 의미를 지닌 단어이다. 반원은 원의 1/2를 의미하고 반개월은 1개월의 반을 나타낸다. 그러나 반도체의 '반'은 1/2을 의미하지는 않는다.

반도체라는 단어를 처음 사용한 것은 1920년대 독일의 무선기술자들이라고 한다. 독일어로 반도체는 'Halbleiter'이다. Halb는 영어로 half(반), leiter는 conductor(도체)를 의미하므로, 반+도체=반도체라 할 수 있지만, 이름이 붙여질 당시 반도체의 정확한 정체를 잘 알지 못했다.

알려진 것은 방연광 같은 종류의 광석 표면에 가느다란 금속 바늘을 접촉시키면 전류를 한쪽방향으로만 흐르는 정류라고 부르는 작용을 얻을 수 있다는 것 정도였다. 이 정류작용은 무선통신 분야에서, 수신된 전파에서 음성신호를 추출하기 위해 "검파"라는 용도에 사용될 수 있기 때문에, 초기 무선통신 기술자들은 가장 감도가 좋고 유용한 동작을 하는 여러 가지 광석을 구하기를 원했다. 그래서 그들은 이 광석을 "반도체"라고 불렀다.

그러나 동일한 종류의 광석이라도 너무나 상이한 전기적 특성을 나타내는 반도체는 변덕스럽고 통제할 수 없는 물질이었다. 따라서 미지의 세계를 탐구하는 양자역학이 확립되어 가고 있었던 시대에, 반도체는 불완전한 도체로써, 학문의 대상이 될 수 없다고 하는 목소리가 적지 않았다.

그러므로 반도체의 '반'은 '반숙', '반단'의 '반'과 같이 불완전하다는 의미를 내포하고 있다. Halbleiter를 영어로 번역한 'Semiconductor'의 'semi'도 부정적인 의미를 엿볼 수 있지만 불완전하게 보이는 전기적 성질 속에 반도체가 오늘날까지 발전할 수 있었던 가능성을 숨기고 있었던 것이다.

해설

도체 : 금속이나 탄소처럼 전기가 잘 통하는 물질

정류작용 : 전기를 한 방향으로만 흐르게 하는 전기적 성질

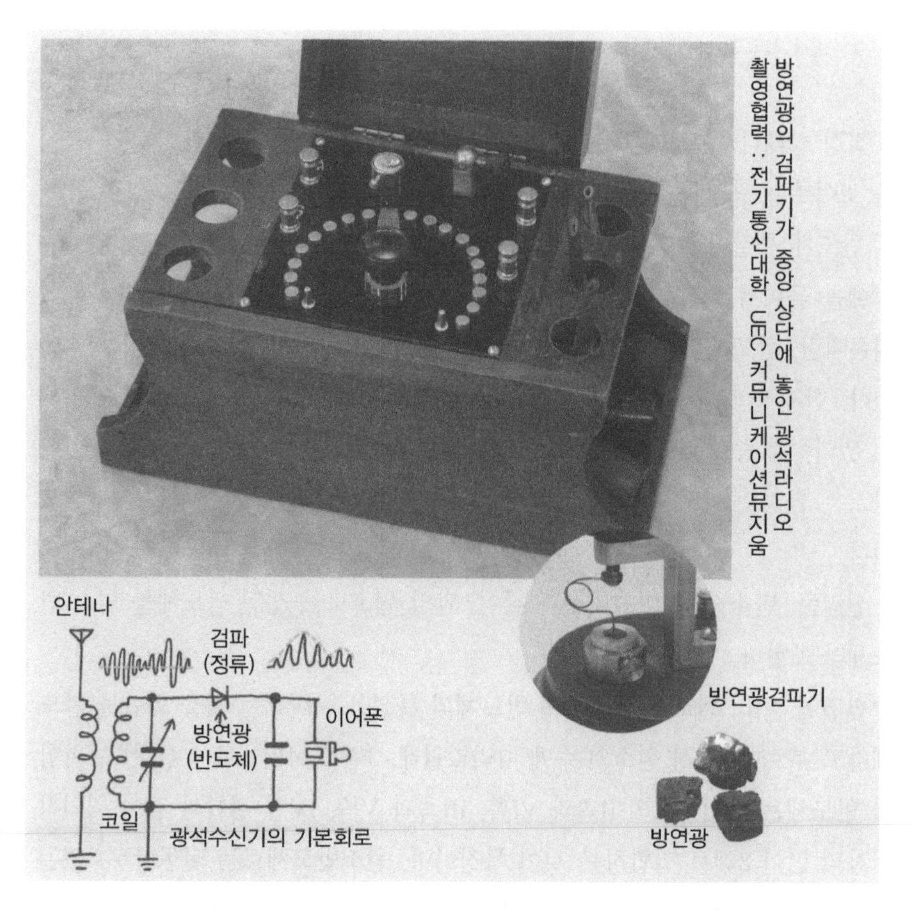

그림 1-1 자연계의 반도체는 매우 변덕스러운 특성이 있다.
무선통신의 여명기, 수신전파에서 음성신호를 꺼내는 검파부품으로써 전류를 한 방향으로만 흐르게 하는 정류작용을 가진 광석 찾기가 성행했는데, 불완전한 전기적 특성에 기술자들은 시달렸다.

핫스팟(Hotspot)

수신한 전파신호 중에서 음성신호를 발취하는 기능을 검파라고 한다. 초기 무선통신에 사용한 수신기는 방연광에 2개의 전극을 접촉하여 검파작용을 수행하였으나, 적당한 전극의 위치를 수작업으로 변화시키면서 가장 감도가 좋은 장소(핫스팟)를 찾아 수신기에 이용하였다.

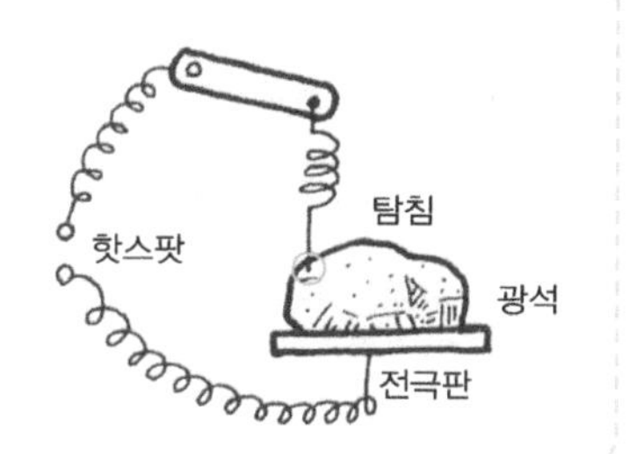

MEMO

1.2 탄소도 반도체

결정 상태나 온도, 압력 등 환경이 조금 달라져도 변화무쌍한 전기적 특성을 보여주는 광석의 총칭이었던 반도체이지만, 후속 연구를 통해 다양한 종류의 반도체 물질이 발견되었다.

예를 들어서 실리콘(Si)은 반도체 부품의 재료로서 매우 유명하지만, 이 실리콘처럼, 반도체의 전기적 특성을 지닌 물질에는 공통적으로 대표적 특징이 있다. 현재 알려진 반도체 물질은 주기율표의 II족에서 VI족의 원소로 구성되어 있다. 그 중에는 IV족 원소 중 원자번호 6번의 탄소(C)가 포함되어 있다. 탄소는 환경 변화에 의해 반도체 특유의 변화무쌍한 전기적 특성을 나타내고 있다.

실리콘, 탄소, 게르마늄(Ge)과 같이, 단일 원소로 구성된 반도체를 원소 반도체라고 한다.

반면에, 여러 원소가 결합하여 반도체의 특성을 나타내는 것을 화합물 반도체라고 부르며, 구성 원소의 수에 따라 2원계, 3원계, 4원계로 분류한다. 화합물 반도체는 주기율표의 II족과 VI족, III족과 V족, IV간 결합과 같이 최외각 전자의 합이 8개로 결합하는 것이 특징이며, 원소반도체로는 실현할 수 없는 고속성이나 광전특성을 발휘하기 때문에 고속통신이나 태양광발전을 위한 반도체소자의 재료로 이용되고 있다.

또한, 산화아연(ZnO)이나, 인듐–갈륨–아연 산화물(IGZO)과 같은 특정한 금속산화물을 산화물 반도체라고 하며, 이는 가시광선을 통과하는 특성이 있기 때문에 액정패널이나 태양전지 등의 투명전극 등에 활용되고 있다.

원소반도체, 화합물 반도체, 산화물 반도체 등 3종류의 반도체를 총칭해 무기반도체라고 분류하고 테트라센, 안트라센 등 유기반도체와 구별하여 분류하고 있다.

유기반도체는 도포 및 인쇄하여 사용할 수 있기 때문에 박막 모양의 경량성이나 유연성을 필요로하는 전자종이 등에 응용이 기대된다.

해설

무기물질과 유기물질 : 유기물에서 유래된 탄소 원자를 포함한 물질을 유기물이라고 하며, 물, 공기, 금속 등 어떤 생물에서 유래하지 않는 물질을 무기물이라고 한다.

	분류				반도체물질의 대표적인 예	특징과 용도
반도체	무기반도체	원소반도체			실리콘(Si) 게르마늄(Ge) 셀레늄(Se) 탄소(C)	일반부품
		화합물반도체	II-VI 족	2원소	황화아연(ZnS) 황화카드뮴(Cds) 텔루루화카드뮴(CdTe)	고속동작 고성능 화합물 반도체
				3원소	텔루루화수은카드뮴(CdTe)	
			III-V 족	2원소	갈륨비소(GaAs) 질화가륨(GaN) 인화인듐(InP)	IGZO
				3원소	알미늄갈륨비소(AlGaAs) 갈륨인듐비소(GaINAS)	산화물 반도체
				4원소	인화인듐갈륨비소(InGaAsP)	
			IV-IV 족		탄화실리콘(SiC)	
		산화물반도체			산화아연(ZnO) 인듐산화주석(ITO) 인듐갈륨아연산화물(IGZO)	투명전극
	유기반도체:전자의 이동속도가 실리콘과 다르기 때문에 용도가 표시소자 등에 한정되어 있고 환경부가 작으며 구부러지는 특성이 있어 지금까지는 없는 분야에 응용이 기대된다.				크리센($C_{16}H_{12}$) 안트라센($C_{14}H_{10}$)	전자종이

그림1-2a 반도체의 분류
하나의 원소를 재료로 사용하는 반도체소자뿐만이 아니라 용도가 점차 확대되어 화합물 반도체, 산화물 반도체, 유기반도체의 개발이 진행되고 있다.

주기	I 족		II 족		III 족		IV 족		V 족		VI 족		VII 족		VIII 족			0
1	H																	He
2	Li		Be		B		C		N		O		F					Ne
3	Na		Mg		Al		Si	Ti	P		S		Cl					Ar
4	K		Ca			Sc				V		Cr						
		Cu		Zn	Ga		Ge	Zr	Sb		Se		Br	Mn	Fe	Co	Ni	Kr
5	Rb		Sr			Y				Nb		Mo						
		Ag		Cd	In		Sn	Hf	Ab		Te		I	Tc	Ru	Rh	Pb	Xe
6	Cs		Ba							Ta		W						
		Au		Hg	Tl		Pb		Bi		Po		Al	Re	Os	Ir	Pt	Rn
7	Fr		Ra															

그림1-2b 주기율표에서 볼 수 있는 반도체 물질 원자
단주기율표의 족은 몇 개의 수소원자 또는 산소원자와 결합하는 지를 나타내는 원자가로 분류하며, 색으로 표시한 것이 반도체 물질의 구성 원자이다.

MEMO

1.3 전기저항의 범위 변화–반도체의 가장 큰 특성

반도체란 무엇인가 ? 일반적으로 "전기저항의 범위가 금속과 절연체의 중간에 있는 물질"로 정의한다.

전기저항이란 물질에 전기를 흐르게 할 때, 전기를 통하게 하지 않는 척도이기 때문에 반도체는 금속(도체)보다는 전기를 잘 통하지 않지만 절연체보다는 전기를 잘 통하게 하는 물질이라고 정의할 수 있다. 전기저항의 값은 측정하는 물질의 모양에 의해 좌우되기 때문에 일반적으로 단위단면적 당 그리고 단위길이 당 전기저항를 표시하는 전기저항률 $\rho[\Omega \cdot m]$로 물질 고유의 전기저항을 비교한다. 그러므로 전기저항률의 값이 큰 물질은 전기를 흐르게하기 어려운 물질로 이해하면 된다.

따라서, 물질의 전기저항률을 비교해 보면 금속은 대략 10^{-6} $\Omega \cdot m$ 이하, 그리고 절연체는 10^{8} $\Omega \cdot m$ 이상, 반도체는 10^{-6} $\Omega \cdot m \sim 10^{8}$ $\Omega \cdot m$의 범위를 나타낸다. 물론 반도체의 전기저항률은 도체와 절연체의 중간 정도에 위치하지만 경계를 명확히 규정할 수 없다. 즉, 전기저항률이 얼마부터 도체인지 또는 어느 범위에서 반도체인지 명확히 정의할 수는 없다.

따라서 전기저항률이 도체와 절연체의 중간 정도에 있는 물질을 반도체로 정의하는 것은 지극히 편의적인 것으로 간주하는 것이 옳다. (이것이 본질이라면 반도체는 역시 불완전한 물질이라고 할 수 밖에 없을 것이다.)

반도체의 특징을 전기저항률의 관점에서 본다면 오히려 해당 범위의 전기저항률에 주목할 필요가 있다. 예를 들어서, 도체인 일반적인 금속(금, 은, 동, 철, 알미늄 등)의 전기저항률은 10^{-8} $\Omega \cdot m$ 근처에 집중되어 있으며 절연체의 경우, 10^{14} $\Omega \cdot m$ 근처의 범위에 분포하고 있다. 그러므로 중요한 것은 반도체 물질은 상태에 따라 전기저항률이 크게 변화한다는 사실이다.

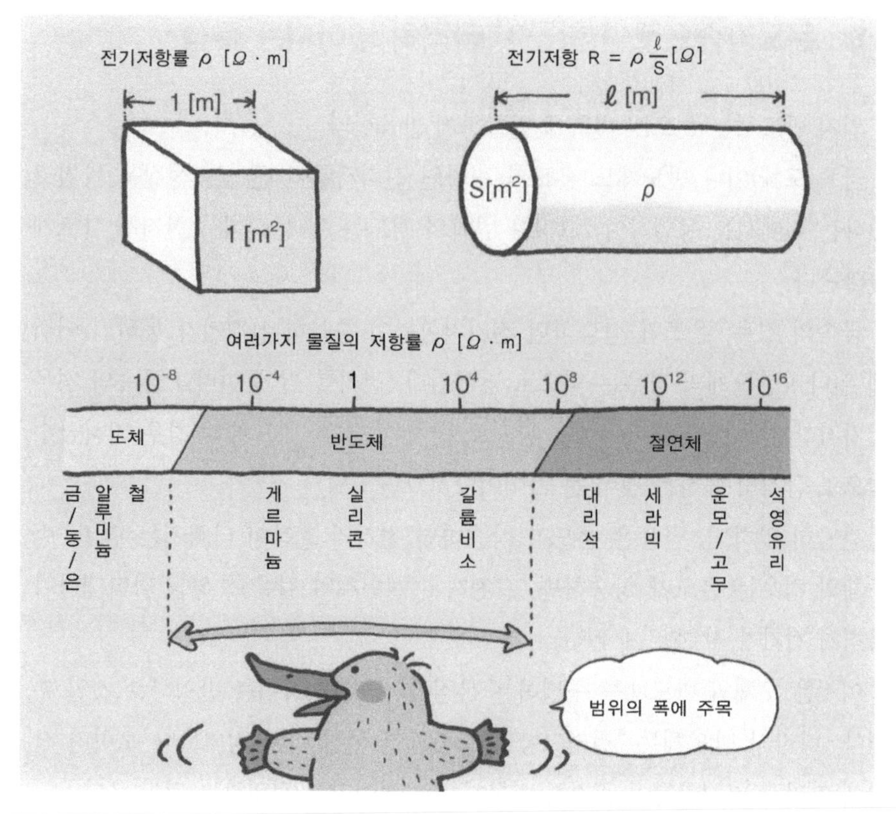

그림 1-3 물질의 전기적 특성은 전기저항률로 표시한다.
금속과 같은 도체나 고무와 같은 절연체의 전기저항률은 극히 좁은 범위에 분포하는 반면, 반도체의 전기저항률의 범위는 그 폭이 매우 넓다.

절연체와 절연저항

위의 그림에서 알 수 있듯이, 도체나 절연체라고 해도 저항값이 0 또는 무한대라는 것은 아니며, 도체로 여겨지는 금에도 약간의 저항이 있으며, 절연체로 여겨지는 물질이라 할지라도 약간의 전기를 통할 여지가 남아 있다.

도체의 저항 성분은 큰 전류가 흐를 때 전력 손실을 만들어내는 원인이 되고, 절연체의 절연 부족은 큰 전압을 가했을 때 누전의 원인이 된다. 절연체의 절연 정도를 저항값으로 표시할 때의 저항을 절연저항이라 한다.

1.4 온도상승으로 저항률이 급격히 낮아지는 특성

먼저 반도체는 온도의 변화에 민감하게 반응한다.

금속(도체)이나 반도체도 온도가 변하면 전기저항이 변하는 성질을 가지고 있다는 점에서는 동일하다. 그러나 변화의 정도는 두 물질에서 현저히 다르게 나타난다.

금속의 경우, 온도가 상승하면 전기저항률이 증가하나(전기가 통하기 어렵게 된다.) 반도체의 경우는 역으로 낮아진다.(전기를 잘 통한다.) 금속의 경우 전기저항이 온도에 대하여 1차 함수로 변하는 반면, 반도체의 경우 기하급수적으로 급격히 변하는 것이 큰 차이이다. (그림 1-4)

간단히 말하면, 금속은 온도가 상승하면 전기의 흐름이 나빠지는 반면, 반도체의 경우는 온도가 상승하면, 그전까지 절연체와 같은 특성을 나타내다가 급격히 전기가 잘 흐르게 된다.

이것은 도체와 반도체를 구별하는 본질적, 구조적 차이를 반영하는 것일 뿐이다. 따라서 반도체는 "전기저항률이 중간인 물질"이란 정의보다 오히려 상황에 따라 전기저항률이 급격히 변화하는 물질이라고 정의하는 것이 옳다.

여담이지만, 금속과 달리, 반도체의 온도가 상승하면 전도성이 갑자기 증가하는 것을 발견한 것은 '과학사상 최고의 실험물리학자'라고 불리는 페러데이(영국)였다. 1839년 형 데이빗 (영국)이 금속의 전도성에 관한 실험에서 온도가 상승하면 금속의 전기저항률이 증가한다는 실험을 한 이후이다. 물론 아직 반도체라는 개념은 없었으며 그 당시 이용한 물질은 황화은(Ag_2S)이였다. 이것이 물질의 반도체적 성질에 관한 최초의 발견이라고 한다.

그러나, 왜 온도가 상승하면 전기저항률이 금속은 상승하고 반도체는 하강하는가에 관한 이유를 설명한 것은 약 1세기 후인 1930년대에 접어들어서 였다.

100W 백열전구의 필라멘트 저항 값은 상온에서 약 5Ω정도이나, 열을 가하면 100Ω으로 상승한다. 이것이 금속의 일반적인 특징이며 반도체의 경우 정반대의 열특성을 나타낸다.

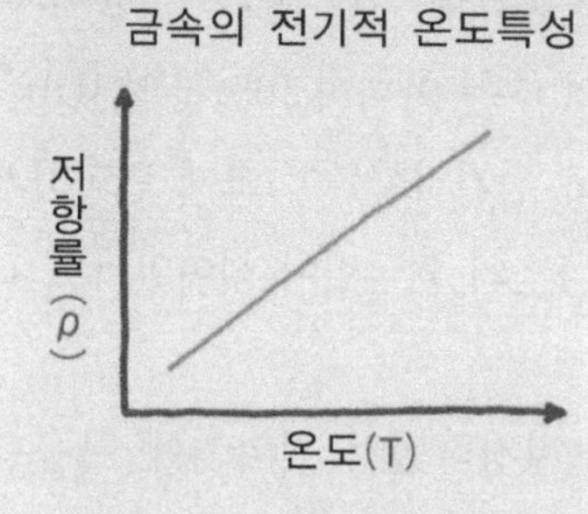

금속의 전기저항률은 온도에 비례하여 증가한다.

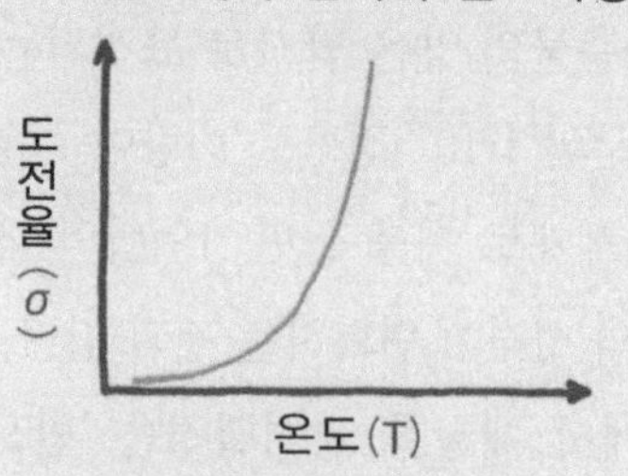

반도체의 전기전도도는 온도가 상승하면 급격히 증가한다.

그림 1-4 열특성의 차이가 금속과 반도체의 결정적 차이이다.
금속에 열을 가하면 전기가 잘 흐르지 않으며 반도체에 열을 가하면 전기가 잘 통하게 된다.

전기저항률과 전기전도도

물질이 지닌 전기의 흐름 특성을 표시하는 전기저항률 ρ의 역수는 전기전도도 σ로 나타낸다. 전기전도도는 물질의 전기흐름 척도를 표시하며 단위는 [S/m]이다.

$$\text{전기전도도}(\sigma) = 1/\text{전기저항률}(\rho) \quad [S/m]$$

MEMO

1.5 불순물에 민감하게 반응하는 반도체특성

온도변화에 따라 전기저항률이 변화하는 이유를 설명하기 전에, 일반적인 반도체 특성에 관하여 설명할 것이다.

반도체의 경우, 금속과 달리, 결정(원자의 주기적 배열)의 왜곡이나 결함이 있는 물질에 불순물이 주입되면, 현저히 전기적 성질을 변화시킨다. 이런 성질을 구조적 민감성이라고 한다.

특히 불순물 주입에 의해 받는 영향은 매우 크며, (참고로, 불순물은 실리콘 결정에 주입한 실리콘 이외의 원자를 가리키며, 불순물 원자 자체가 '불순'한 것은 아니다.) 반도체의 경우, 불순물의 양이나 종류에 따라 전기저항률이 변화한다. 불순물의 양은 몇 %로 표시되는 단위의 수는 아니며 10만분의 1(10^{-5})에서 10억분의 1(10^{-9})정도로 미량이 주입되어도 전기저항률이 크게 변화하게 된다. 인간세계로 예를 들면, 1억명의 국민 중 1명의 외국인이 섞여있어도 갑자기 국민의 성격이 변화하는 것과 같다.

자연계에서 채굴한 광석결정을 '반도체'라 지칭하면서 검파기에 사용한 1920년대에는 반도체가 다루기 쉽지않고 제어하기 어려운 물질로 받아들여졌다는 것도 무리는 아니다. 동일한 광석 종류라도 산지가 다르면 전류 흐름이 변화하는 것은 불순물 원자의 종류가 다르기 때문이였다. 동일한 산지의 광석에서도 전기저항률이 상이한 것은 불순물원자의 양이 국소적으로 존재하기 때문에 농도의 차에 기인한 것이다.

실제로 세상에 존재하는 반도체 결정을 그대로 활용하였기 때문에 통제 불가능한 물질이 였다. 그러나 인공적으로 고순도의 결정을 생성하고 불순물을 정확히 첨가하는 기술이 개발되면서 상황은 크게 바뀌었다.

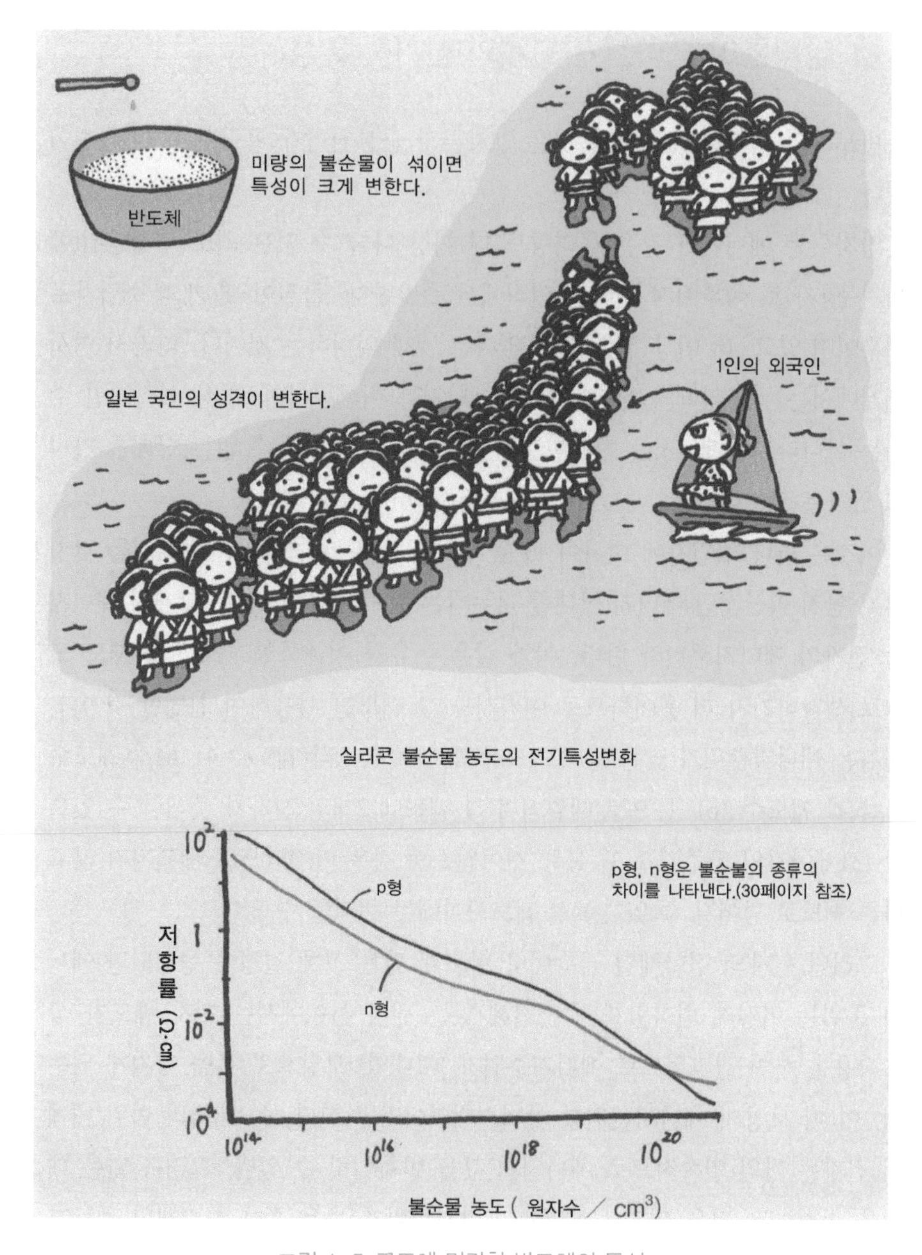

그림 1–5 구조에 민감한 반도체의 특성

반도체 결정 안에 극히 미미한 불순물이 섞일 경우라도 그 전기적 특성은 크게 달라져 버린다. 그것은 일본 국민 1억 명 중 1명의 외국인이 들어왔을 뿐인데도 갑작스럽게 국민의 성격이 변해버리는 것과 같다.

1.6 양자론이 해명한 반도체의 전기적 특성

반도체의 정체가 드러나는 것은 양자론의 근본원리가 확립된 1930년 경이었다.

양자론은 에너지와 같은 물리량도 더 이상 나눌 수 없는 최소 구성단위(에너지-양자)로 이루어져 있다는 인식에서 출발한다. 물질이 몇 개의 소립자로 이루어져 있고, 더 이상 분할할 수 없다는 것과 일치하는 것이다. 따라서 미시세계에서는 뉴톤역학의 세계와 달리 에너지는 이산적이며, 항상 연속적인 수치는 아니다. 즉 에너지는 허용할 수 있는 상태와 허용할 수 없는 상태를 가지고 있다는 것이다.

이것은 하나의 원자에 대하여 이 원자 내의 전자는 연속적인 에너지를 갖지 않고 단지 이산적인 에너지 상태를 갖는다는 것이다. 이와 같은 상태의 에너지를 전자의 에너지준위라 한다. 이와 같은 이유를 이해하였다면 전자 궤도 모델로 생각하기가 더 용이하므로 여기서도 그 궤도를 사용하여 설명할 것이다. 전자는 에너지준위가 낮은 순서로 K각(궤도수 1), L각(궤도수 4), M각(궤도수 9), N각(궤도수 16) 등으로 배열되며 각 궤도에 2개의 전자가 존재할 수 있으나 (31페이지의 장주기표 3~11족 전이원소의 경우 마지막으로 채워지지 않고 다른 궤도로 넘어갈 수 있다.) 각 궤도사이에는 존재할 수 없다.

그러면 원자의 집합체인 금속이나 반도체 같은 고체 결정이 형성되면 에너지 준위는 어떻게 변화할까 ? 근접해 있는 원자 사이에서는 전자 궤도가 상호작용을 하며 결과적으로 에너지준위가 띠(대역) 모양으로 폭을 가지게 되는데, 이 띠 모양의 에너지준위를 에너지대역이라고 한다. 이 대역의 범위 내에서 전자는 거의 연속적으로 에너지의 값을 변화시킬 수 있다. 그러나 넓은 대역을 형성하는 것은 외측에서 (즉, 에너지준위가 높은 쪽에서) 2개의 궤도가 합쳐진 경우이다.

해설

장주기표 : 멘델레예프가 원자를 질량 순으로 나란히 만든 주기율표의 8족에 불활성기체를 첨가하여 개량한 '단주기표'에 대하여 원자번호(양자수) 순으로 18족으로 나란히 배열한 주기율표.

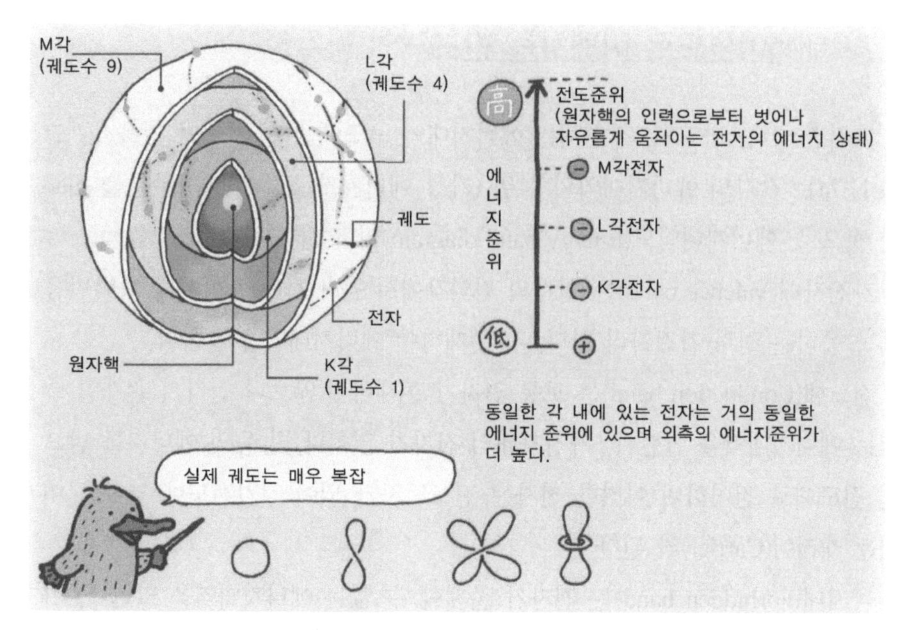

그림 1-6a 전자 궤도 모델에서 보는 전자의 궤도와 에너지준위
전자는 원자핵을 중심으로 정해진 궤도에 파동으로 존재한다. 전자의 궤도는 전자각이라 불리는 특정 에너지 준위를 형성한다.

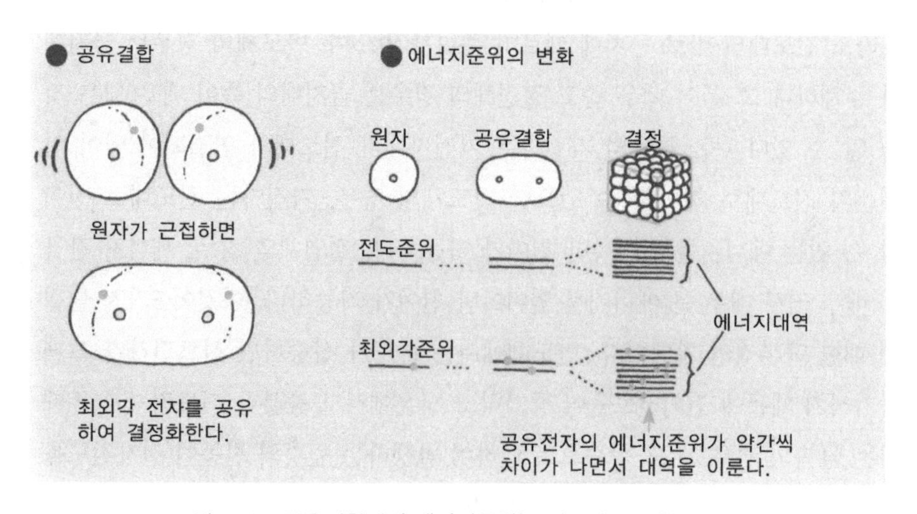

그림 1-6b 공유결합에서 에너지준위는 띠모양으로 형성된다.
원자는 근접하면 최외각의 전자를 상호 공유하여 결합(분자화 또는 결정화)한다. 그때, 공유되는 전자 개별 에너지준위들이 약간 엇갈린 띠 모양으로 분포한다. 이 때 해당 영역을 에너지대역이라고 한다.

1.7 대역이론으로 이해하는 반도체의 열특성

그러면 금속, 반도체, 절연체는 에너지대역 구조에 어떤 차이가 있을까? 그림 1-7a는 각각의 에너지대역의 상위 (가장 에너지가 높은 준위) 부분을 비교한 것으로, 에너지대역도(Energy band diagram)라고 한다.

가전자대(Valence band)는 원자의 최외각에서 원자 간의 결합이나 화학반응에 상응하는 전자(가전자라 한다.)가 존재하는 에너지대역을 말한다.

전도대(Conduction band)는 보통 전자가 존재하지 않으나 전자가 존재할 수 있는 에너지대역을 말한다. 가전자대의 전자가 열이나 빛 등의 에너지를 받으면 전도대로 천이하며 이러한 전자는 전도전자가 되어 전기전도에 영향을 미치는 캐리어(Carrier)가 된다.

금지대(Forbidden band)는 전자가 존재할 수 없는 에너지대역을 말한다. 가전자가 전도대로 천이하기 위하여 금지대의 에너지간극(밴드갭)이상의 에너지가 필요하다. 즉, 전자는 가전자대의 에너지준위 최상위에 존재하다가 빈 자리만 있으면(확률적으로) 페르미준위라고 하는 에너지준위까지 존재할 수 있다.

그러므로 그림 1-7b를 관찰해 보면, 금속의 경우 금지대가 없거나 존재할지라도 전도대의 바로 근처에 페르미 준위가 있으며, 반도체의 경우는 금지대가 존재하나 그 폭이 매우 좁고 절연체의 경우는 금지대의 폭이 매우 넓은 것을 알 수 있다. 즉, 금속의 가전자는 가전자대가 전도대와 연결되어 있어 언제든지 전도대로 천이할 수 있으나 반도체의 경우, 가전자는 전도대로 천이할 수 있는 에너지를 얻어야만 천이가 가능하다. 절연체의 경우, 에너지 간극이 매우 커서 매우 큰 에너지를 얻어야만 천이가 가능하다. 이것이 3가지 물질에 대한 근본적인 차이이다. 반도체에서는 온도가 상승하면 전도전자가 크게 증가하기 때문에 전기전도율이 증가하고 상온에서도 충분한 전도전가가 존재하는 금속의 경우, 온도 상승으로 인하여 발생하는 원자의 진동이 전자전도를 방해하기 때문에 저항률이 증가하는 것이다.

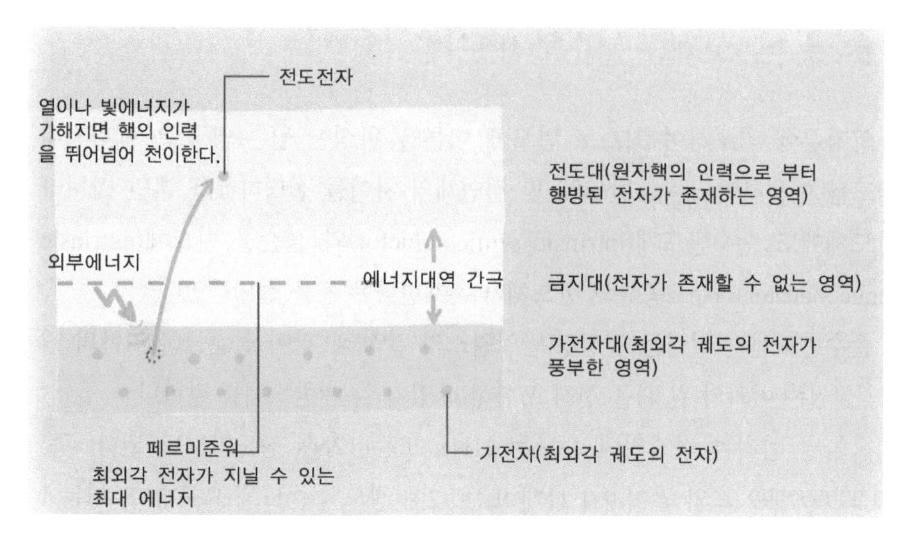

그림 1-7a 에너지대역의 기본 구조

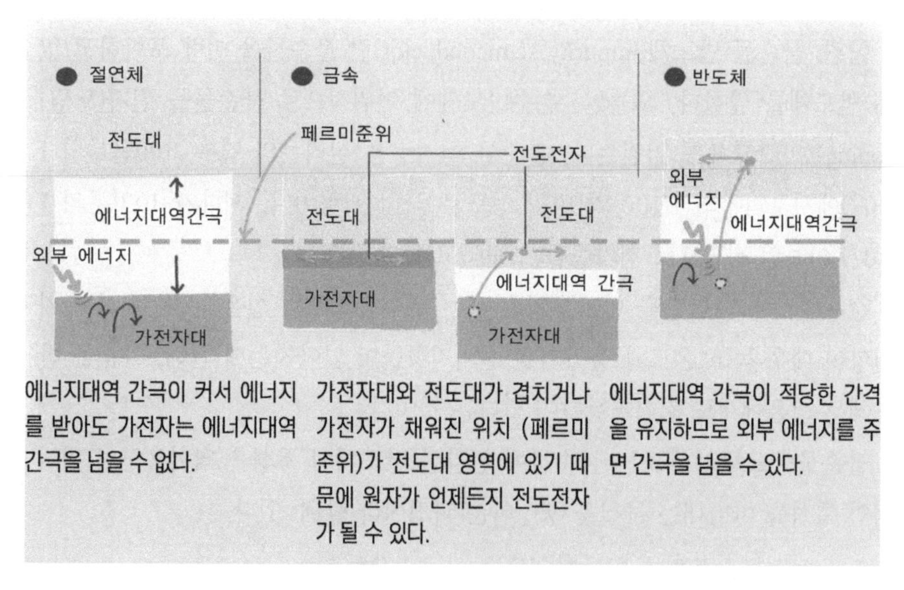

그림 1-7b 금속, 반도체, 절연체의 에너지대역은 다르다.

해설

페르미준위 : 전자나 정공의 존재 확률이 1/2이 되는 에너지준위이며 절대온도 0K에서는 전자가 존재하는 최고의 에너지준위에 해당한다.

1.8 순수반도체와 불순물 반도체

양자론에 기초하여 최초로 반도체 이론을 완성한 윌슨(영국)은 에너지대 역도를 이용하여 금속, 반도체 및 절연체의 차이를 설명하였을 뿐만 아니라 반도체에도 순수반도체(intrinsic semiconductor)와 불순물 반도체(extrinsic semiconductor)라는 2종류의 반도체가 존재한다는 것을 설명하였다.

순수반도체란 실리콘 단결정(단일원소의 결정)과 같이 불순물(실리콘의 경우, 실리콘 이외의 원자)을 전혀 포함하고 있지 않은 반도체를 말한다.

오늘날 실리콘 단결정의 순도는 11N's 또는 12N's 정도가 요구된다. 즉, 99.999999999 % 와 같이 9가 11개 또는 12개 정도의 순도를 요구한다. 이는 1천억 개 또는 1조 개의 흰 모래에 1개의 검은 모래가 혼합된 정도의 순도이다.

순수반도체에 요구되는 9의 수는 반도체 물질에 따라 변화하며 게르마늄의 경우는 9N's 정도면 충분하나 실리콘의 경우는 11N's 정도가 요구된다.

한편, 불순물 반도체(impurity semiconductor)란 불순물을 미량 포함하고 있는 반도체를 말한다. 오늘날, 순수반도체에 인위적으로 불순물을 첨가(도핑; doping)한 반도체를 일컫는다. 불순물 첨가량은 실리콘의 경우, 100만분의 1 (10^{-6})에서 1억분의 1(10^{-8})의 범위 정도로 극히 미량이다. 게다가 10억분의 1 (10^{-9}) 이하의 정밀도로 첨가량을 조절하고 있다.

순수반도체와 불순물 반도체의 차이는 순수반도체는 실온(300K)에서 전기저항이 매우 높고 온도가 올라가면 전기저항률이 낮아지는데 반해, 불순물 반도체는 실온에서도 전기저항률이 낮다는 것이다.

불순물반도체의 제조는 불순물에 민감한 반도체의 특성을 역이용하여 획기적인 특성을 나타내는 물질을 생성하는 과정이라 할 수 있다.

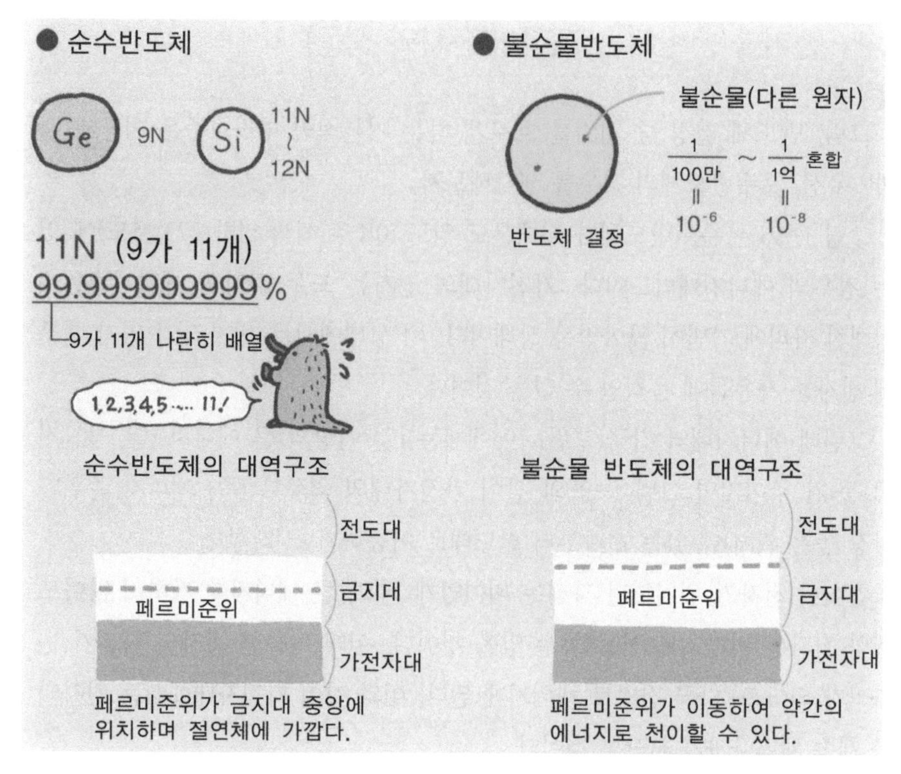

그림 1-8a 순수반도체와 불순물 반도체의 에너지대역의 차이

순수반도체와 불순물 반도체에서는 가전자가 존재할 수 있는 최대 에너지 (페르미준위)의 위치가 달라진다. 페르미준위를 자유롭게 설정할 수 있는 반도체의 특성이야말로 반도체 응용의 가장 중요한 포인트인 것이다.

반도체 재료	n형 불순물 재료	p형 불순물 재료
실리콘(Si)	인(P), 비소(As), 안티몬(Sb)	붕소(B), 알미늄(Al), 갈륨(Ga)
게르마늄(Ge)	인(P), 비소(As), 안티몬(Sb)	붕소(B), 알미늄(Al), 갈륨(Ga)
갈륨비소(GaAs)	실리콘(Si), 황(S), 탄소(C)	아연(Zn), 마그네슘(Mg), 베리늄(Be)

(n형과 p형의 차이에 대해선 30페이지 참조)

그림 1-8b 반도체 재료와 불순물 재료

MEMO

1.9 전기를 운반하는 캐리어(전자와 정공)

그럼, 반도체 결정 중 전기를 흐르게 하는 기본적인 메카니즘은 어떻게 될까? 우선, 순수반도체의 경우를 생각해보자.

그림 1−9a는 순수반도체가 절대온도 영도 (0K = 섭씨 영하 273.15도)에 있는 경우의 에너지대역도이다. 가전자대의 전자는 모두 각각의 에너지준위에 정해진 자리에 가만히 앉아있는 상태이다. 이 상태에서는 '빈자리'가 없기 때문에 전자는 자유롭게 움직일 수 없을 것이다.

그런데 에너지대역 간극(그림1−9a에서는 E_g) 이상의 큰 에너지 (열, 빛, 전계 등)가 주어지면 그림 1−9b와 같이 가전자대의 최상부 (즉, 에너지 준위가 가장 높은 위치)에 있는 전자부터 전도대로 이동하기 시작한다.

천이한 전자가 위치했던 자리는 비어있게 되고, 큰 에너지를 가하지 않아도 옆의 전자는 빈자리로 이동할 수 있을 것이다. 이때 이동한 전자의 자리가 빈자리가 되어 또 다른 전자로 채워지게 된다. 이와 같이 가전자대에서는 빈자리를 계속 채워나가기 시작할 것이다.

이처럼 전도대로 차례차례 천이한 전자(전도전자)가 전자의 흐름을 구성하는 한편 가전자대에서는 '빈자리'가 릴레이 경주처럼 전자에 의하여 채워지면서 흐름을 유지하는 것이다. 이와 같이 자유롭게 움직이는 전자와 '빈자리'는 캐리어(carrier, 전하운반자)가 되어 결정 중에 전류를 흐르게 한다. 전도대로 천이한 전도전자는 그대로 전자로서 음전하를 운반하며 가전자대에 생성된 '빈자리'는 정공(hole)이라 부르며 양전하를 운반한다. 전자가 빠져나간 자리인 정공이 양전하를 가지는 것은 (전자핵 중의 양자와 더블어) 전기적으로 중성인 상태에서, 음전하를 지닌 전자가 빠져나가면 원자가 양이온이 되는 것과 동일한 경우이다. 여기서 단위체적 당 전도전자의 수와 정공의 수를 비교해 보면, 순수반도체에서는 두 입자수가 일치한다. 천이한 전자 수와 빈자리의 수가 동일하므로 당연한 결과이다. 그러나 불순물 반도체에서는 상황이 변화한다.

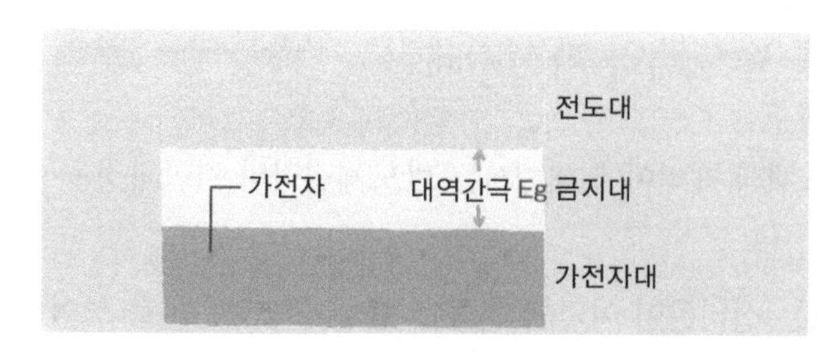

그림 1-9a 외부에서 에너지가 주어지지 않을 경우의 순수반도체
가전자대의 전자가 모든 에너지 준위에 있으므로 전자는 자유롭게 움직일 수 없다.

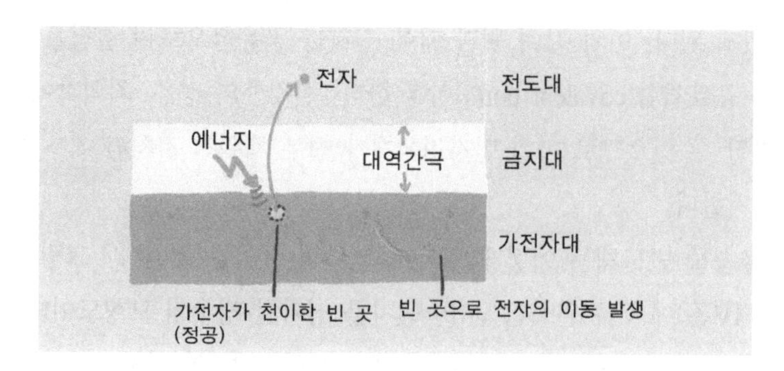

그림 1-9b 순수반도체의 전기전도
에너지대역 간극 이상의 에너지가 가해지면 가전자대 상단의 전자가 전도대로 천이하여 '빈 자리'인 정공이 남게 된다. 천이한 전자와 남겨진 정공이 전하운반자이다.

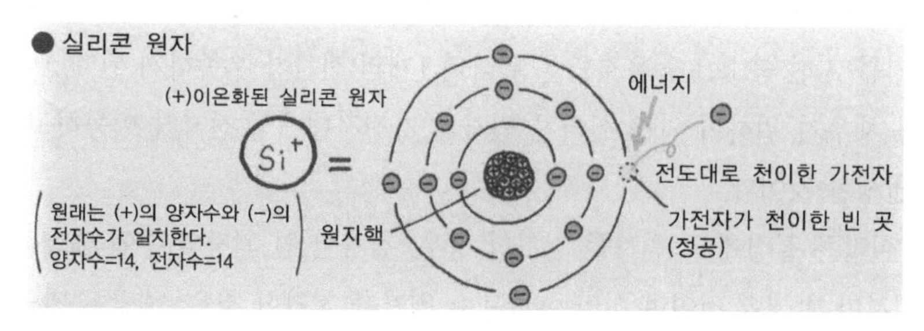

그림 1-9c 정공이 양전하를 가지는 이유
원자핵 내의 플러스 양성자와 더불어 중성인 상태의 원자에서 전자가 빠져나간 위치는 단지 빈자리에 불과하며 이때 정공은 양전하를 가지게 된다.

1.10 불순물 반도체와 가전자제어

불순물 반도체의 캐리어에 대해서는 반도체결정의 결합과정을 이용하면 쉽게 이해할 수 있다.

그림 1-10a는 실리콘이 어떻게 결정을 형성하고 있는지를 보여주는 모형도이다. 각각의 실리콘 원자는 8개의 최외각 전자를 지닌 것처럼 보이지만 실리콘은 4개의 최외각 전자를 지닌 IV족 원소이다. 그러나 인접한 4개의 실리콘 원자와 각각 1개의 가전자를 공유함으로써 모든 원자가 8개의 최외각 전자를 가질 수 있게 된다. 이와 같이 원자 간에 전자를 공유함으로써 결정을 형성하는 결합을 공유결합(covalent bond)이라 한다. 실리콘의 경우, 최외각에 8개의 전자를 가질 수 있으므로 마치 빈자리 4개가 전부 채워진 것처럼 매우 안정된 상태를 유지한다.

한편, 불순물 반도체는 어떻게 원자가 결합되어 있는 것일까? 그림 1-10b는 실리콘(IV족)에 V족 원소인 인(P) 원자를 첨가한 경우의 모형도이다. 역시 실리콘의 경우와 동일한 공유결합을 유지하고 있으나, 인 원자는 5개의 최외각 가전자를 가지고 있기 때문에 1개의 전자가 남게 된다. 남은 1개의 전자는 원자핵과의 결합력이 약해지기 때문에 약간의 에너지를 주면 쉽게 전도대로 천이하여 전도전자가 된다.

반대로 III족 원자인 붕소(B)를 첨가한 경우, 그림 1-10c와 같이 3개의 최외각 전자를 지닌 붕소는 공유결합을 위하여 1개의 전자가 부족하게 된다. 이 빈자리를 채우기 위하여 인근 실리콘 원자의 가전자대에서 전자가 이동하고 정공이 발생할 것이다.

즉, 실리콘 결정에 인 원자를 첨가한 경우, 첨가한 인 원자의 수에 해당하는 전도전자가 발생할 것이며 실리콘에 붕소 원자를 첨가한 경우, 해당 수만큼의 정공이 발생할 것이다. 이와 같이 첨가한 불순물의 양과 종류를 변화시켜 전기적 특성을 변화시키는 것을 가전자제어라고 한다.

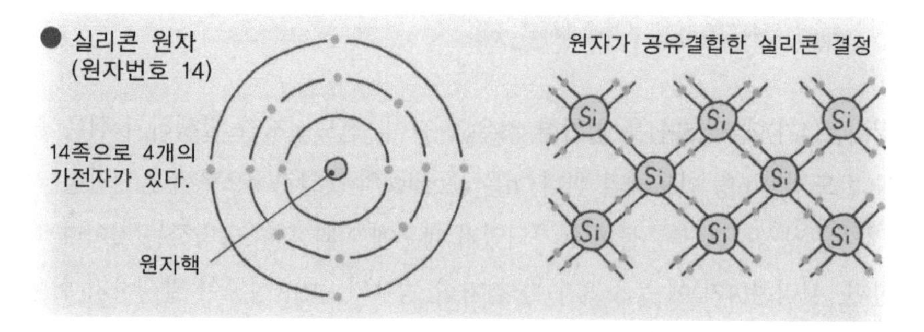

그림 1-10a 실리콘 원자가 공유결합 된 결정의 모형
최외각에 4개의 가전자를 갖는 실리콘은 인접한 원자 간에 전자를 하나 씩 공유하여 최외각에 8개의 전자를 유지하면서 안정된 결합을 한다.

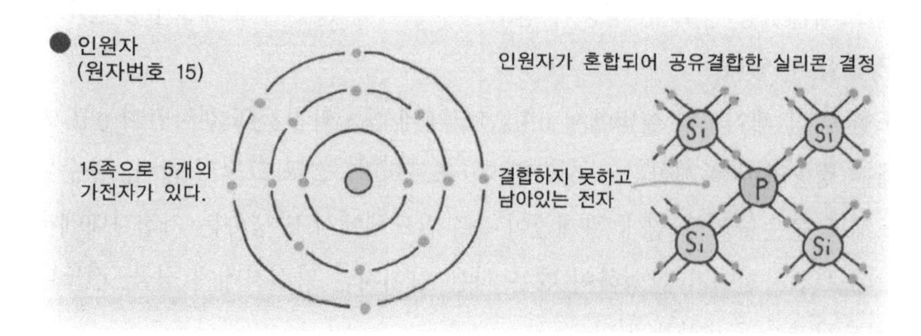

그림 1-10b 실리콘 원자에 인 원자를 첨가하였을 때의 공유결합 모형
인원자는 최외각에 5개의 가전자를 가지고 있으므로 인접한 실리콘 원자와 공유결합하면 전자가 하나 남는다.

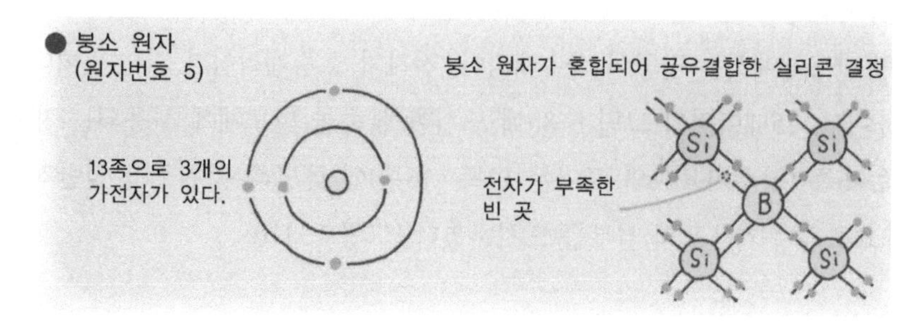

그림 1-10c 실리콘 원자에 붕소 원자를 첨가하였을 때의 공유결합 모형
붕소 원자는 최외각에 3개의 가전자를 가지고 있으므로 인접한 실리콘 원자와 공유결합하면 전자가 하나 부족하여 빈자리가 생긴다.

1.11 n형 반도체와 p형 반도체

실리콘(4가)에 인(5가)을 첨가한 경우와 같이, 전도전자가 발생하기 쉬운 불순물 반도체를 n형 반도체라 한다. n은 negative의 첫글자 n으로써 음전자를 지닌 전자를 생성하는 불순물이 첨가되었기 때문에 이와 같이 명명하는 것이다.

한편, 실리콘(4가)에 붕소(3가)를 첨가한 경우와 같이 정공이 발생하기 쉬운 불순물 반도체를 p형 반도체라고 한다. p는 positive의 p로써 양전하를 지닌 정공을 생성하기 쉬운 불순물이 첨가되어 있기 때문에 이와 같이 표시하는 것이다.

캐리어(전도전자 및 정공)의 숫자에 주목하면, 전도전자가 정공에 비해 많은 반도체를 n형 반도체, 정공이 전도전자에 비해 많은 반도체를 p형 반도체로 정의할 수 있다.

또한 이전 페이지의 설명에서 n형 반도체에서는 마치 전도전자만이 p형 반도체는 정공만이 존재한다고 생각할 지 모르지만, 결코 그렇지 않다. 불순물 반도체도 불순물의 도핑에 관계없이 순수반도체에서 발생하는 가전자대에서 전도대로 전자천이가 발생하여 매우 작은 양이지만 가전자대에 정공, 전도대에 전도전자가 존재하게 된다.

따라서 불순물 반도체는 순수반도체처럼 전자와 정공의 캐리어 수가 동일하지 않다. 그리고 많은 수의 캐리어를 다수캐리어(majority carrier), 적은 쪽을 소수캐리어 (minority carrier)라고 한다. (일반적으로 단위 체적 당 수 = 캐리어 농도로 비교한다.) n형 반도체는 전자가 다수캐리어, 정공이 소수캐리어, p형 반도체에서는 정공이 다수캐리어, 전자가 소수캐리어가 되는 것이다.

덧붙여서, 25페이지의 그림 1-8b에 도시한 불순물 반도체에 사용되는 재료는 3족~6족 (장주기율표의 표기는 13족~16족)에 해당하는 원소가 일반적이다. 참고로 장주기율표의 일부를 도시하였다.(그림 1-11b)

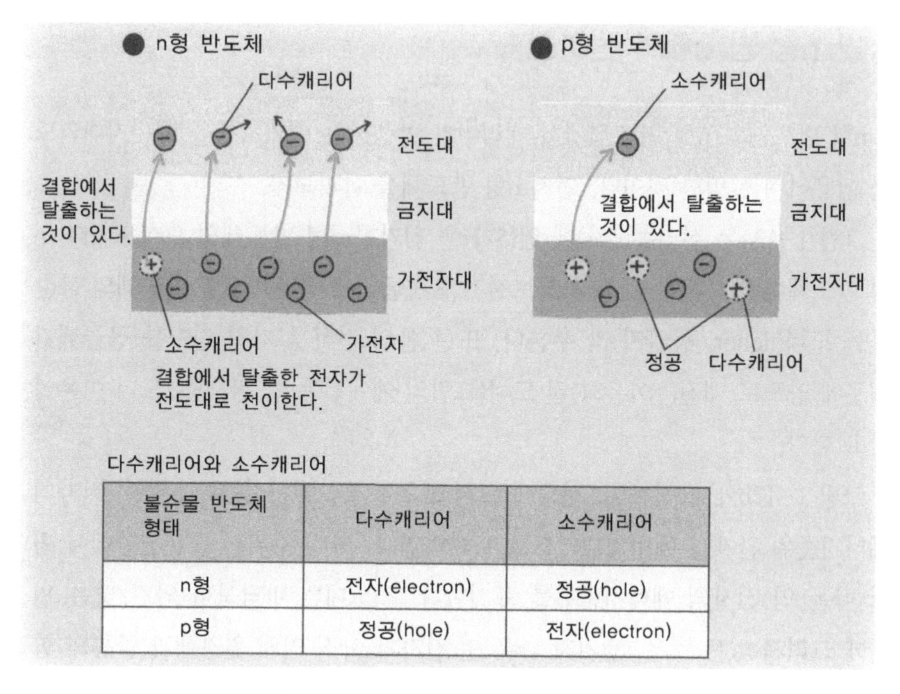

불순물 반도체 형태	다수캐리어	소수캐리어
n형	전자(electron)	정공(hole)
p형	정공(hole)	전자(electron)

그림 1-11a n형 반도체와 p형 반도체
불순물 원자의 종류에 따라 전하 운반자가 전자일지 정공일지가 결정된다. 다수캐리어가 전자인 반도체를 n형, 정공인 반도체를 p형 반도체라 부른다.

주기 \ 족	1	2	3	4	5	6	7	8	9	10	11	12	13	14	15	16	17	18
	Ⅰ	Ⅱ											Ⅲ	Ⅳ	Ⅴ	Ⅵ	Ⅶ	8価
1	H																	He
2	Li	Be											B	C	N	O	F	Ne
3	Na	Mg											Al	Si	(P)	S	Cl	Ar
4	K	Ca	Sc	Ti	V	Cr	Mn	Fe	Co	Ni	Cu	Zn	Ga	Ge	(As)	Se	Br	Kr
5	Rb	Sr	Y	Zr	Nb	Mo	Tc	Ru	Rh	Pd	Ag	Cd	In	Sn	(Sb)	Te	I	Xe
6	Cs	Ba	*	Hf	Ta	W	Re	Os	Ir	Pt	Au	Hg	Tl	Pb	Bi	Po	At	Rn
7	Fr	Ra	**	Rf	Db	Sg	Bh	Hs	Mt	Ds	Rg	...						
	란탄족		La	Ce	Pr	Nd	Pm	Sm	Eu	Gd	Tb	Dy	Ho	Er	Tm	Yb	Lu	
	악티늄족		Ac	Th	Pa	U	Np	Pu	Am	Cm	Bk	Cf	Es	Fm	Md	No	Lr	

그림 1-11b 실리콘 (Si) 및 게르마늄 (Ge)에 대한 불순물 재료
그림 1-8b의 실리콘과 게르마늄에 대한 n형 불순물 재료 (○로 표기한 색문자 부분)는 V족, P 형 불순물 재료 (○없는 색문자 부분)는 Ⅲ족에 속하는 것을 알 수 있다. 또한 장주기율표의 주기는 전자 궤도의 수이며 족 (1~18)은 원자의 최외각에 존재하는 전자수가 동일한 원자를 나타낸다.

1.12 n형 반도체와 전하전송

n형 반도체와 p형 반도체에서 캐리어가 발생하는 매커니즘을 에너지대역도를 이용하여 설명할 것이다. 먼저 n형 반도체를 살펴보자.

그림 1−12a는 실리콘(4가)에 인(5가)을 첨가한 n형 반도체의 모형도이다. n형 반도체에서 불순물 원자가 전도전자를 공급하기 때문에 n형 반도체의 불순물을 도너(donor, 공급자)라 부른다. 또한 음의 전하를 가진 전자를 공급했기 때문에 양으로 대전(=이온화)된 도너(그림의 예에서는 인 원자)를 도너 이온이라고 한다.

그림 1−12b에 가전자대, 전도대 그리고 공유결합에서 튕겨 나온 인 전자의 에너지준위 관계를 에너지대역도로 도시하였다. 도너 준위란 공유결합에서 튕겨 나온 인 전자의 에너지준위를 표시한다. 전도대의 바닥보다 약간 낮은 위치에 그려져 있는 것은, 튕겨져 나온 인 전자가 아직 인의 원자핵과 쿨롱의 힘(전하 사이의 힘; 인력, 척력이 있으며 이 경우는 인력)에 의하여 붙어 있어 전도대로 천이하지 못하기 때문입니다.

그러나 금지대의 에너지대역 간극이 약 1eV (전자 볼트 = 전위차가 1V인 2점 사이를 움직이는 전자가 얻는 운동에너지를 1eV라 한다.)인데 반해, 전도대역의 바닥과 도너 준위의 에너지준위 차는 수십 meV (m : 10^{-3}) 정도이기 때문에, 상온 정도의 열 에너지 (약 26meV)에서도 전도대로 천이할 수 있다. 그렇다면 인 원자는 양으로 이온화되는 것이며 이때 해당 에너지를 이온화 에너지라고 한다. (실리콘 내 인 원자의 도너 준위에 해당하는 이온화 에너지는 44meV이다).

그림 1−12c는 n형 반도체에서의 다수캐리어 및 소수캐리어의 관계를 에너지대역도에 표시한 것이다. 도너 준위에서 천이한 전자가 전도대에 쌓이고 가전자대에서 천이한 전자도 적지만 존재하기 때문에 정공도 적지만 가전자대에 발생하는 것을 알 수 있다. n형 반도체는 전도대의 전자가 주로 전도 현상에 주역이 되는 불순물 반도체이다.

해설

상온의 열에너지 : 열에너지는 $k_B T$로 주어지므로 (k_B : 볼츠만 상수, T : 절대 온도) E(300K) = 1.38 x 10^{-23} x 300 [J] = 26 meV이다.

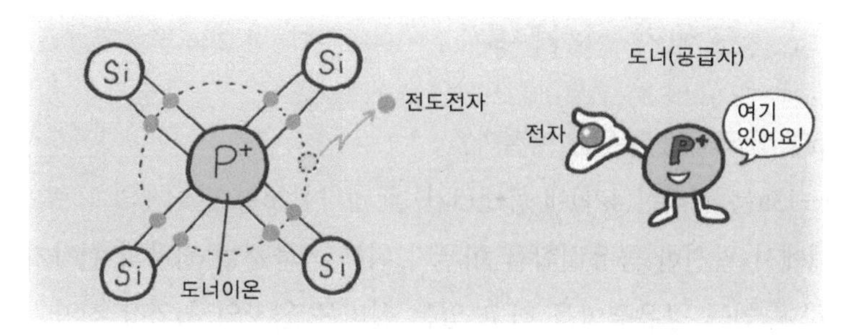

그림 1-12a n형 반도체의 불순물은 전자를 방출하여 도너 이온이 된다.
n형 반도체는 불순물 원자가 전도전자를 공급하기 때문에 불순물은 도너 (공급자)로 불린다.

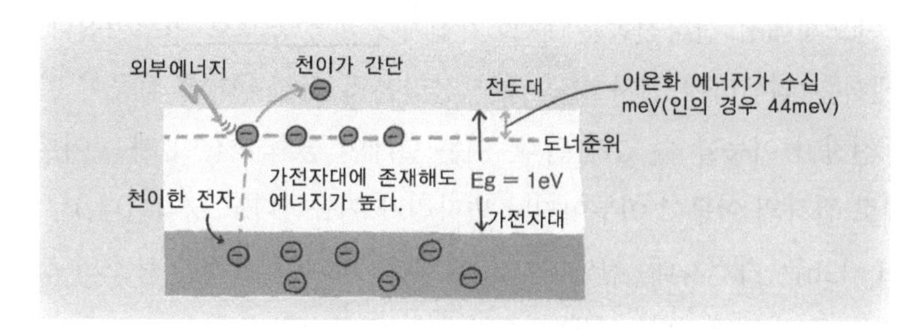

그림 1-12b n형 반도체의 에너지대역도
공유결합에서 튕겨 나온 도너의 전자 에너지는 전도대의 바닥보다 약간 아래 도너 준위에 존재하기 때문에 상온 정도의 열 에너지로 전도대로 이동할 수 있다.

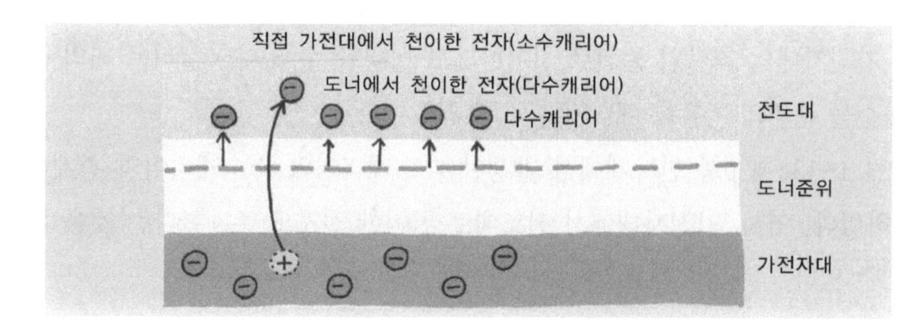

그림 1-12c n형 반도체의 소수캐리어
가전자대에서 전도대로 바로 천이하는 전자도 약간 있다. n형 반도체에서도 가전자대에 약간의 정공이 존재한다. 전자를 다수캐리어, 정공을 소수 캐리어라 한다.

MEMO

1.13 p형 반도체와 전하전송

그럼, p형 반도체의 경우는 어떨까?

그림 1-13a는 실리콘(4가)에 붕소(3가)를 첨가한 p형 반도체의 모형이다. p형 반도체에서 완전한 공유결합을 이루기 위해선 불순물 원자의 전자가 부족(빈자리)하여 인근 공유결합을 하고 있는 실리콘 원자의 최외각 전자가 이동하게 된다. 그러므로 p형 반도체의 불순물은 억셉터(acceptor, 받는자)라 부른다. 또한 실리콘에서 전자를 받은 억셉터 (그림 1-13a에서 붕소원자)는 음전하가 증가하여 음으로 이온화되므로 억셉터 이온이라 한다.

p형 반도체에서 전하전송은 주로 가전자대의 정공으로 이루어진다. p형 반도체에서는 억셉터에 전자를 공급한 실리콘의 가전자대에 정공이 발생하고 인근 전자가 이동할 수 있게 된다. 이는 릴레이 경주와 같이 계속 이루어진다.(실제로 전자의 이동이 이루어지나 빈자리가 이동한다고 생각한다.)

그림 1-13b는 가전자대, 전도대 그리고 전자 하나가 부족한 붕소의 정공에 대한 에너지준위 관계이다. 억셉터 준위에 있는 붕소의 정공은 실리콘에서 전자를 받아들일 수 있는 에너지준위를 표시한다. 가전자대의 최정상 에너지보다 약간 높은 곳에 존재하며 n형 반도체에서와 마찬가지로 수십 meV의 이온화 에너지를 받으면 가전자대의 전자가 억셉터 준위로 천이하여 가전자대에 정공이 발생하는 것을 도시하였다.(역으로 이온화 에너지에 의하여 붕소의 정공이 가전자대의 최상위 준위로 천이한다고 설명할 수 있다.) 실리콘 내의 붕소 불순물 준위의 이온화 에너지는 약 45meV이다.

그림 1-13c에 p형 반도체에서 발생한 다수캐리어와 소수캐리어의 관계를 도시하였다. 역시, 가전자대에서 전도대로 천이한 전자도 존재한다는 것을 관찰할 수 있다.

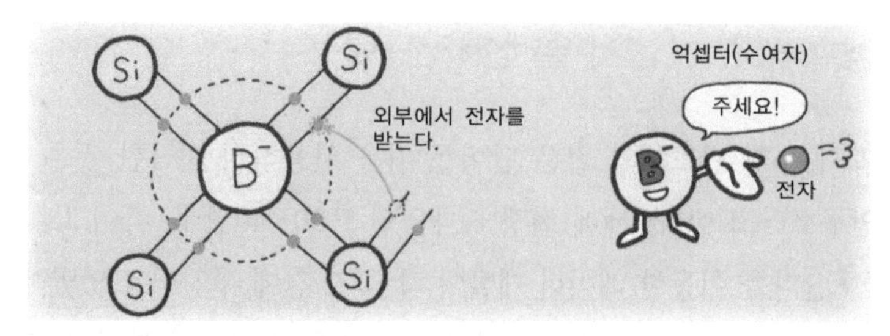

그림 1-13a p형 반도체의 불순물은 전자를 보충하여 억셉터 이온이 된다.
p형 반도체는 불순물 원자가 전자를 다른 원자에서 보충하려고하기 때문에 불순물을 억셉터(받는자)라 부른다.

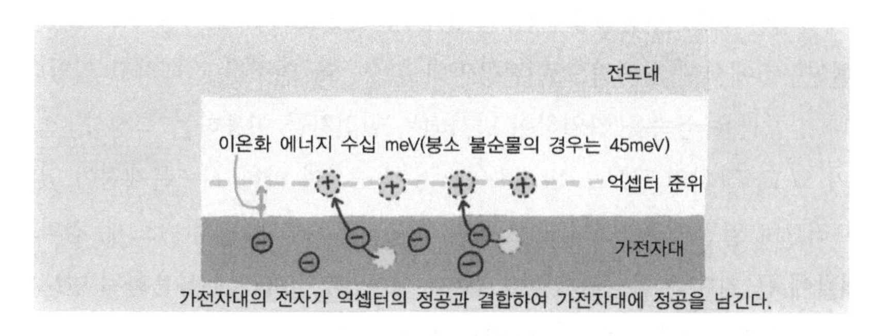

그림 1-13b p형 반도체의 에너지대역도 모형
억셉터의 정공은 가전자대 정상보다 조금 더 높은 에너지준위에 존재하기 때문에 약간의 에너지에 의해서도 가전자대의 전자가 억셉터 준위로 이동하고 가전자대에 정공을 남기게 된다.

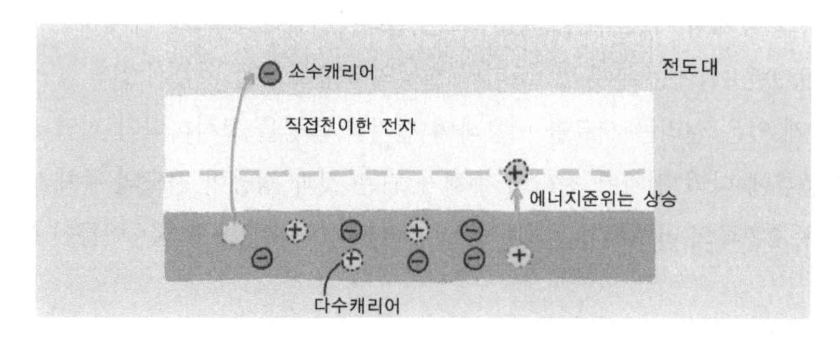

그림 1-13c p형 반도체의 소수캐리어
가전자대에서 전도대로 직접 천이하는 전자도 약간 있기 때문에 p형 반도체에서도 전도대에 약간의 전자가 존재한다. 이때 정공은 다수캐리어, 전자는 소수캐리어이다.

1.14 n형, p형의 탄생지 벨 전화연구소

n형 반도체, p형 반도체와 같은 단어를 처음 사용하기 시작한 것은 미국의 벨 전화 연구소라고 한다. 세계 전쟁 시대였던 1930~40년대, 마이크로파라고 불리는 극초단파를 이용한 레이더 개발이 각 국가 간에 추진되고 있었다.

레이더는 타겟의 비행기에 전자파의 펄스 신호를 방사하여 부딪친 후, 반사하여 돌아오는 시간을 측정하여 비행기까지의 거리를 측정하는 장치로써 반사된 마이크로파는 매우 약하게 감쇄되기 때문에 외부 전파에서 신호만 추출하기 위한 검파기는 매우 고성능이 요구되었다.

그때까지만 해도 진공관을 이용한 검파기가 실용화되어 사용하고 있었으며, 벨연구소에서도 자체적으로 진공관의 고성능화 연구를 진행하고 있었다. 그러나 진공관은 금속을 가열하여 방사되는 열전자를 이용하는 특성상, 전력소비가 크고, 장치의 규모도 방대하였으며 내구성이 약하다는 문제점이 있었다. 그러므로 열원이 불필요하고 소형이며 내구성이 강한 광석(반도체) 검파기의 개발에 큰 기대를 걸고 있었다. 그러나 그 당시 검파기에 상용화된 반도체에는 산화동(Cu_2O)이나 황화납(PbS)과 같은 화합물을 포함한 광석이 주로 사용되었으며 성능이 불안정하여 군사 목적으로 사용할 수는 없었다.

이와 같은 상황에서 벨 전화연구소에서는 실용적인 반도체 재료를 찾기위한 연구가 진행되고 있었다. 후보군에 있었던 원소나 화합물은 100종류 정도였으나 그 중에서 가장 주목받은 재료는 실리콘이였다. 제 2차 세계대전이 발발한 1939년 8월에는 부분적으로나마 결정의 고순도화를 성공시켰다.

그렇게 얻은 실리콘 시료를 이용하여 전기적 특성을 조사하다가 섞인 불순물의 종류에 따라 전자가 전도의 주체가 되는 것과 정공이 전도의 주체가 되는 것 등 2종류의 반도체가 존재한다는 것이 밝혀져 n형, p형라는 이름이 붙여졌다.

그림 1–14a 반도체는 군사 용도로 연구되었다.
전자소자인 진공관은 꽃 모양이었으며 피할 수 없는 단점이 있었다.

단원소반도체	화합물반도체			
IV족	II–VI족	III–V족	IV–IV족	I–III–VI족
Si	ZnS	AlAs	SiC	$CuGaS_2$
Ge	ZnSe	GaAs	SiGe	$CuInS_2$
C	ZnTe	GaP		$CuInSe_2$
	ZnO	GaN		
	CdTe	GaSb		
	CdS	InP		
		InSb		

Ⅱ+Ⅵ
Ⅲ+Ⅴ
Ⅳ+Ⅳ
(Ⅰ+Ⅲ)/2+Ⅵ
짝을 이뤄 8이 된다.

그림 1–14b 최근에 사용된 반도체 재료
반도체는 한 종류의 원소로 구성된 단일 원소반도체와 다수의 원소로 구성된 화합물 반도체가 있다. 색으로 표시된 반도체는 (118페이지참조) 대표적인 재료를 나타내며 이외에도 산화물 반도체가 있다.

1.15 어떻게 실리콘이 반도체 재료로 선택되었는가

지금까지는 반도체 재료로써 실리콘을 사용한 예를 설명하였다. 앞서 언급한 것처럼 반도체 재료에는 여러 가지가 있으나 일반적으로 사용한 재료는 실리콘이며 이는 단원자 반도체이기 때문이다.

그러나 단원자 반도체 재료로는 실리콘과 동일한 주기율표상의 IV족 원소인 탄소나 게르마늄도 있었으나 왜 실리콘을 주로 사용하게 되었을까? 나이가 많은 독자라면 실리콘 반도체가 주로 사용되기 전에 게르마늄 반도체 시대가 있었다는 것을 알고 계신 분들도 많을 것이다. 1947년 벨 전화연구소의 쇼클리 등이 발명한 트랜지스터도 게르마늄 단결정을 사용하여 제작하였다.

단결정이란 원자가 규칙적으로 나란히 있는 공유결합 상태를 말하며, 전자의 전도성을 훼손하지 않으며 반도체의 특성 설계를 제어하기 쉽기 때문에 반도체는 단결정으로 제작하여 사용한다.

실리콘이 반도체 재료로서 주로 사용되는 가장 큰 이유는 지구상에 매우 풍부하게 존재하는 물질이며 고순도의 단결정을 제조 및 가공하기 용이하기 때문이다. 탄소도 지구상에 풍부히 존재하나 탄소의 단결정인 다이아몬드는 고순도로 제조 및 가공하기 어려운 단점이 있다.

한편, 실리콘 결정에는 단결정 실리콘뿐만이 아니라 다결정 실리콘, 그리고 비정질 실리콘 등 3종류의 실리콘이 존재한다.

다결정 물질은 미소한 단결정들이 각기 다른 방향으로 고체화된 물질이다. 그러므로 단결정들의 경계(결정입계)로 전자가 이동하기 쉬워 반도체로서의 특성이 나빠진다.

비정질은 원자가 무질서하게 결합된 상태이다. 일반적으로 유리가 비정질이다. 반도체로서의 성능은 열등하지만 박막으로 만들 수 있으며 가용성 (유연성) 또한 우수하여 필름 모양의 반도체를 제작할 수 있다는 장점이 있다. 실리콘의 단결정, 다결정 및 비정질 형태는 태양광 발전에 사용된다. (179페이지 참조)

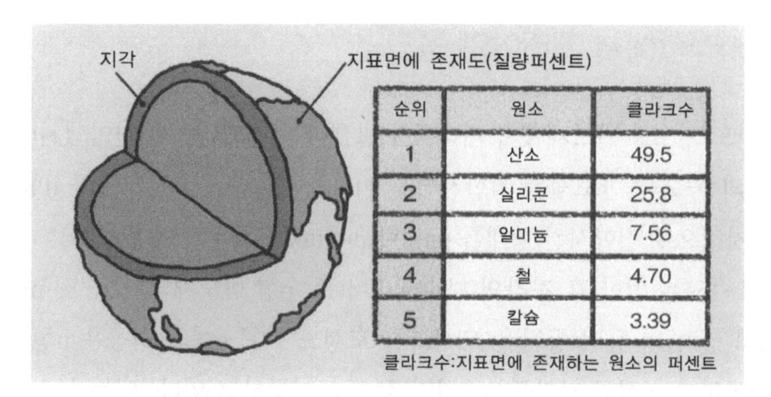

순위	원소	클라크수
1	산소	49.5
2	실리콘	25.8
3	알미늄	7.56
4	철	4.70
5	칼슘	3.39

그림 1-15a 지구 표면에 존재하는 원소량

지각 표면 근처에 존재하는 많은 양의 실리콘(SiO_2)이 반도체 재료에 사용될 수 있다는 것은 전자산업에 행운이었다고 할 수 있다.

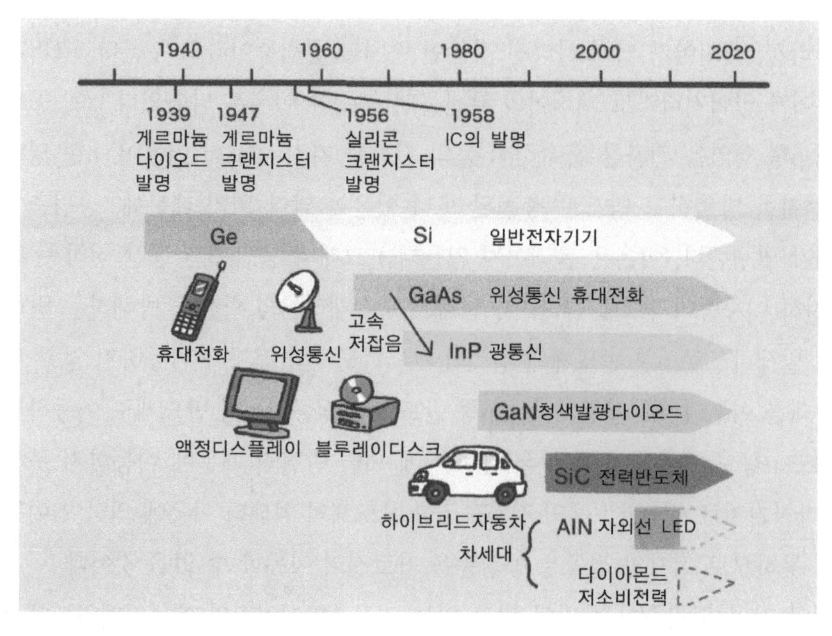

그림 1-15b 반도체 재료의 시대적 변천

제조가 용이하고 무진장한 실리콘이지만 회로의 고성능화를 목적으로 차세대 반도체 재료 개발에 대한 기대는 높다.

1.16 pn접합에서 캐리어의 움직임

n형 반도체, p형 반도체에서 캐리어가 발생하는 메커니즘을 알아냈지만, 이 두 종류의 불순물 반도체를 결합시키면 어떻게 될까? p형 반도체와 n형반도체를 순차적으로 접합시킨 형태를 pn접합(pn junction)이라 한다.

그림 1-16a는 접합 후 각각의 다수캐리어(즉, p형 반도체의 정공 및 n형 반도체에서 전자)의 동적 동작을 도식화한 모형도이다. p형의 정공은 n형 방향으로 이동하고, n형의 전자들은 p형 방향으로 이동하고 있다. 이는 물질의 농도가 높은 영역에서 낮은 영역으로 자연스럽게 이동하여 마침내 균일한 농도가 되는 확산현상에 의한 것이다. 담배 연기가 바람도 없는 곳에서 피우지 않는 사람에게 퍼지는 확산 현상과 동일하다. 그 결과, 전자와 정공은 접합면 근처에서 양전하(정공)와 음전하(전자)가 중화되어 사라지게 된다.

따라서, 캐리어가 거의 사라진 접합면 근처를 공핍층이라고 부른다. 그러나 캐리어가 없어지더라도 캐리어의 부산물인 불순물 이온은 남아있다. 즉, 공핍층의 p형 영역은 전자를 흡수하여 음의 전하를 가진 억셉터 이온이, n형 영역은 전자를 방출하고 양으로 충전된 도너 이온이 남아 있기 때문에, 공핍층에 전계가 발생한다.(이온은 움직이지 않는다.) 그래서 공핍층은 공간 전하층 혹은 전하 이중층이라고도 한다. 이 전계는 다수캐리어의 확산을 방해하는 방향으로 발생하므로 p형 반도체의 정공과 n형 반도체의 전자가 이동하지 않고 평형상태를 이룬다. 이 상황에서는 p형 반도체의 정공이 n형 반도체로 이동하려고해도 n형 반도체의 도너 이온(양이온)에 의한 반발력 때문에 이동하지 못하며, 마찬가지로 n형 반도체의 전자도 p형 반도체의 억셉터 이온에 의하여 이동하지 못하므로 전자와 정공은 공핍층을 가로질러 이동할 수 없을 것이다.

이와 같이 공핍층이 장벽이 되고 있는 것을, 42페이지의 에너지대역도에서 관찰할 수 있다.

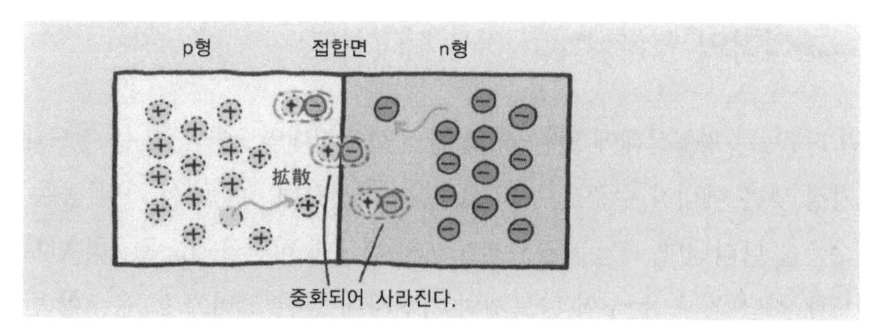

그림 1-16a pn 접합된 반도체의 다수캐리어 이동
다수캐리어가 농도가 높은 영역에서 낮은 영역으로 확산되어 접합면 근처에서 중화되어 소멸된다.

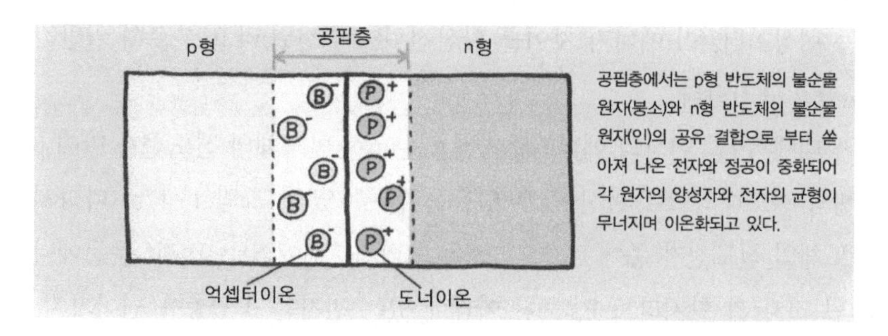

그림 1-16b 캐리어가 확산된 결과
캐리어가 중화되면 접합면 근처에 공핍층이 생기고, n형 반도체 쪽에는 플러스로 대전된 도너 이온이, p형 반도체 쪽에는 마이너스로 대전된 억셉터 이온이 남는다.

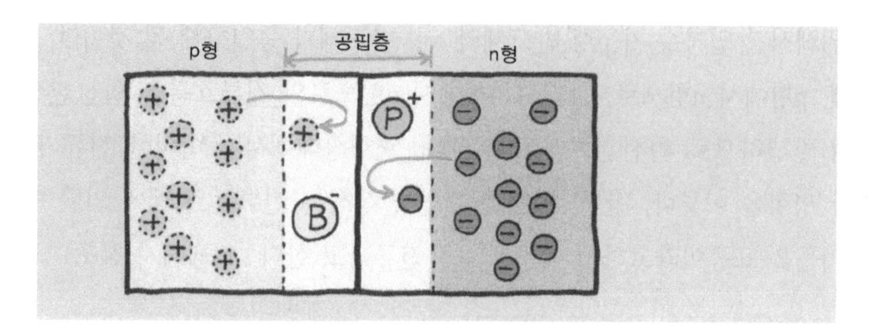

그림 1-16c pn 접합된 반도체의 평형상태
공핍층에 생성된 이온에 의해 반발되어 캐리어는 공핍층에 들어가지 못하고 각 영역에 쌓여 평형상태가 된다.

MEMO

1.17 pn접합의 평형상태와 에너지대역도

그림 1-17a는 평형상태에 있는 pn 접합의 에너지대역도이다. E_c는 전도대역에서 가장 낮은 에너지 수준을, 그리고 E_v는 가전자대 상단에서 가장 높은 에너지 수준을 나타낸다. E_{cp}는 p형 반도체의 전도대 하단을, E_{cn}은 n형 반도체의 전도대 하단을, E_{vp}는 p형 반도체의 가전자대 상단 그리고 E_{vn}은 n형 반도체의 가전자대역 상단을 나타낸다.

이 그림에서 가장 주목할 점은 전도대 하단 E_c(가전자대 상단 E_v)의 에너지 준위가 공핍층에서 2차 함수로 변화하고 p형 반도체보다 n형 반도체가 낮게 분포한다는 것이다. 이것은 공핍층에서 전기장(전위의 차)이 생성됨으로써 발생하는 현상이다. 이 에너지 차이를 확산전위(자생전위)라고 부르며 일반적으로 V_D라고 표기한다.

이 상태에서 E_{cp} 이상의 에너지준위에 있는 n형 반도체의 전도전자 만이 p형 반도체의 전도대역으로 확산될 수 있음을 알 수 있다.(그림 1-17b) 따라서 n형 반도체의 전도전자 중에 E_{cn}보다 높은 에너지준위에 있는 전자(운동에너지를 지닌 전자)라 할지라도 E_{cp}보다 아래에 있는 전자는 공핍층을 넘어가지 못하게 된다. 이와 같은 전위의 벽을 전위장벽이라 한다.

한편, p형 반도체의 전도전자를 살펴보면, 이는 소수캐리어일지라도 전부 E_{cn} 에너지준위 이상의 에너지를 지니고 있어서 n형 반도체의 전도대로 자유스럽게 이동할 수 있다. 결과적으로 E_{cp}이상의 에너지준위에서는 전도전자의 농도(단위체적당 입자수)가 p형 반도체와 n형 반도체가 동일하게 될 것이다.

이때, p형에서 n형으로, 그리고 n형에서 p형으로의 전류흐름은 확산현상에 의하여 발생하므로 확산전류라고 부른다. 평형상태에서는 미미한 전류가 흐르지만 평형을 이룬다. 반면, 전계를 걸면 발생하는 전류는 전계에 의한 캐리어의 이동을 표동이라고하기 때문에 표동전류라고 한다.(44페이지 참조)

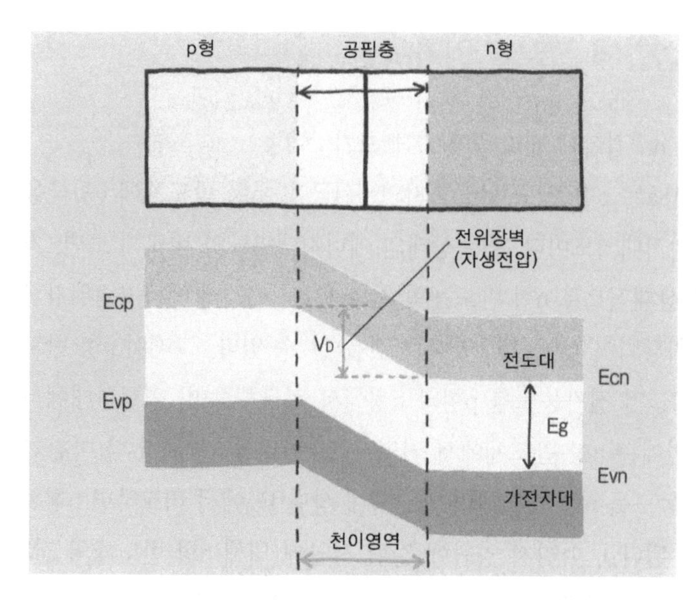

그림 1-17a 평형상태의 pn 접합의 에너지대역도
공핍층에서 전도대 하단과 가전자대 상단의 에너지준위가 이차 함수적으로 변화하며 p형 반도체보다 n형 반도체 쪽이 낮은 에너지 상태가 된다.

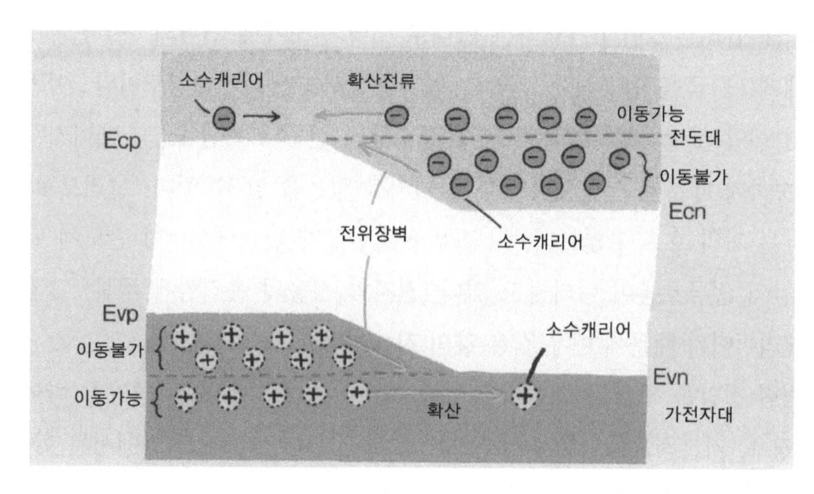

그림 1-17b pn 접합부의 확산전류
p형 반도체의 전도대 하단의 에너지준위보다 높은 수준에 있는 n형 반도체 영역의 전도전자와 p형 반도체 영역의 소수 캐리어인 전도전자는 확산되어 농도가 균일해진다.

1.18 pn접합에 전압을 인가하면

이번에는 pn 접합에 전압을 인가해 보자.

그림 1−18a는 p형 반도체에 전지의 (+)극을, n형 반도체에 (−)극을 인가할 경우의 에너지대역도이다. 평형상태의 에너지대역도와 비교해 보면, 가해진 전압분 만큼 상대적으로 n형 반도체의 전도대 하단 E_{cn}의 에너지준위가 상승하기 때문에 전위장벽이 낮아지고 있다는 것을 알 수 있다. 그래서 p형 반도체의 전도대 하단 E_{cp}의 전자농도를 p형과 n형에서 비교해보면, 평형상태에서 균일하였으나 이번에는 n형 반도체에서 커지고 있는 것을 알 수 있다(마찬가지로 양쪽의 정공 농도를 n형 반도체의 가전자대 상단 E_{vn}에서 비교하면 p형 반도체가 더 큰 편이 된다.). 따라서 양단에 걸린 전압에 의해 n형 반도체의 전자는 p형으로, p형 반도체의 정공은 n형으로 이동하여 표동전류가 흐르게 된다.

이와 같이 p형 반도체에 (+)극을, n형에 (−)극을 연결하는 전압을 순방향 바이어스라고 한다. 순방향 바이어스의 전압을 증가시키면, 계속 전위장벽이 낮아지므로 보다 큰 표동전류가 흐르게 된다.

그림 1−18b는 그림 1−18a와는 반대로, p형 반도체에 전지의 (−)극을, n형 반도체에 (+)극을 연결하여 전압을 인가할 경우, 에너지대역도이다. 이번엔 가해진 전압분 만큼 상대적으로 p형 반도체의 전도대 하단 E_{cp}의 에너지준위가 상승하기 때문에 전위장벽이 더욱 커지고 있음을 알 수 있다. 그러므로 표동전류는 거의 흐르지 않는다. 이 경우 p형 반도체 단자에서 n형 반도체 단자로 약간의 전류흐름이 나타나고 있다.(전자와 정공의 움직임에 주목) 그러나 소수캐리어이기 때문에 매우 적은 양의 전류이다.

이처럼 전압을 가하는 방식을 역방향 바이어스라고 부른다. 역방향 바이어스의 경우, 기본적으로 거의 전류가 흐르지 않는다. 즉, pn접합에서는 한 방향으로만 전류를 흘려보내고 있다는 것을 알 수 있다. 이와 같이 전류를 한 방향으로만 흘려보내는 전기적 특성을 정류특성이라고 한다.

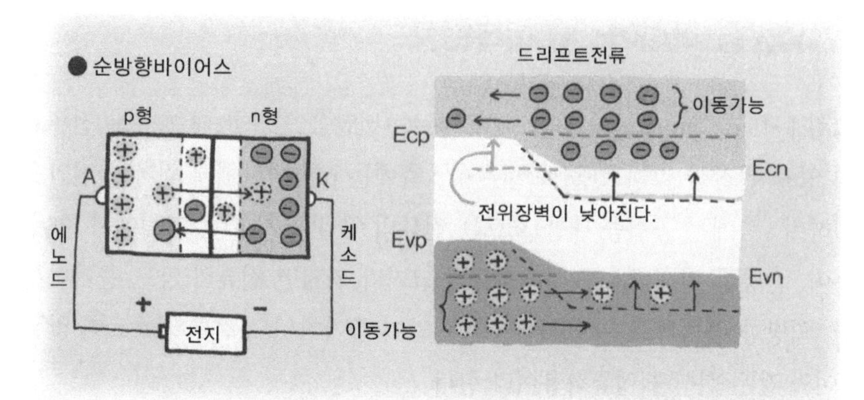

그림 1-18a pn 접합에 순방향 바이어스를 걸었을 때 에너지대역도
순방향 바이어스를 걸면 n형 반도체의 전도대 하단의 에너지준위가 상승하여 전위장벽이 낮아지므로, n형 반도체의 전도전자는 p형 영역으로 표동한다.

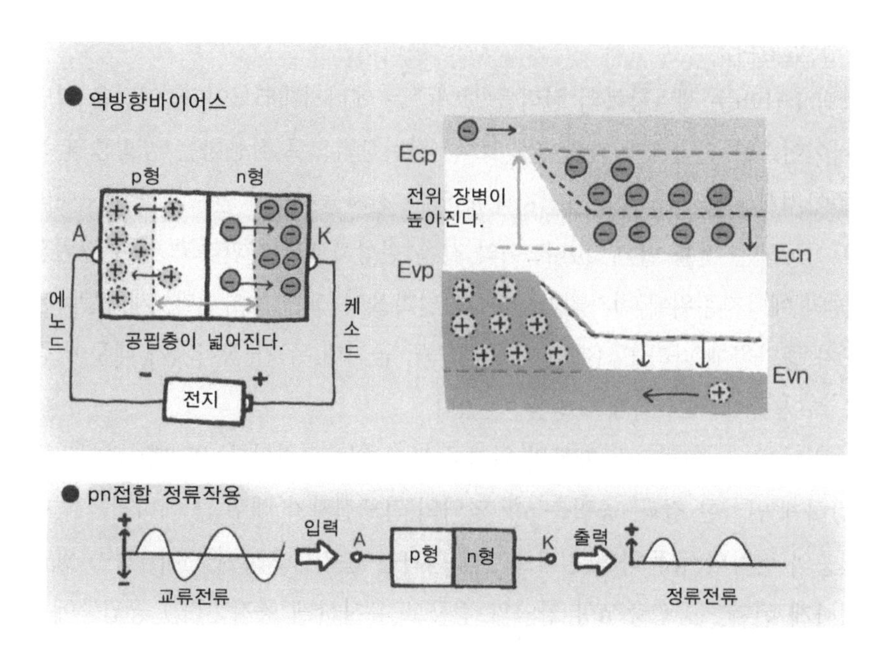

그림 1-18b pn 접합에 역방향 바이어스를 걸었을 때 에너지대역도
역방향 바이어스를 걸면 p형 반도체의 전도대 하단의 에너지준위가 상승하여 전위장벽이 높아지므로 표동전류는 거의 흐르지 않는다.

MEMO

1.19 역방향 바이어스와 항복현상

그림 1-19a는 pn 접합의 전압-전류 특성 (전압을 인가할 때 흐르는 전류흐름의 양을 관찰한 그래프)을 보여주며, x축에는 p형 반도체에 인가한 전압을 표시하며 y축에는 공핍층 내를 흐르는 전류의 양을 표시한다. 그림에서 알 수 있듯이, 순방향 바이어스에서는 전압의 크기가 커지면 전류의 양도 증가하는 반면, 역방향 바이어스(음전압)에서는 전압이 증가하여도 전류가 흐르지 않는다. 이와 같은 현상을 정류작용이라 한다.

그러나 역방향 바이어스의 값을 크게 증가시킬 경우 순방향 바이어스한 경우와 같이 역방향으로 큰 전류흐름이 관측되며 이 현상을 항복현상이라 한다. 항복현상에는 제너항복과 어벨런치항복과 같은 2가지 유형이 있다. 참고로, 제너는 이 현상을 발견한 사람의 이름이며 어벨런치(avalanche)는 영어로 사태현상을 말한다.

그림 1-19b는 제너항복의 원리를 보여주는 에너지대역도이다. 이것은 역방향 바이어스를 강하게 인가한 결과로써, 전위장벽으로 작용하는 공핍층의 폭이 좁아져서 p형 반도체의 가전자대에 있는 전자들이 n형 반도체의 전도대역으로 이동하는 것을 알 수 있다. 이와 같은 현상을 터널효과라고 하며 전위장벽 앞의 에너지준위에 빈자리가 있어 터널확율이 크게 높아진다. 제너항복은 온도가 증가함에 따라 E_g (에너지대역 간극, 금지대 폭)가 작아지기 때문에 공핍층 폭이 좁아져 더 쉽게 발생할 수 있다.

그림 1-19c는 어벨런치 항복의 원리를 보여주는 그림이다. 역방향 바이어스를 강하게 인가한 결과, 공핍층 p형 영역의 전도전자가 매우 큰 에너지를 얻어 공핍층의 원자와 충돌하여 원자로부터 전자를 분리함으로써 전자-정공 쌍을 생성하게 된다. (공핍층 n형 영역의 정공도 유사하게 동작한다.) 공핍층에서 발생한 전자는 n형 영역으로, 정공은 p형 영역으로 전계에 의하여 표동하기 때문에 역방향으로 큰 표동전류가 흐르는 것이다. 어벨런치항복은 온도가 높아지면 캐리어의 운동이 방해받아 발생하기 어렵게 된다.

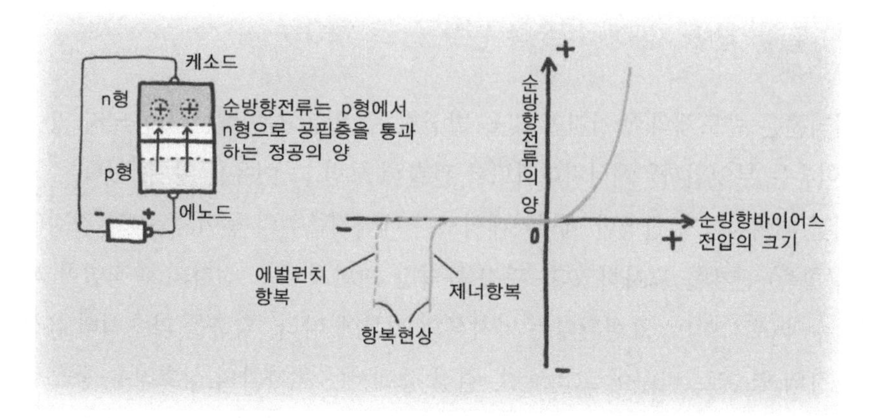

그림 1-19a pn접합의 전압-전류 특성

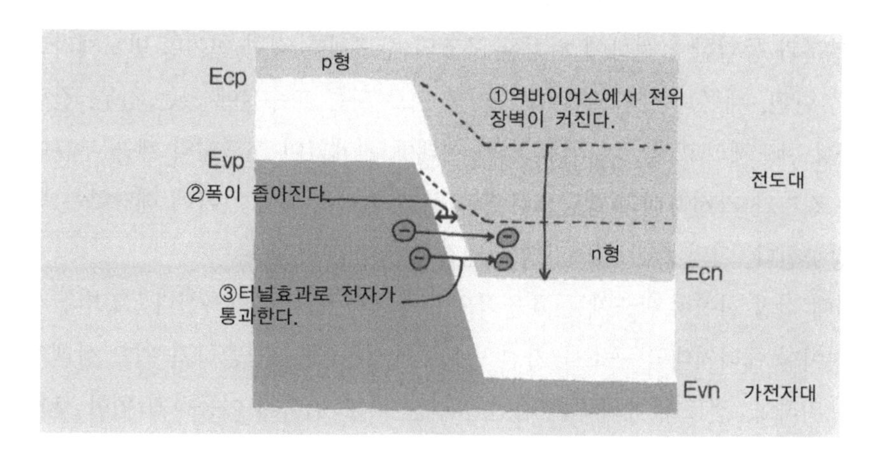

그림 1-19b 제너항복의 에너지대역도

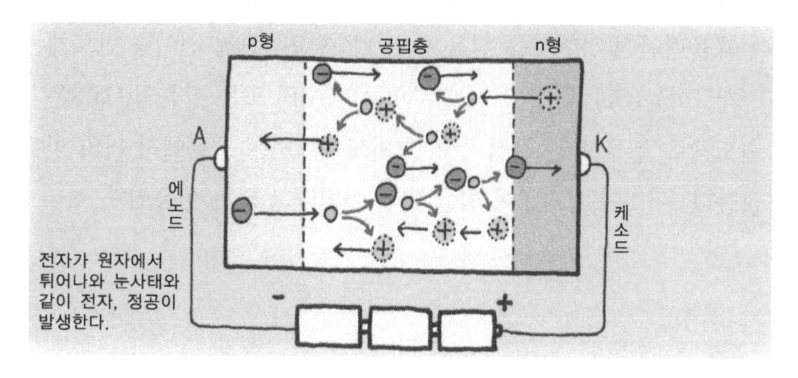

그림 1-19c 어벨런치항복의 발생모형

MEMO

1.20 발광 반도체와 비발광 반도체의 차이

실리콘은 반도체의 왕이지만 빛을 발산할 수 있는 장치에는 사용되지 않는다. 이유는 무엇일까? 에너지대역도를 관찰해 보면 그 이유를 알 수 있다.

이전 페이지까지 설명한 에너지대역도는 에너지준위의 높이(종축)와 결정의 위치(횡축) 관계를 묘사하였다. 관점을 약간 변화시켜면, 전자의 움직임이 파동함수 Ψ(프사이)로 표현된다는 양자론의 기본에 따라, 횡축을 파수벡터 *k*(전자파장의 역수)로 바꾸어 그려보면, 결정 중에서는 원자와의 상호작용 등으로 인해 결정의 방향에 따라 *k*가 변화하는 복잡한 곡선형태의 에너지대역도가 나타나게 될 것이다.

이때 동일한 파수 *k*(특히 k=0 근처)에서, 전도대의 계곡 부분이 가전자대의 산 부분과 동일한 *k* 선상에 위치한 구조의 반도체를 직접 천이형 반도체라고 한다. 한편, 계곡과 산의 부분이 틀어져 서로 다른 파수 *k*에 있는 경우, 간접 천이형 반도체라고 할 수 있다. 천이 형태에 관계없이 전도대의 계곡 부분에 있는 전자가 가전자대의 정공으로 떨어질 때 에너지대역 간극에 해당하는 빛을 방출한다. 이와 같은 천이과정을 재결합이라 한다.

이때 직접 천이형 반도체는 효율적으로 천이하여 빛을 방사한다. 그러나 간접 천이형 에너지대역 구조를 가진 반도체에서는 빛을 방출하기 위한 상태가 되기 위하여, 전도대 계곡에서 가전자대 산 바로 위까지 이동하기 위한 추가 천이가 필요하기 때문에 발광 확률이 작아진다.

직접 천이형 반도체는 갈륨비소(GaAs)를 비롯한 III-V족 반도체 또는 셀레늄화 아연(ZnSe) 등의 II-VI족 반도체에서 많이 발견되며, 이러한 반도체를 사용하여 효율적인 발광현상을 얻을 수 있다. 한편, 간첩 천이형 반도체는 실리콘(Si), 게르마늄(Ge) 등이 있다. 알루미늄인(AlP) 또는 갈륨인(GaP)은 간접 천이형 반도체로 분류한다. 간접 천이형 반도체에서는 실온에서 거의 빛이 방출되지 않는다. 이것이 실리콘이 빛을 내기 어렵다고 하는 이유이다.

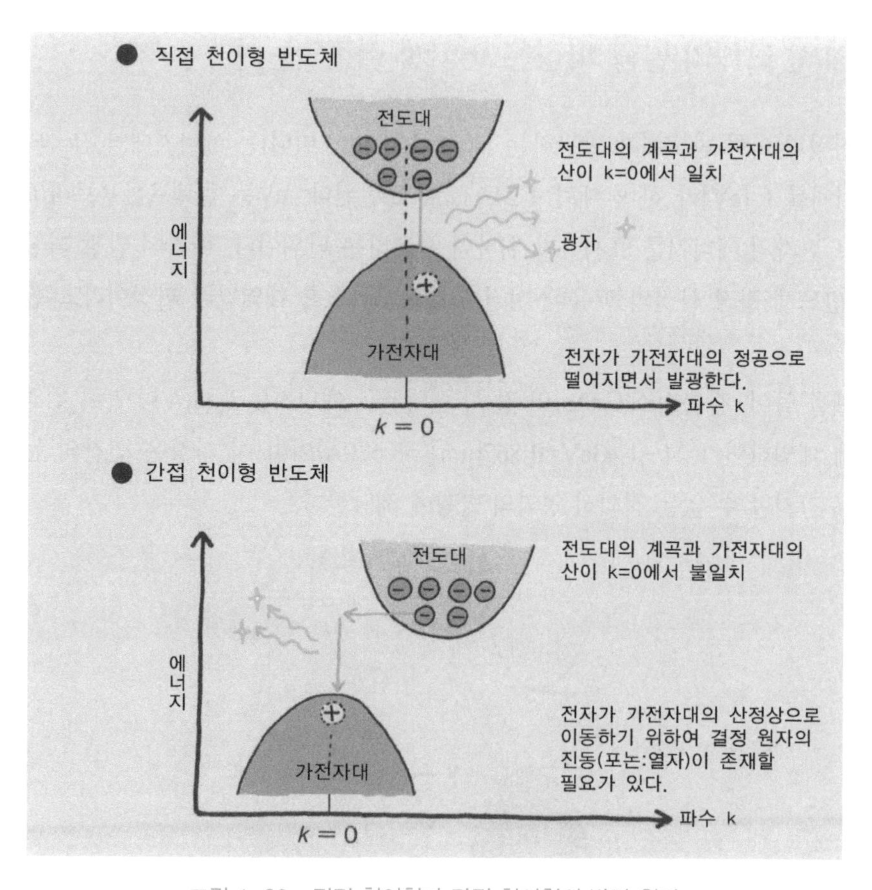

그림 1-20a 직접 천이형과 간접 천이형의 발광 원리

직접 천이형	간접 천이형
GaAs InAs InP ZnS ZnSe	Si Ge GaP AlP

그림 1-20b 직접 천이형 반도체 및 간접 천이형 반도체의 예
직접 천이형 반도체는 III-V족 또는 II-VI족 반도체에서 많이 발견된다.

1.21 반도체의 발광 파장은 어떻게 결정되는가

직접 천이형 반도체가 발광하는 파장 λ[μm:10^{-6} 미터]는 에너지대역 간극의 에너지를 E_g[eV]라 하면 대략 1.24÷E_g로 표현된다. eV는 일렉트론볼트라고 읽고 전자의 에너지를 표시하기 위하여 사용하는 단위이다. 따라서 발광 파장은 반도체 결정 물질의 고유한 성질로 결정되며 λ를 대역간극 파장이라고 한다.

예를 들어, 갈륨비소(GaAs)의 경우, 대역간극 에너지는 1.43eV이므로, 위의 식에 대입하면 1.24÷1.43eV=0.867[μm](=8.670Å)이며 이 파장은 인간의 눈으로 감지할 수 없는 적외선 영역의 발광에 해당한다.

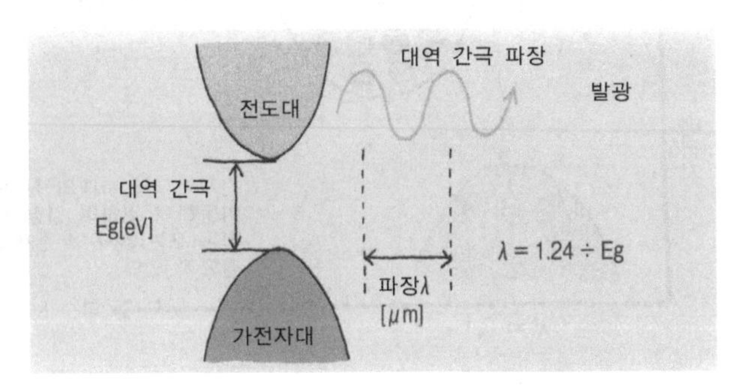

그림 1-21a 직접 천이형 반도체의 발광 파장

직접 천이형 반도체의 발광 파장(색)은 결정 물질 고유의 특성으로 정해지며, 대역간극 파장이라고 불린다.

반도체 재료	대역간극 에너지[eV]	발광 파장[μm]
InSb	0.17	7.29
InAs	0.35	3.54
GaSb	0.74	1.68
InP	1.27	0.976
GaAs	1.43	0.867

그림 1-22b 대표적인 발광 반도체와 발광 파장

반도체 대역간극과 불순물 준위는 어떻게 조사할 것인가?

반도체의 광학 특성을 조사하는 대표적인 방법으로서, 포토루미네센스 법이 있다. Photoluminescence를 줄여서 PL법 이라고도 한다. PL법은 전극을 부착할 필요도 없고, 비파괴 방법으로써 반도체를 평가할 수 있는 매우 유용한 방법이다. 반도체에 조사하는 광원(여기광원)으로서는 대역간극보다 큰 에너지를 갖는 레이저를 사용하는데, 특히 아르곤 레이저(파장: 514nm=514 x10^{-9}m,)나 헬륨·네온 레이저(파장;633nm)를 사용한다. 또한 대역간극이 큰 반도체의 경우는 헬륨·카드뮴 레이저(파장: 325nm/442nm) 등이 사용된다.

레이저 광은 빛의 온-오프를 빠르게 차단할 수 있는 제어 회로를 이용하여 간헐적으로 변조되고, 시료에 조사된다. 이때 시료에서 나온 포토루미네센스 광은 분광기를 통해 광전자 증폭기 등의 광검지기로 검출되며, 온-오프시 동기되어 위상검파 증폭기에 기록된다.

시료의 온도를 낮춰 측정하는 경우에는 광학창이 달린 크라이오스타트 (저온을 유지하기 위한 용기)에 넣어 측정한다.

시료에서 방출된 포토루미네센스 광은 전도대에서 천이한 전자에 의한 것이므로 반도체의 대역간극 크기를 측정할 수 있다. 또한, 발광 온도 의존성을 조사함으로써 불순물에 대한 중요한 정보를 얻을 수 있다.

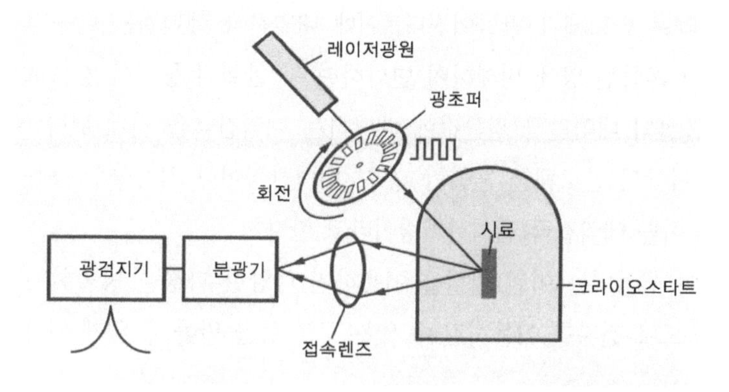

1.22 반도체의 묘미는 혼합에 있다.

서로 다른 반도체를 혼합함으로써 다양한 파장의 빛을 내는 반도체 물질을 만들어낼 수 있다. 예를 들면, 두 종류의 반도체를 섞어 녹여서 반도체 혼합물이라고 하는 상태를 만들어낸다. 금속에서 합금과 동일한 것이다.

이 혼합물은 두 개 반도체의 혼합된 양에 따라 비례하는 반도체 특성을 나타낸다 .이를 베가드(Vegard) 법이라고 한다.

예를 들어, 혼합 결정에서 일반적인 III−V족 반도체 결정은 기본 단위로 섬아연광형이라고 불리는 정사면체의 원자 배열을 가진 결정구조(단위 격자가 있는 결정)로 이루어진다. 이 기본적인 구조의 세변의 길이와 각도를 격자상수(lattice constant)라고 부르지만, 혼합 비율을 변경하면 격자상수를 변경할 수 있다. 또한 격자상수가 거의 동일한 갈륨비소(GaAs)와 알루미늄비소(AlAs)를 혼합하면 갈륨비소의 일부가 알미늄비소 위치에 혼합되어 갈륨알미늄비소(GaAlAs)라는 반도체가 만들어진다. 이때 대역간극 에너지는 갈륨비소와 알미늄비소의 혼합된 양에 비례하여 변화하며 두 물질이 동일한 양으로 혼합된 경우 두 물질의 대역간극 평균값에 해당하는 대역간극을 갖게 된다. 이와 같이 2종류 이상의 반도체를 혼합할 경우, 대역간극이나 격자상수 등을 제어할 수 있으며 이를 대역간극 엔지니어링이라고 한다.

혼합하여 생성되는 이런 성질을 이용하면 다양한 파장을 방출하는 반도체와 빠른 속도로 전자를 이동시킬 수 있는 구조 등을 만들 수 있게 된다.

■ 혼합

새우 볶음밥 + 게 볶음밥 = 해산물볶음밥

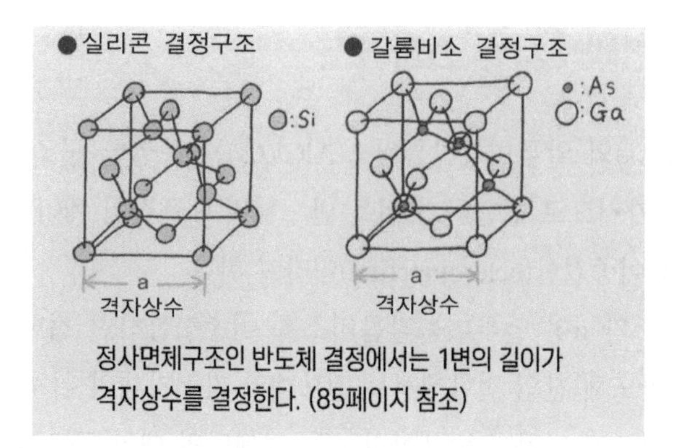

그림 1-22a 반도체의 결정구조와 격자상수
대표적인 반도체 물질은 다이아몬드형과 섬아연광형으로 불리우는 정사면체의 결정구조를 하고 있다.

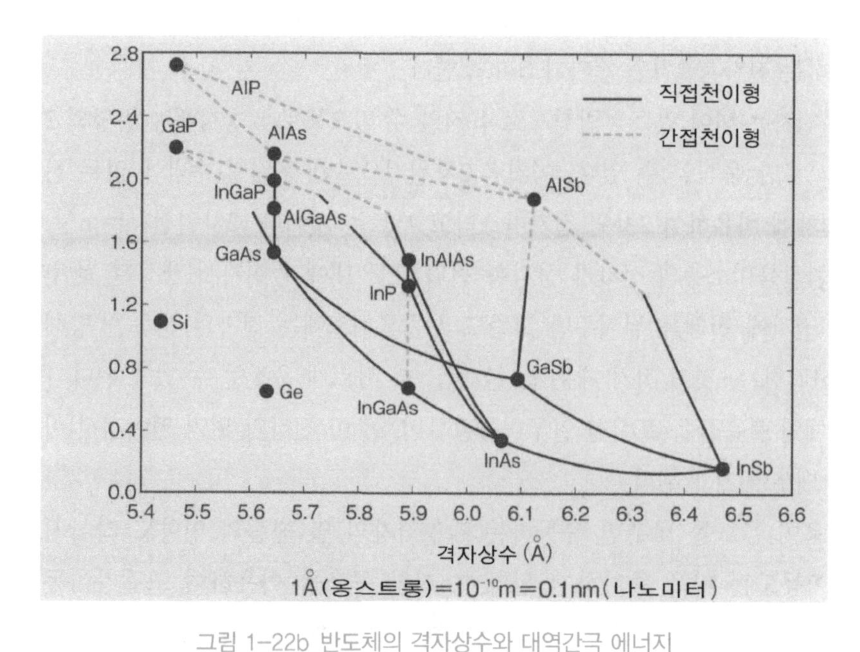

그림 1-22b 반도체의 격자상수와 대역간극 에너지
그림은 주로 Ⅲ족과 V족 화합물 반도체의 격자상수와 대역간극 에너지의 관계를 보여준다. 재료 사이의 선은 상호 혼합에 의한 특성 변화를 나타내며, 실선이 직접 천이형을, 점선이 간접 천이형을 나타낸다.

MEMO

1.23 이종접합과 2차원 전자가스

갈륨비소(GaAs)와 알루미늄갈륨비소(AlGaAs)는 동일한 구조와 거의 동일한 격자상수를 가지므로 접합하기 쉬운 반도체의 대표적인 예이다. 이런 반도체 간의 접합을 이종접합(heterojunction)이라고 한다.

이때 갈륨비소와 n형 알루미늄갈륨비소를 이종접합하면 접합면은 어떻게 될까? 상이한 반도체 간의 접합에서는 전도대와 가전자대의 위치가 다르기 때문에 에너지대역도에 단차가 발생한다. 즉, 경계면의 대역 구조가 구부러지고 삼각형 모양의 움푹 들어간 형태(우물)의 에너지대역도를 생성한다. 이것을 삼각형 전위 우물이라고 부르고, 그 폭이 전자의 드브로이파장 정도가 되면 우물 안에 전자가 2차원적으로 갇혀서 양자화되고, 각각 이산적인 에너지준위를 갖게 된다. 이와 같은 에너지 준위를 서브밴드(subband)라고 부르고, 그곳에 존재하는 전자를 2차원 전자가스라고 한다.

이 전자는 벽이 있는 z 방향으로 움직일 수 없으므로 x 방향과 y 방향의 2차원적으로만 움직일 수 있다. 이처럼 2차원적으로만 움직일 수밖에 없는 전자를 기체에 비유하여 2차원 전자가스라고 부르는 것이다. 2차원전자는 n형 알루미늄갈륨비소층의 전자가 삼각형 전위 우물 내에 들어가서 생성된 것이다. 이런 전자에 전계를 걸어주면 고순도의 갈륨비소에는 전자의 운동을 방해하는 (산란하는) 것이 적기 때문에, 한 계단 더 빠르게 움직일 수 있게 된다. 즉, 산란체인 불순물을 포함한 알루미늄갈륨비소층이 전자와 멀리 떨어져서 이동도가 매우 커지게 된다.

더욱이 온도를 낮추면 충돌하는 결정격자의 열 진동의 영향도 작아지므로, 이동도는 더욱 증가하게 된다. 이러한 구조를 이용하여 고전자이동도 트랜지스터가 개발되었다. 초기 개발한 후지쓰에서는 이 트랜지스터를 영어로 High Electron Mobility Transistor의 머릿자를 따서 HEMT라고 명명하였다. 다른 나라에서는 TEGFET(Two-dimensional Electron Gas FET), MODFET(MOdulation Doped FET) 등 다양한 명칭이 제안되었지만 지금은 세계적으로 HEMT로 더욱 알려져 있다.

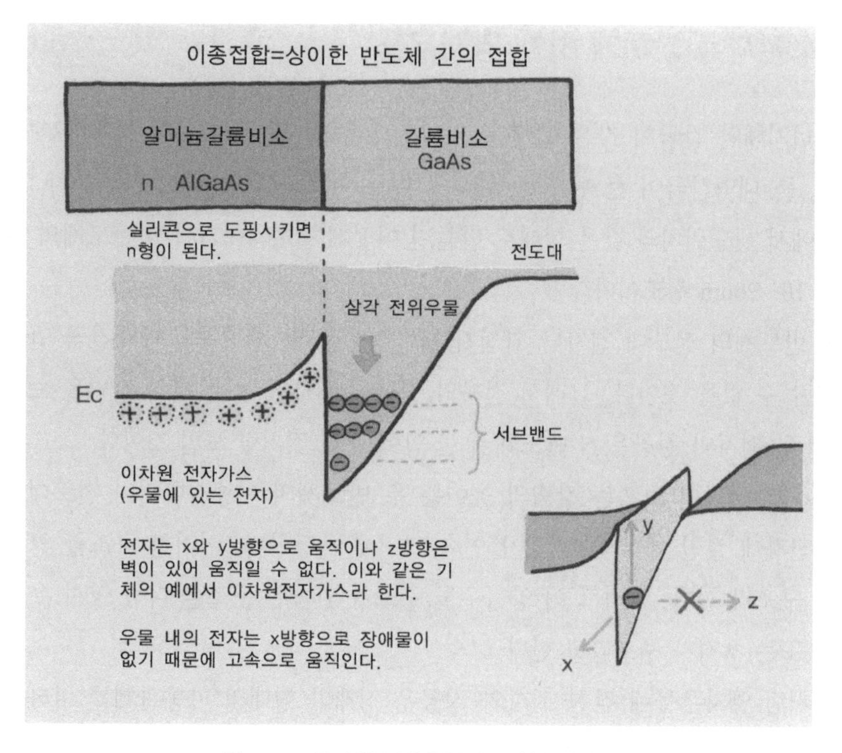

그림 1-23 삼각형 전위우물과 2차원 전자가스

서로 다른 반도체 접합면에서 에너지대역 간극의 단차가 발생하여 계면에서 대역 구조에 삼각형의 우물형태가 발생할 수 있으며, 그 삼각형에 들어간 전자가 2차원 전자가스이다.

동종접합과 이종접합

구조가 상이한 반도체 간의 접합을 이종접합이라고 하는 반면, 동일한 원소로 이루어진 접합을 동종접합이라 한다. 전술한 일반적인 pn접합은 도핑 성분이 각각 붕소와 인으로 다를지라도 주성분은 실리콘 반도체로 동일하기 때문에 동종접합이다.

MEMO

1.24 전자를 갇히게 하는 양자우물

에너지대역 간극이 작은 얇은 반도체(Narow의 N을 사용하여 N 반도체라 하자.)를 대역간극이 큰 반도체(Wide의 W를 이용하여 W 반도체라 하자.)로 양쪽에서 샌드위치와 같은 형태로 만들면 어떻게 될까? 여기서 N 반도체의 두께는 10~20nm 정도이다.

N 반도체의 전도대 전자나 가전자대의 정공은 W 반도체의 대역간극 안에 들어갈 수 없을 것이다. 그래서 전자와 정공에서 보면 높은 전위 장벽을 느끼게 되고, 전자와 정공은 N 반도체 우물 안에 갇힌 것처럼 보일 것이다.

전자와 정공이 느끼는 장벽의 높이는 두 반도체의 이종접합면의 전도대와 가전전자에 걸친 에너지대역의 불연속 크기에 해당한다. 이러한 구조를 양자우물 구조라 한다. 그리고 이 양자우물 구조가 연속된 구조를 다중 양자 우물 구조 또는 초격자 구조라고 한다.

이처럼 양자우물에 갇힌 전자와 정공은 정재파 형태의 파동관계를 나타낸다. 또한 전자에너지는 불연속적 준위(양자준위)를 나타낸다.

대표적인 양자우물 구조는 결정의 격자상수는 거의 동일하고 대역간극만 다른 갈륨비소(GaAs)와 알루미늄갈륨비소(AlGaAs)로 구성된다. 갈륨비소 층을 알루미늄갈륨비소 층으로 둘러싼 샌드위치 구조를 제작하면, 대역간극이 작은 갈륨비소 층이 우물층이 되며 알루미늄갈륨비소 층은 장벽층이 된다.

양자우물 구조에서는 우물의 폭을 변경하면 양자준위의 위치도 변화하기 때문에 이를 이용하여 반도체 발광소자의 파장을 변화시킬 수 있다. 갈륨 비소/알루미늄갈륨비소 구조는 가장 많이 연구하고 있으며, 반도체소자 구조에 사용되고 있다.

해설

정재파: 파장, 주기, 진폭, 속도가 같은 두 파가 역방향의 진행방향으로 겹쳐서 그 자리에 멈춰서 진동하는 것처럼 보이는 상태. 하나의 파가 공간에서 반사되었을 때 입사파와 반사파의 간섭에 의해 일어나는 것을 가리키는 것이 일반적이다.

한편, 1차원 양자우물 구조는 한 방향만으로 전자를 갇히게 한다. 2방향으로 전자를 갇히게 하는 구조는 양자세선(와이어), 3방향으로 전자를 갇히게 하는 전위우물 구조는 양자박스(양자점)라고 부른다. 최근에는 반도체의 초미세 가공기술에 의하여 반도체를 나노크기까지 제어할 수 있게 되었다. 그러므로 2방향 또는 3방향으로 양자 우물제작이 가능하게 되어, 전자의 자유도가 1차원인 양자세선(양자와이어)나 0차원인 양자상자와 같은 양자점에 전자를 갇히게 할 수 있게 되었다. 이러한 구조는 새로운 기능과 특성이 나타나기 때문에 전자 하나를 제어할 수 있는 양자 효과 소자에 대한 연구가 진행되고 있다.

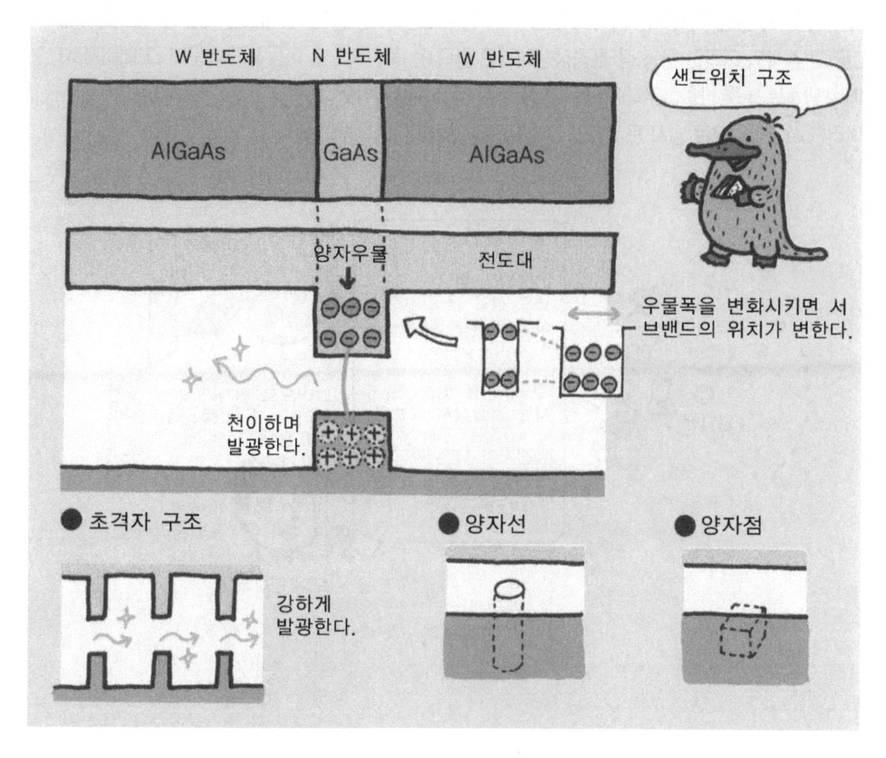

그림 1-24 양자우물 구조

대역간극이 작은 N 반도체를 대역간극이 큰 W 반도체로 감싸면 전자와 정공은 N 반도체의 우물 안에 갇힌다.

양자론의 새벽

광자(photon) 발견과 보어의 양자 조건

진공관 시대였던 1900년, 플랭크가 제안하고 아인슈타인이 발전시킨 것은 광양자설이다. 그때까지 파(파동)라고 생각했던 빛이 플랭크 상수 h (광자는 질량이 없다는 것에 주의)에 의하여 표시한 에너지와 운동량를 가진 광양자(입자)의 집합체라는 것이 발견되었다. 그 후 광자(photon)라고 부르기 시작했다.

이 시기 러더퍼드는 원자의 구조에 대해, 원자는 그 중심에 원자핵을 가지고, 그 핵 주위를 전자가 돌고 있는 유핵 원자모형을 확고히 하였다. 여기서 문제가 되는 것은 원자의 발광을 어떻게 설명하느냐 하는 것이다.

지금까지의 고전적인 물리학에서는 설명할 수 없어서, 보어가 양자조건이라는 사고방식을 제안하였다. 전자와 같은 미시적인 입자의 운동은 이 양자조건을 만족하는 상태로만 제한된다는 것이다. 그리고 전자의 이러한 운동 상태(정상상태라고 한다)는 불연속으로 이동하기 때문에 그 에너지 차에 해당하는 빛을 방출하거나 반대로 빛을 흡수 한다고 생각하였다.

이러한 사고방식으로 당시 문제였던 수소원자의 스펙트럼를 해명하였다.

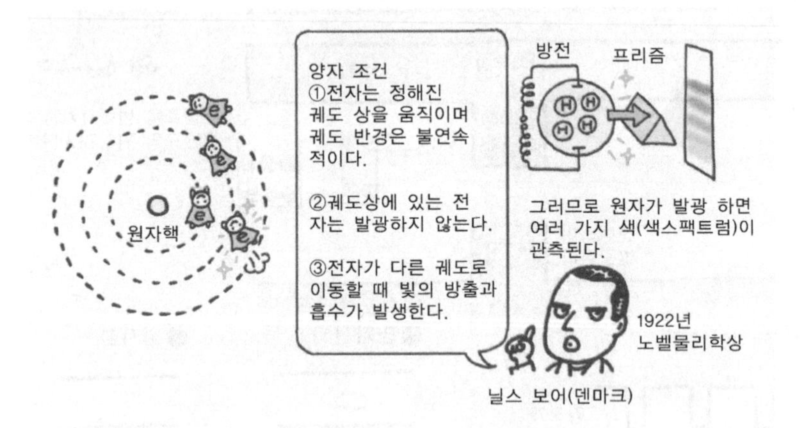

드브로이의 물질파에 대한 생각

프랑스의 물리학자 드브로이는 빛이 파동과 입자의 두 성질을 갖는다(이중성이라고 부른다.)는 발상을 하고, 전자와 같은 입자라고 생각되는 것들도 파동의 성질(파동성)을 가지고 있지 않을까 상상하게 되었다. 그래서 보어의 양자 조건은 입자의 파동성이 그 근원이라고 생각하였다.

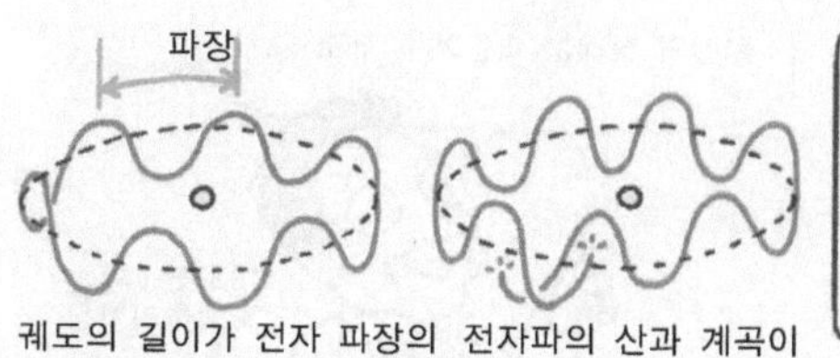

궤도의 길이가 전자 파장의 정수배와 같을 경우 파동은 계속 유지 된다.

전자파의 산과 계곡이 겹치지 않으면 엉망진창이 되어 사라지고 만다.

전자의 정체는 파동

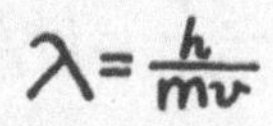

$$\lambda = \frac{h}{mv}$$

λ =물질파의 파장 h=플랑크 상수
m=물질의 질량 v=질량의 속도

1929년
노벨물리학상

루이 드브로이(프랑스)

그 후, 전자의 파동성에 관해서는, 전자선의 회절 실험에 의해 입증되었다. 이러한 파동을 물질파 또는 드브로이파라고 부른다. 사실, 이 원리는 원자 내를 운동하는 전자의 상태를 기술한 슈레딩거 방정식으로 발전해 나가고 있었다. 이 시기까지의 발전을 전기 양자론이라고 한다.

원자 내 전자의 움직임-슈레딩거 방정식

인공위성이나 야구공 같은 거대 물체는 뉴턴역학(고전역학)에 의해 그 궤도를 결정할 수 있다. 그러한 궤도를 구하는 방정식을 뉴턴의 운동방정식이라고 부른다. 예를 들어, 몇 년 몇 월 며칠에 달이 어떤 위치에 있는지를 구하는 거시적인 물체의 운동에 대해선 뉴턴의 운동방정식으로 정확히 구할 수 있다.

그러나 원자 내 전자의 운동에 관해서는 어떠할까 ? 이런 미세한 입자의 움직임은 더 이상 뉴턴역학으로 다룰 수가 없었다. 그래서 등장한 것이 양자역학이다. 이는 전자와 같이 파동과 입자로서의 양 특성을 모두 지닌 양자의 운동을 다루는 역학이다.

여기서 오스트리아의 물리학자 슈레딩거가 등장하였다. 슈레딩거는 양자역학의 기본 방정식인 슈레딩거 방정식을 도입하여 수소원자의 전자운동을 명쾌히 설명하였다.

이 방정식에서 전자의 운동을 파동계수로 기술하고 그리스문자 Ψ(프사이)로 표현하였다. 이는 반도체의 나노 구조 등에서 중요한 역할을 하는 방정식이다.

● 슈레딩거의 파동방정식

$$i \frac{h}{2\pi} \cdot \frac{\partial \psi}{\partial t} = H\psi$$

Ψ = 파동계수 H = 헤밀토니안연산자
h = 플랑크상수 i = 허수기호
∂ = 미분기호

어윈 슈레딩거(오스트리아)

하이젠베르크의 불확정성 원리란 무엇일까?

하이젠베르크는 원자 내 전자와 같이 미세 입자의 움직임을 어떻게 생각해 볼 수 있을지에 대한 의문을 가졌다.
먼저 입자의 운동을 관찰하기 위한 일반적인 방법으로는 빛을 모아서 위치를 확인하는 방법을 생각할 수 있다. 그러나, 빛(광자)에도 입자의 성질이 있기 때문에 관측 대상의 입자에 빛을 당구공처럼 부딪치면 입자의 움직임에 영향을 미치게 된다. 이와 같은 사고로부터 1927년 하이젠베르크는 불확정성원리를 제창하였다. 고전역학에 의하여 입자의 위치와 운동량을 동시에 정확히 구하기는 불가능하기 때문이다. 다시 말해서 입자의 위치와 운동량 중 하나를 정확히 구하기 위해선 다른 하나의 양을 정확히 구할 수 없다는 원리이다. 이와 같은 관계는 위치의 불확정성 (ΔX)과 운동량(질량×속도)의 불확정성 (ΔP)을 이용하여 그 곱이 플랑크 상수 h보다 크다고 표현하였다.
수식으로 나타내면 $\Delta X \cdot \Delta P \geq h$ 이다. 거시적인 물체와는 달리 전자와 같이 미시적인 입자의 운동 궤적을 완전히 구하는 것은 불가능한 것이다. 사실은 전자의 움직임을 표현한 슈레딩거 방정식에도 이와 같은 사고가 포함되어 있다. 보통 인공위성 등의 궤도는 오비트(orbit)로 표현하지만, 전자의 궤도 등은 이와 구별하기 위하여 오비탈(orbital)이라고 부르고 있다.

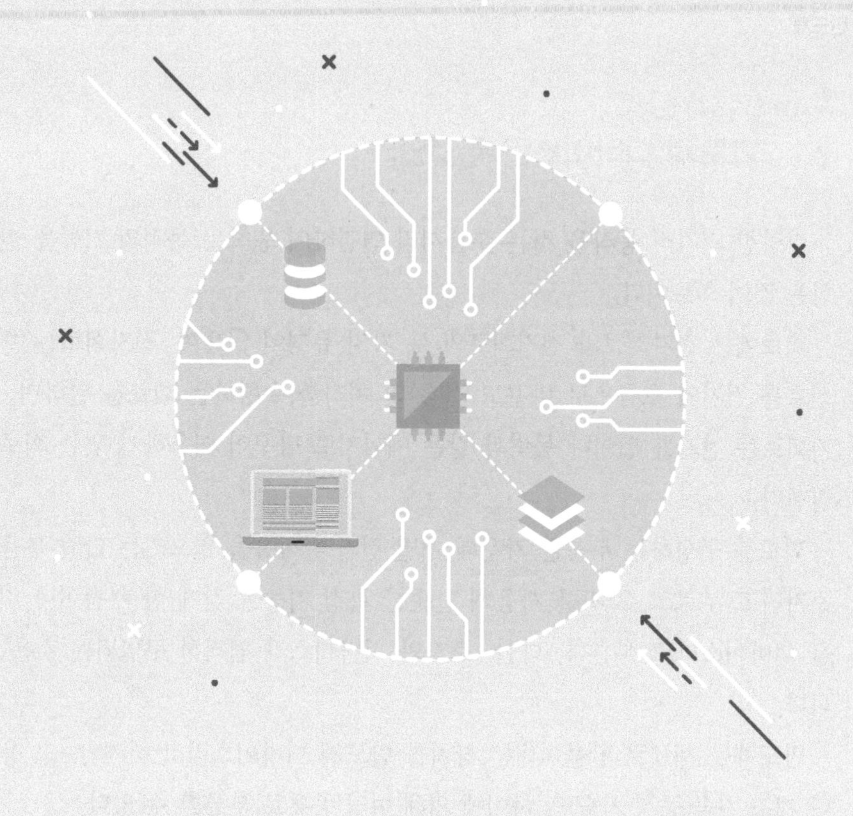

CHAPTER

2

반도체 소자의 탄생

단순한 광석에 지나지 않았던 반도체가, 어떻게 근대 전자산업 기술의 핵심적 역할을 맡기까지 발전하고, 진화를 이뤄 왔는가?

전자소자로 형태를 바꾸어 진화하는 반도체의 흐름을 따라가 보자.

MEMO

2.1 반도체 디바이스란 무엇인가

다양한 전기적 동작을 하는 부품끼리 연결하여 원하는 목적의 기능을 실현하는 것이 회로이다.

회로에는 전자회로와 전기회로의 두 가지 유형이 있으며, 전자회로는 주로 신호를 전기의 흐름으로 바꾸고 전송 및 처리를 수행하는 회로를 말하며, 전기회로는 전기를 열이나 동력과 같은 에너지로 바꾸어 이용하기 위한 회로를 말한다.

회로를 구성하는 부품들 가운데 개별 전기적 작용을 일으키는 단일 부품을 소자라고 부르고, 소자를 사용해 단순한 특정 기능을 갖게 한 부품이나 기기를 디바이스라고 부른다. 다만, 소자와 디바이스가 엄격히 구별되는 것은 아니다.

반도체를 재료로 만들어내는 장치를 반도체 디바이스라고 하지만, 그 용도나 제조 기술(공정 기술)의 차이에 의해 여러 종류로 분류할 수 있다.

먼저, 신호의 스위칭이나 증폭과 같은 단순한 기능을 목적으로 하는 것을 개별(discrete) 반도체라 하며, 잘 알려진 다이오드나 트랜지스터가 그에 해당한다. 트랜지스터의 구조에 따라 바이폴라 트랜지스터(Bipolar Junction Transistor ; BJT), 전계효과 트랜지스터(Field Effect Transistor ; FET), 절연 게이트 바이폴라 트랜지스터(Insulation Gate Type Bipolar Transistor ; IGBT) 등 다양한 종류의 트랜지스터로 분류된다.

반도체에서 빛을 전기 신호로 바꾸거나 전기 신호를 광 신호로 변환하는 것이 광 반도체이다. 발광다이오드 (LED)와 포토 다이오드, 태양전지 등이 잘 알려진 광 반도체이다.

또한, 개별 반도체와 달리 다수의 트랜지스터를 이용하여 복잡한 기능을 수행하는 것이 IC(Integrated Circuit ; 집적 회로)이다. 디지털 신호를 처리하는 로직 IC와 아날로그 신호를 다루는 아날로그 IC, 그리고 아날로그와 디지털 모두를 다루는 컨버터와 인버터는 아날로그 IC에 포함된다.

반도체 메모리는 이제 신호의 저장매체로 없어서는 안 되며, USB 메모리 등과 같이 쓰기와 읽기가 가능한 RAM(Random Access Memory), 읽기만이 가능한 ROM(Read Only Memory)으로 구별된다.

반도체 디바이스는 용도나 제조기술의 차이로 다음과 같이 분류된다.

MEMO

대분류	중분류	소분류	세분류
개별소자	다이오드	정류용	
		정전압 다이오드	
		고주파 다이오드	
	트랜지스터	바이폴라 트랜지스터	
		전계효과 트랜지스터(FET)	접합형
			MOS
		IGBT	
	전력 반도체	사이리스터, 트라이악	
		전력 MOSFET	
		IGBT	
집적회로 (IC)	논리 IC	범용 논리 IC	
		마이크로프로세서	
		디지털신호처리(DSP)	
		ASIC	USIC
			FPGA、CPLD
			ASSP
		시스템 LSI	
	아나로그 IC	전원용 IC	
		OP 앰프	
		기타	
메모리	휘발성 메모리	DRAM	
		SRAM	
	비휘발성 메모리	마스크 ROM	
		EPROM、EEPROM	
		플레시 메모리	
		FeRAM、MRAM	
광반도체	발광다이오드(가시광 LED)		
	반도체 레이저		
	수광소자	포토다이오드, 태양전지	
		포토트랜지스터	
		이미지센서	CCD
			CMOS

그림 2-1 반도체 디바이스의 종류와 분류

MEMO

2.2 전자공학의 시작과 전자 디바이스의 창조

반도체 디바이스의 연구와 응용 기술은 전자공학의 발전과 함께 이루어지고 있다. 전자공학이라는 단어는 현재는 광의적으로 해석하여 "진공 중이나 가스 중, 그리고 고체 중의 전자의 운동을 연구하고, 그것을 이용해 진공관이나 트랜지스터라고 불리는 전자 디바이스를 개발하고 우리의 삶을 돕는 전자기구나 장비 등에 응용하는 분야의 총칭"으로 정의된다.

그리고 전자의 운동보다도 빛의 발생 장치나 검출기 등에 응용할 경우에는 빛(opto) 혹은 광자(photon)를 강조하여 optoelectronics 또는 photonics 라고 부른다.

더욱이, 전자가 가지고 있는 스핀이라는 성질을 이용하는 분야도 나타나고 있으며, 스핀 전자공학 혹은 스핀트로닉스처럼 이름 붙여진 새로운 분야가 개척되고 있다.

처음에는 진공관과 그 응용에 관한 연구에서 전자공학이 시작되었다. 진공상태로 만든 유리 내부에 필라멘트를 봉인한 이른바 전구 안에 또 다른 전극을 제작하고 필라멘트를 가열하면 필라멘트와 전극사이에 전류가 흐르는 것이 1855년 발견되었고, 1859년에 그것이 음극선으로 확인되었다(전자의 존재가 확인된 것은 그로부터 20년 정도 후인 1897년의 일이다).

그 후, 에디슨이 2극 진공관(1883년)을, 데 포레스가 3극 진공관(1906년)을 발명하였으며, 전기신호를 자유자재로 제어하는 것이 가능해져서 전자공학의 개화기를 맞이하였다. 진공관이 획기적인 것은 스위치 대신 신호를 온 · 오프하거나 신호를 크게 증폭시키는 동작이 가능했다는 것이며, 당시에는 전파를 이용한 무선통신의 실용화에 모든 개발이 집중되고 있었다.

해설

전자공학(electronics) : 미국의 "라디오" 잡지의 제목에 신조어로 사용된 것이 최초이며 어원은 전자(electron)로 추정된다.

MEMO

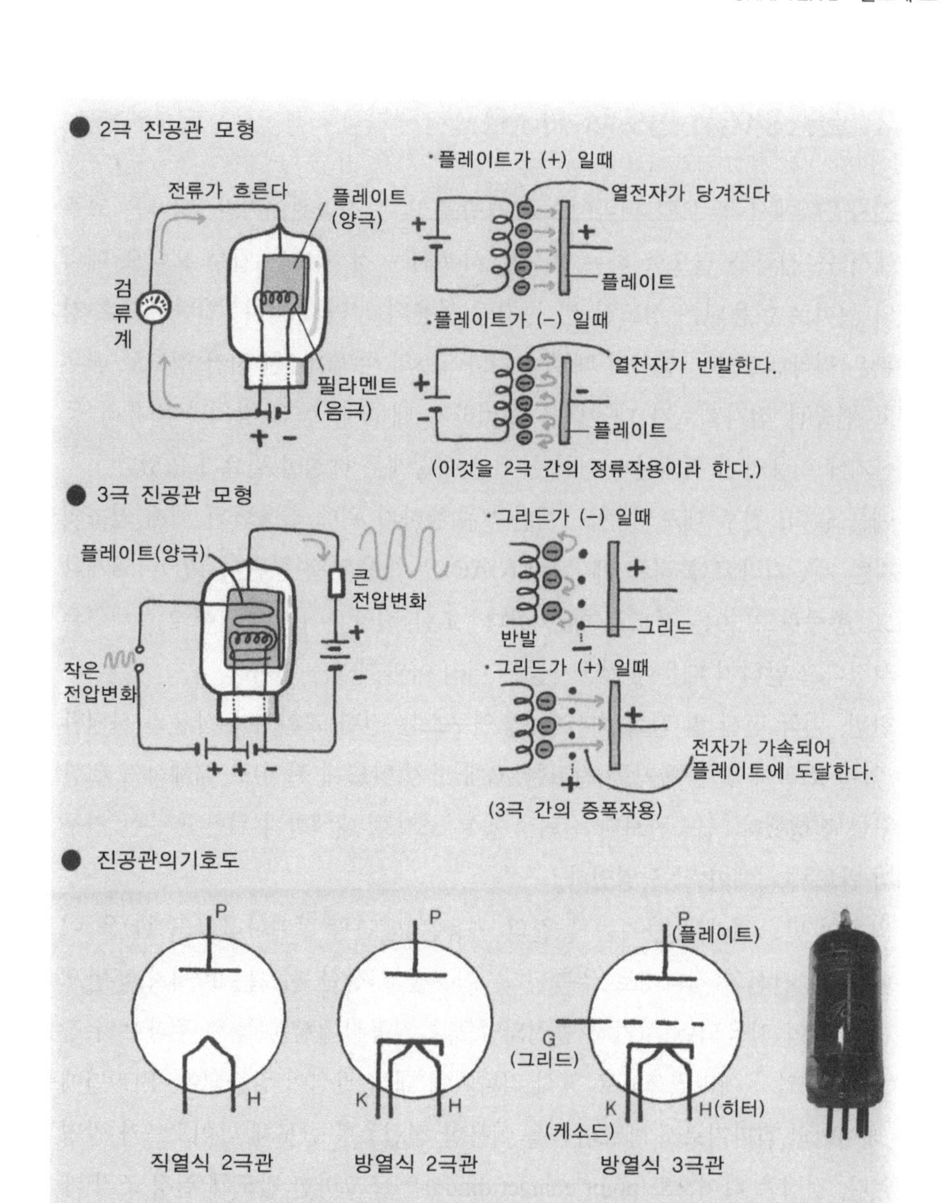

그림 2–2 음극선 발견은 전자의 첫 단계

전구에 전극을 넣었을 때, 전극에 (+) 전압을 가하면 필라멘트와 전극 사이에 전류가 흐르는 것이 우연히 발견되었고, 그 정체를 음극선이라고 불렀다. 음극선의 정체가 열로써 필라멘트에서 방출된 전자라는 것이 20년 후에 확인되었다.

MEMO

2.3 진공관에서 반도체 시대로

전자공학에서 꽃 모양 디바이스로 각광을 받은 진공관이지만, 지금은 고주파에서 큰 전력을 필요로 하는 용도로 사용되는 것 외에는 일부 오디오 메니아의 취미로 이용되는 정도일 뿐 좀처럼 사용되고 있지 않다. 일반적으로 진공관은 필라멘트를 가열하기 때문에 디바이스의 수명이 1천 시간 정도로 매우 짧고 진공관 전자회로가 대전력을 소비하기 때문에, 통신 장치나 컴퓨터 등 계산기에 이용하기 위해선 이러한 문제를 어떻게든 해결할 필요가 있었다.

예를 들어, 전후 대포의 탄도 계산을 수행하기 위해 실용화된 세계 최초의 디지털 계산기라고 불리는 에니악(ENIAC)은 사용된 진공관이 1만7,468개나 되고, 총중량도 30톤 정도로 매우 컸다. 또한 진공관이 일주일에 2, 3개씩은 부서졌다고 말하기 때문에 기술자들은 머리 아파했었을 것이다.

한편, 미국 전신 및 전화 회사인 벨 연구소는 전화 교환기에 사용된 신뢰할 수 없는 스위치 및 증폭기를 견고한 고체 장치(반도체 장치)로 대체하기 위한 연구를 진행했다. 진공관보다 신뢰성 높은 소자로 대체하기 위한 꾸준한 연구에서 반도체 시대가 막을 열었다.

최초의 반도체라고 불리는 물질의 사용은 방연광(갈레나라고도 함)을 이용한 무선 전신의 검파기로 추측된다. 이용을 시작한 시기는 19세기 후반으로 진공관이 사용되던 시기와 중첩되었으나 진공관에서는 높은 주파수의 정류 작용을 얻기 어려웠으므로 광석 검파기에 대해 관심이 집중되어, 1939년에는 레이더의 검파기로서 게르마늄을 이용한 점접촉형 반도체 다이오드가 발명되었다. 점접촉 다이오드(point contact diode)는 조그마한 반도체 결정 조각(게르마늄)의 한편에 전극을 붙이고 상부에 날카롭고 뾰족한 가느다란 금속 바늘을 눌러서 제작하는 구조이다. 이에 따라 광석 검파기의 정류 현상에 대한 물리적 설명이 여러 가지 제안되었지만, 그 당시 그에 대한 설명은 거의 밝혀지지 않았다.

해설

ENIAC : Electronic Numerical Integrator And Computer의 약어 : 1964년 미국 펜실베니아 대학의 Eckert와 Morcley가 개발하였다.

그림 2-3a 세계 최초의 컴퓨터는 진공관으로 이루어져 있었다.(사진제공 : 공동통신사) 에니악(ENIAC: Electronic Numerical Integrator and Computer, 전자식 수치적분 계산기)은 가로 폭 24m, 높이 2.5m, 깊이 90cm 굉장한 것이 였다.

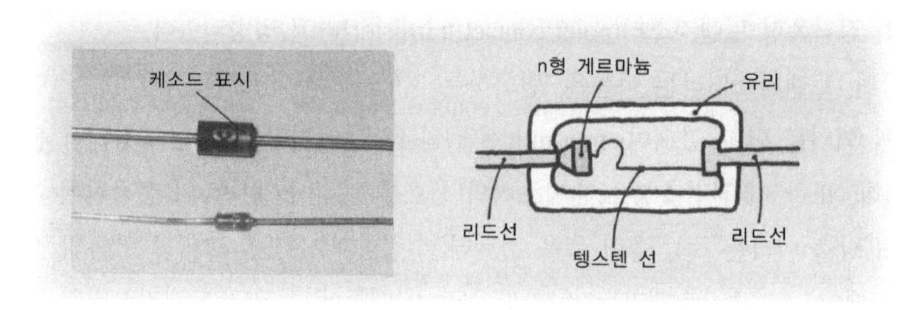

그림 2-3b 진공관을 대체하기 위해 개발된 반도체 다이오드
지금도 점접촉형 반도체 다이오드는 공작용의 검파 다이오드로 이용하고 있다.

다이오드는 반도체의 대명사가 아니다.

다이오드라고 하면, 발광다이오드라고 하는 반도체소자를 생각하게 되지만 실은 양극과 음극의 두 가지 극을 가진, 2극 진공관을 표현한 단어에서 비롯되었다. 그리스어로 2를 뜻하는 di와 길을 뜻하는 ode를 조합하여 만든 단어인 것이다.

MEMO

2.4 트랜지스터의 발명

■ 점접촉형 트랜지스터의 발명

진공관의 약점을 극복하기 위해 반도체가 이용되기 시작할 당시에는 반도체 다이오드의 정류작용에도 편차가 크고 정류작용의 물리적인 이유도 명확하지 않았기 때문에, 반도체에 대한 연구는 지지부진하였다. 여기에서 전환점을 맞이하게 된다.

벨연구소의 바딘(Bardeen)이 표면 준위(Surface states) 모델의 개념을 제시한 것이다. 실리콘이나 게르마늄과 같은 반도체 표면에는 전자가 점유할 수 있는 표면 준위가 존재하고 이와 같은 2중층에 의한 장벽(Barrier)의 존재가 정류작용을 발생시킨다고 주장하였다. 바딘의 동료인 브라튼(Brattain)은 실험을 통해 이 모델을 조사하였다. 그는 원래 2개의 전극으로 구성된 점 접촉 다이오드의 게르마늄 표면에 매우 근접하게 1개의 전극침을 세우고, 2개의 침 사이에 상호작용이 일어나는 것을 확인하였다.

그리고 이 세 개의 전극을 가진 장치가 증폭 작용을 나타내는 것이 발견되었고, 점접촉형 트랜지스터(point contact transistor)라고 명명되었다.

한편, 트랜지스터라는 이름은 "변화하는 저항을 통해 신호를 전달하는 저항기"의 의미를 담고 있으며, transmit(전달)와 resister(저항기)라는 명칭에서 붙여졌다. 또한 이 점접촉형 트랜지스터의 신호를 입력시키는 측의 전극침에 이미터("방출"이라는 뜻), 출력 측을 컬렉터('수집한다'는 뜻), 그리고 바닥의 전극을 베이스('기초, 토대'라는 뜻)라고 불렀기 때문에 현재도 트랜지스터의 전극명은 그렇게 불리고 있다.

■ 접합형 트랜지스터의 등장

점접촉형 트랜지스터는 특성이 고르지 않고 불안정했기 때문에 실용화에는 큰 장벽이 있었다. 한편 pn접합의 개념이 쇼클리(Shockley)에 의하여 연구되고 그 결과 안정되고 실용적인 트랜지스터 구조로써 접합형 트랜지스터가 등장하게 되었다.

반도체를 중심으로 한 전자공학의 발전은 이 시기에 본격적으로 시작됐다고 해도 과언이 아닐 것이다. 이런 패러다임 변화는 문득 우연히 나타나는 새로운 발명과 연결되는 세렌디피티(Serendipity) (116페이지 참조)라고 불리는 요소도 있지만, 트랜지스터의 발명은 단순히 진공관에서 나온 연구 결과가 아

MEMO

니다. 이는 순도가 매우 높은 반도체 결정의 제조와 반도체 표면의 기초 연구에서 나온 것이라 할 수 있다. 이런 공적으로 트랜지스터를 만들어낸 쇼클리와 바딘, 브라튼 등 세 사람은 노벨상을 받게 된다.

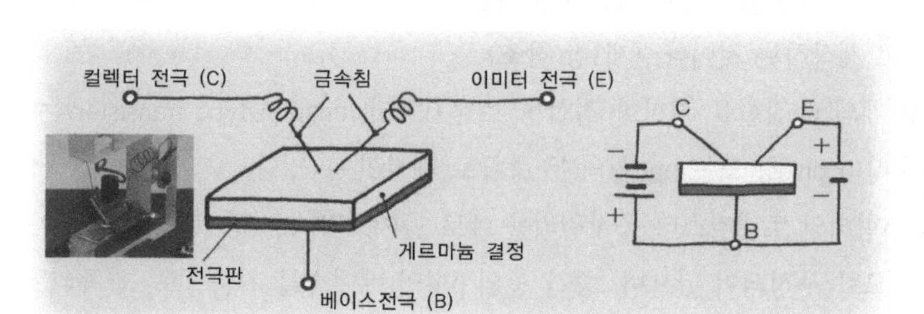

그림 2-4a 점접촉형 트랜지스터의 모형
이미터 전극에 약간의 전류가 흐르면 컬렉터에 큰 전류가 흐른다.

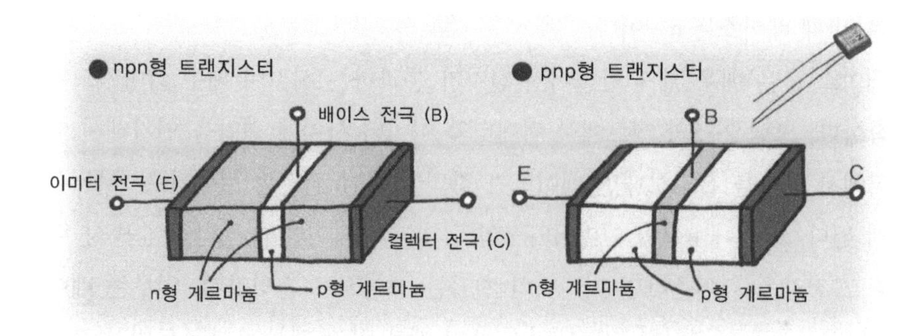

그림 2-4b 접합형 트랜지스터의 모형
pnp 또는 npn 불순물 반도체의 샌드위치 구조를 만들어 안정적으로 동작하는 트랜지스터를 만들 수 있다.

MEMO

2.5 접합형 트랜지스터의 동작원리

벨 연구소에서 개발한 접합형 트랜지스터는 pn접합 2개로 결합시킨 구조를 하고 있다. 물론 2개의 pn접합을 구리선으로 연결하는 것이 아니라 반도체 결정으로 제작하는 것이다. (제3장 참조)

두 개의 pn접합을 결합한 접합형 트랜지스터(Junction type transistor)는 조합에 따라 pnp형 또는 npn형의 두 종류로 제작할 수 있다.

npn형태의 트랜지스터 동작원리를 예로 들어보자. npn형 트랜지스터는 3개의 층으로 구성되어 있으며, 중간 층의 p형인 베이스를 기준으로, 한쪽의 n형을 이미터, 그리고 다른 한쪽의 n형을 컬렉터하고 한다.

이미터는 전극에 주입된 전자를 중간층인 베이스로 흘려 보내고, 컬렉터는 베이스에서 흘러나오는 전자를 모으는 전극이다. 중간에 있는 p층은 제어 전류가 흐르는 전극이다. 한편, pnp형 트랜지스터에서도 동일하게 명명하고 있으며 이 때 베이스는 n형이다.

베이스 층은 매우 얇게 만들어져 전자가 통과하는 시간이 매우 짧아지도록 제작한다. 그림 2-5의 회로에서 컬렉터와 이미터 사이에 전압을 인가해서 이미터에서 전자를 흘려보내면 베이스가 장벽이 되어 전자는 컬렉터로 흐를 수 없게 된다. 그러나 n형의 이미터와 p형의 베이스 사이에 pn접합의 순방향 바이어스 전압을 걸어준다면 이미터의 전자는 베이스로 흘러가며, 일부는 베이스 층의 정공과 재결합하지만 베이스 층이 매우 얇기 때문에 대부분의 전자가 컬렉터로 흘러 나갈 수 있다. 이때 컬렉터에 베이스보다 높은 전압을 인가하면 베이스 층을 통과한 전자는 가속되어 컬렉터 전극에서 공급된 정공과 결합하게 될 것이다. 즉, 베이스에 약간의 전류를 흘려보내기만 하면 이미터와 컬렉터 사이에 큰 전류가 흐르는 것이다. 이것이 접합형 트랜지스터의 기본 동작원리이다. 이처럼 접합형 트랜지스터는 전자와 정공 두 개의 캐리어를 사용하기 때문에 바이폴라(bipolar) 트랜지스터라고도 한다.

MEMO

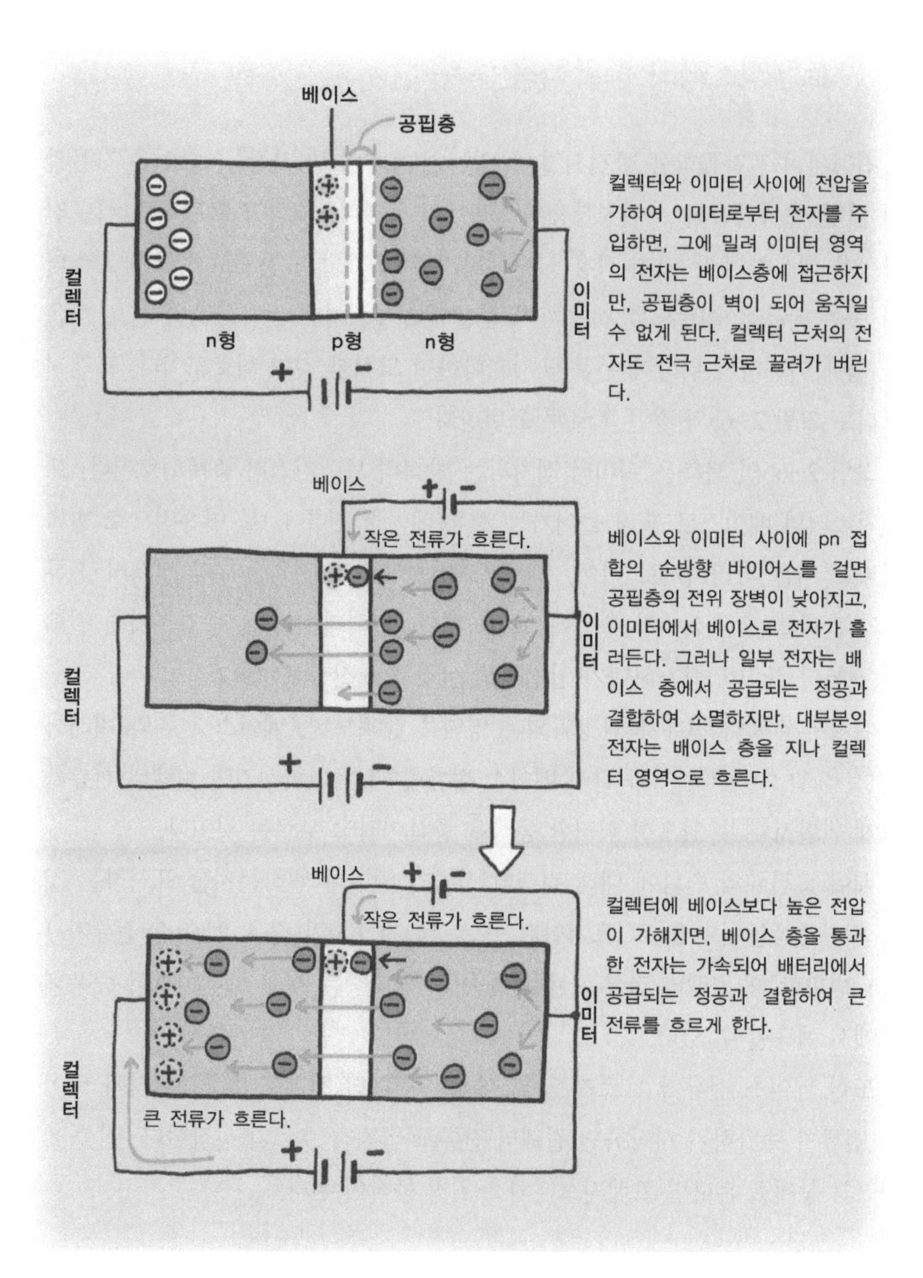

그림 2-5 npn형 트랜지스터의 동작 원리

상기 그림에서 베이스 층과 이미터 층의 pn 접합부 공핍층에서의 전자 움직임은 41페이지의 그림1-16a도 참고해 주길 바란다. 또한, 전자의 흐름과 전류의 흐름은 방향이 반대가 되는 것을 기억하라.

MEMO

2.6 트랜지스터의 증폭작용

진공관이 전자공학을 발전시킬 수 있는 원동력이 된 가장 큰 요인은 진공관이 가진 증폭작용과 스위칭작용이라고 설명하였다. 그리고 트랜지스터는 진공관을 대신하여 두 가지 작용을 수행하기 위해 개발된 것으로서, 트랜지스터의 증폭 작용을 회로도를 사용하여 관찰해 보자. 이때 전자회로의 신호 흐름을 쉽게 이해하기 위하여 부품을 기호화하여 도시한 것이 회로도이다. 트랜지스터도 그림 2-6a와 같은 기호로 표현한다.

그림 2-6b의 좌측은 이미터 접지라는 방식의 트랜지스터 증폭회로이다. 트랜지스터의 베이스로 흘러 들어가는 전류(베이스 전류 I_B)를 연속적으로 변화시키고 이를 파라미터로 하여, 이미터-컬렉터 간의 전압 V_{CE}와 컬렉터 전류 I_C의 관계를 그림 2-6의 우측에 도시하였다. 컬렉터 전압을 증가시키면 컬렉터 전류가 급격히 증가하다가 안정화되는 것을 관찰할 수 있다.

여기서 컬렉터 전류가 안정화되는 영역을 살펴보면, 베이스 전류와 비례하는 것을 알 수 있다. 이와 같이 베이스 전류를 약간 변화시키면 컬렉터 전류를 크게 변화시킬 수 있으며 이러한 동작을 증폭이라고 부르는 것이다.

베이스 전류의 변화에 대해 컬렉터 전류가 얼마나 변하는지를 표시하는 것이 전류증폭률이며 h_{FE}로 표기한다. 보통 h_{FE}가 100일 경우, 베이스 전류가 1 mA 변화할 때 컬렉터 전류는 100mA 정도 변화하는 것을 트랜지스터 증폭회로에서 예측할 수 있다.

또한 베이스 전류가 흐르지 않을 때에는 컬렉터 전류도 0이 되었다가 베이스 전류가 증가하기 시작하면 컬렉터 전류도 급격히 흐르기 시작한다. 이를 0과 1의 상태로 본다면 트랜지스터의 스위칭 동작이 된다.

MEMO

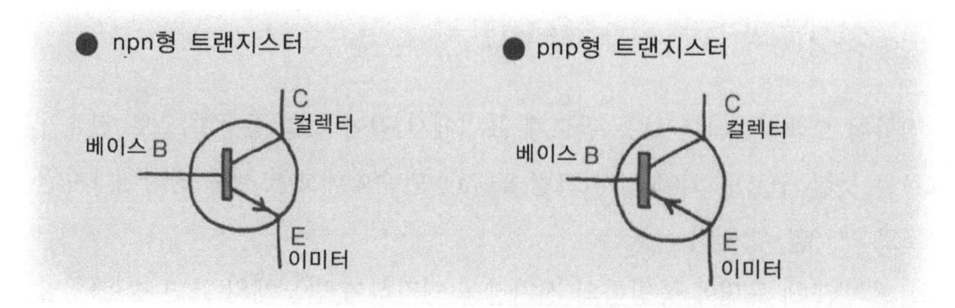

그림 2-6a 회로 기호로 표시된 트랜지스터

npn 및 pnp형 트랜지스터는 이미터의 화살표 방향이 반대로 그려지는 것에 주목하라. 이것은 전류의 흐름 방향을 나타낸다.

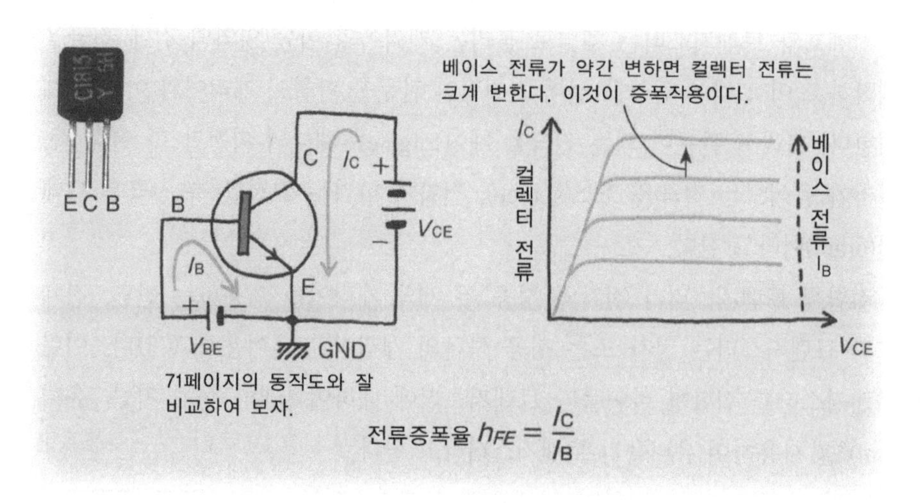

그림 2-6b 트랜지스터의 증폭회로(이미터접지의 경우)

이미터 전압을 회로의 기준 전압(GND)으로 정하는 회로 방식을 이미터 접지라고 하며 가장 일반적인 회로방식이다.

왜 전자의 흐름과 전류의 방향은 반대인가

전류의 크기(A: 암페어)는 도체의 단면을 1초 동안 통과하는 전자의 총 전하량(C: 쿨롱)으로 나타내는데, 왜 전류의 방향은 전자의 흐름과 반대로 여겨지고 있는 것일까? 사실 전자가 발견된 것이 전압이나 전류의 관계가 해명된 지 매우 오래 지나서였으며 그때까지의 이론과 모순되지 않도록 전류의 방향은 전자의 이동 방향의 반대라고 하기로 편의적으로 정해졌기 때문이다.

MEMO

2.7 전계효과 트랜지스터(FET)

접합형 트랜지스터는 보통 반도체 표면에서 깊이 방향(종방향)으로 전류가 흐르는 듯한 구조로 되어 있다(그림 2-7a). 단순화해보면 세로 방향의 1차원 구조로 생각할 수 있다.

한편 반도체 표면에 종방향의 전기장을 인가하여 반도체의 표면 방향(횡방향)으로 흐르는 전류(전자 또는 정공 캐리어의 흐름)를 제어하는 트랜지스터가 전계효과 트랜지스터이다. 전계효과는 영어로 Field effect를 의미하기 때문에 전계효과 트랜지스터는 Field Effect Transistor의 머리 글자를 사용하여 FET라고 한다.

전계효과 트랜지스터는 채널로 불리는 캐리어의 이동 영역의 길에 전극을 제작하고 이 전극에 전압을 걸어 전기적인 관문을 만들어 캐리어의 이동을 제어한다. 그리고 관문이 되는 전극을 게이트(gate), 채널의 저전압 측 전극 즉, 전자가 들어오는 전극을 소스(source), 전자가 나가는 고전압 측 전극을 드레인(drain)이라고 한다.

접합형 트랜지스터가 전자와 정공 두 개의 캐리어를 이용하는 반면, 전계효과 트랜지스터는 전자 또는 정공 하나의 캐리어만을 이용하고 있다. 이런 트랜지스터를 접합형 바이폴라 트랜지스터에 대하여 1개의 뜻을 지닌 "유니(uni)"를 사용하여 유니폴라 트랜지스터라고 한다.

한편, 그림2-7b는 접합형 전계효과 트랜지스터(Junction FET; JFET)의 구조이며, 이 접합형 FET는 최근에는 그다지 사용하지 않고 있으며 대부분 MOS 형이라고 불리우는 구조의 FET를 사용하고 있다.(76페이지 참조)

소스-드레인 사이의 전도에 전자를 사용한 것을 n채널 FET, 정공을 사용한 것을 p채널 FET라고 한다. 그러나 구조적으로, n채널 FET의 채널 물질이 n형 반도체는 아니다. 77페이지 그림 2-8b의 MOSFET모형을 보면 이해할 수 있을 것이다.

MEMO

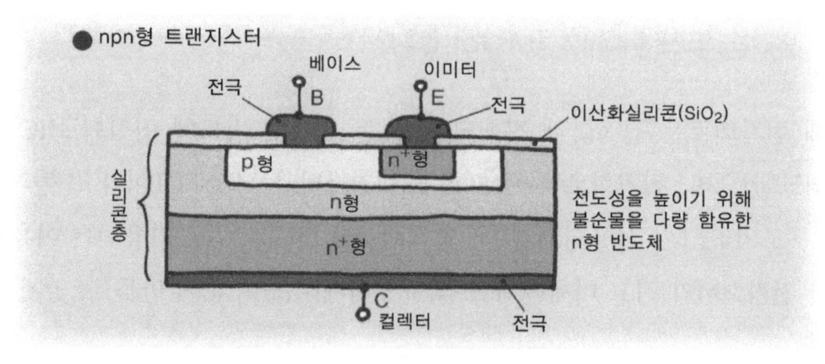

그림 2-7a 접합형 트랜지스터 구조

상기 그림과 같은 구조의 트랜지스터는 반도체 표면에 평평한 구조로 만들어지기 때문에 평면형 트랜지스터라고도 불린다.

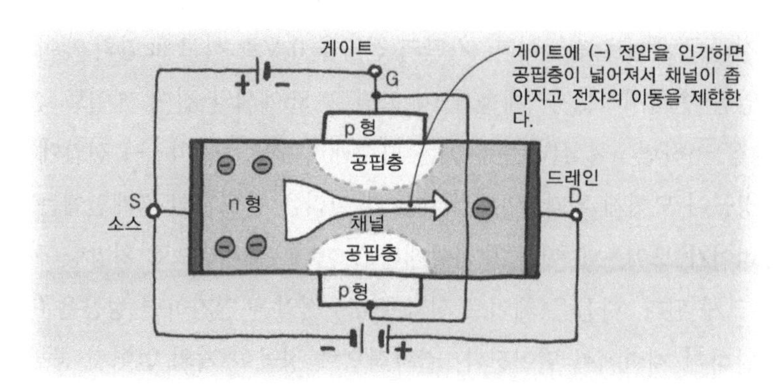

그림 2-7b 접합형 FET의 구조

게이트에 pn 접합의 역 바이어스 전압을 가하면 접합부의 공핍층이 넓어지고 전자의 채널이 좁아져 전류가 제어된다.

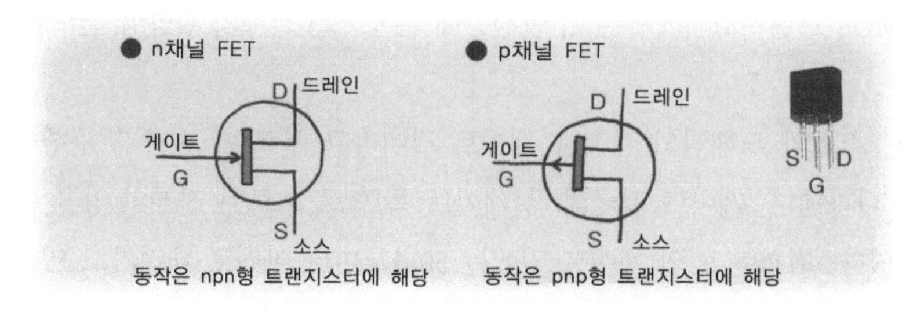

그림 2-7c 접합형 FET의 회로기호

p채널과 n채널은 각각 게이트의 화살표 방향으로 구분한다.

MEMO

2.8 MOS 트랜지스터 (MOSFET)

현재 전자회로는 집적화가 진행되어, 모든 기기에 반도체 집적회로(IC)가 사용되고 있으며, 집적회로에는 MOS 트랜지스터나 MOSFET이라고 불리는 MOS 구조의 FET가 사용되고 있다. 집적회로에 FET가 주로 사용되는 이유는 FET가 전력소비가 적고 미세한 구조를 균일하게 수없이 많이 만들 수 있기 때문이다.

MOS 구조는 실리콘 기판의 표면에 전극을 붙이고, 다른 표면에 이산화규소(SiO_2)라는 얇은 산화막을 붙이고, 그 위에 알루미늄(A1)의 금속 전극을 붙인 구조를 하고 있다(그림 2-8a) 즉, 표면전극 부분의 금속 · 산화막 · 반도체(Metal/Oxide/Semiconducor) 구조를 간략히 MOS라고 하는 것이다.

표면 전극은 게이트 전극이다. 기판의 전극을 0 V로 하고 표면의 게이트 전극의 전압을 변화시켜보자. 예를 들어 그림 2-8b에서와 같이 게이트 전극에 (–) 전압을 가하면 p형 실리콘에 있는 다수캐리어인 정공이 (–) 전압에 끌려 전극에 정공이 모이게 된다. 이때 산화막과 실리콘 반도체의 경계면에는 많은 양의 캐리어가 모이는데 이를 축적상태라고 한다. 결과적으로 횡방향 전도율은 매우 크게 된다. 다음은 게이트 전극에 (+) 전압을 인가하면 정공은 (+) 전압에 반발하여 계면에서 멀어진다. 결과적으로 정공이 거의 없어져 공핍층이 생성되고 전도율이 작아지게 된다. 이와 같은 상태를 공핍상태라고 한다.

다음은 게이트 전극에 높은 (+) 전압을 인가하면 페르미준위가 전도대에 가깝게 상승하여 이산화규소 층과 반도체의 계면에 전도전자가 나타나게 된다. 이와 같은 상태를 반전상태(inversion)라 하고 전자가 많은 층을 반전층이라 한다. MOS 트랜지스터에서는 이 반전층에 존재하는 전자의 횡방향 전도를 이용한다.

한편, 소스와 드레인의 간격을 게이트 길이라고 부르며, 전자가 주행하는 거리를 나타낸다. 게이트 전극의 폭(게이트 폭)으로 흐르는 전류의 양을 조정할 수 있다. 최첨단 IC의 게이트 길이는 50나노미터 아래로 내려가고 있으며 게이트 길이가 작아질수록 고속 스위칭 동작이 가능하다.

MEMO

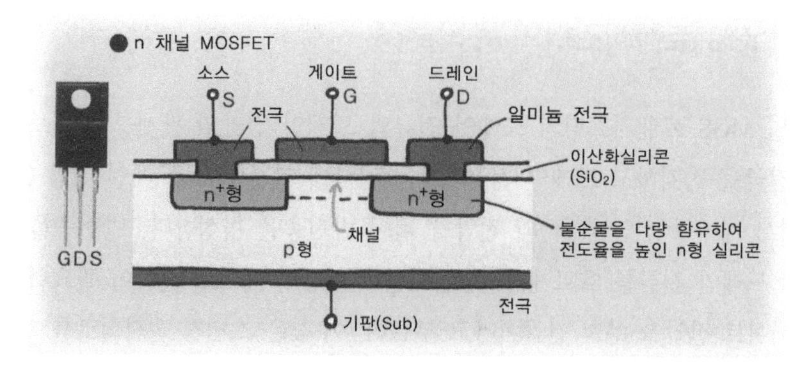

그림 2-8a MOSFET의 구조

금속 전극과 산화막, 그리고 실리콘 반도체의 삼중 구조로 되어 있어 MOS형이라 불린다. 또한 게이트 전극이 반도체로부터 절연되어 있기 때문에 절연 게이트형 FET라고도 한다.

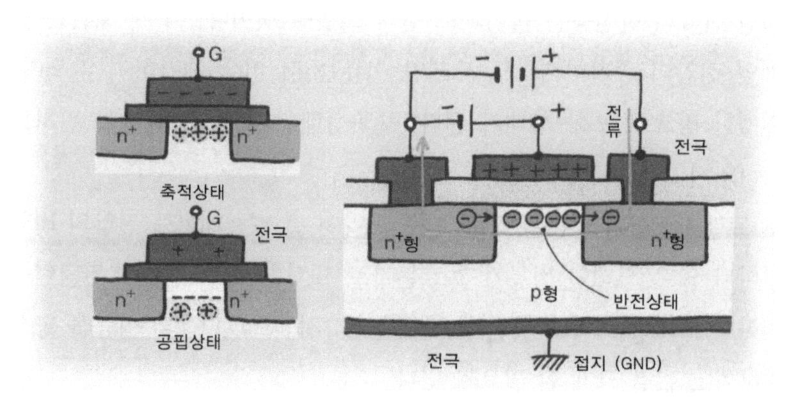

그림 2-8b MOSFET의 동작 원리

게이트 전극에 강한 역방향 바이어스가 걸리면, p형 반도체 표면에 생긴 공핍층의 페르미준위가 에너지대역의 전도대에 도달하여 전도전자가 존재하게 된다. 따라서 채널은 p형 반도체이면서 캐리어는 전자가 담당하게 된다.

MEMO

2.9 MOS 트랜지스터의 동작특성

n채널 MOS 트랜지스터의 드레인 전류와 드레인 전압의 관계를 살펴보자. 소스 전극을 접지하고 드레인 전극을 (+) 전극에 연결한다. 드레인 전압 0 V 상태에서 게이트 전압에 (+)의 전압을 걸어 반전층을 형성한다. 반전층을 형성하여 드레인 전류를 흐르게 하기 위해선 최소한의 게이트 전압이 필요하다. 이런 게이트 전압을 문턱 전압이라고 부르며, 이 값은 스위칭 집적회로를 제작할 때 매우 중요한 파라미터이다. 왜냐하면, 이 값이 분산되면 회로가 동작하지 않기 때문이다.

그리고 드레인 전압을 (+)로 증가시키면 먼저 드레인 전류가 선형적으로 증가한다. 이 영역을 선형 영역이라 한다. 계속해서 드레인 전압을 증가시키면 드레인 전극의 반전층은 작아지고 결국 소멸될 것이다. 이 때 채널은 닫히고 드레인 전압이 증가하더라도 드레인 전류는 더 이상 증가하지 않으며 전류가 일정한 양으로 포화 상태가 된다. 포화상태 시 드레인 전압을 핀치오프(pinch-off) 전압이라고 한다.

MOS 트랜지스터의 성능은 작은 신호 전압이 걸리는 게이트 전압의 변화에 대해 얼마나 많은 드레인 전류가 흐르는가로 표기한다. 이를 상호컨덕턴스라고 정의하며 보통 g_m이라고 부른다 (단위는 S: 지멘스). FET의 성능을 향상시키기 위하여 g_m값을 크게 할 필요가 있다.

한편, MOS 트랜지스터는 n채널 또는 p채널 등 전도를 담당하는 캐리어의 구별 외에도 구조상의 차이도 가지고 있다. 예를 들어, 그림 2-9b의 NMOST(E) 트랜지스터를 보면 문턱 전압이 (+)일 경우, 게이트 전압이 걸리지 않으면 드레인 전류가 흐르지 않고, (+) 게이트 전압을 인가할 때 비로소 전류가 흐르기 시작한다. 이러한 트랜지스터를 증가형(enhancement, normally-off형)이라고 하며, 이 유형은 에너지 절약 동작이 가능하다. 한편 실리콘 기판의 표면에 미리 전자나 정공을 흐르게 하는 채널을 형성하고 게이트에 (−) 전압을 인가하면 채널에서 캐리어를 밀어내어 전류를 감소시키는 형태의 트랜지스터를 공핍형(depletion, normally-on형)이라고 한다.(그림 2-9b의 NMOST(D)) 이 유형은 게이트 전압이 걸리지 않을 때에도 드레인 전류가 흐르기 때문에 소비 전력이 크게 증가한다.

MEMO

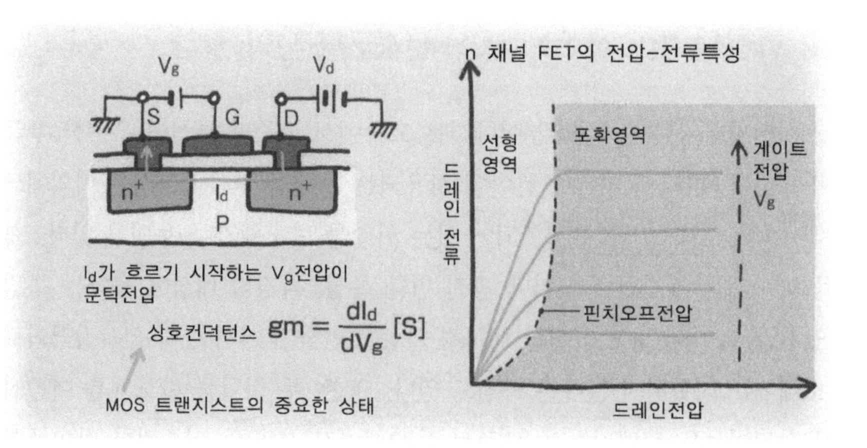

그림 2-9a MOSFET의 동작특성

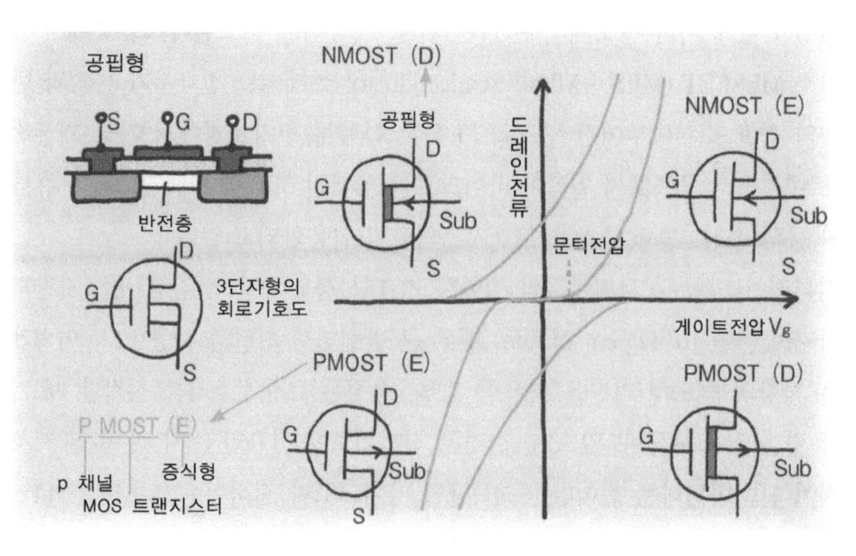

그림 2-9b MOSFET의 종류 및 회로기호

MEMO

2.10 화합물 반도체 트랜지스터(MESFET)의 활약

광통신 및 무선통신 등의 분야에서는 고속에서 고주파 특성이 우수한 부품이 필요하다. 따라서 이러한 분야에 사용되는 트랜지스터는 실리콘 이외에도 2종류 이상의 원자가 공유결합되어 있는 화합물 반도체가 사용되고 있다. 화합물 반도체는 전기적 특성이나 광전 변환 특성, 환경적 내성이 높다는 특징이 있지만, 가격이 높고 균질한 대구경 결정를 만들기 어려워 대규모 집적회로의 소재에는 적합하지 않다는 약점도 있다. 또한, 두 화합물 반도체를 이종접합하면 고이동도 트랜지스터 (HEMT : 82페이지 참조)와 이종접합 바이폴라 트랜지스터 (HBT : 84페이지 참조)을 만들 수 있는 것도 큰 장점이다.

일반적인 화합물 반도체 소자는 갈륨비소(GaAs)와 인듐인화물(InP)의 잉곳(Ingot)을 얇게 자른 반도체 기판 (웨이퍼)을 사용하여 제조된다. 그 중에서 갈륨비소 MESFET (MES : MEtal Semiconductor = 게이트 전극부가 금속과 반도체의 접합으로 이루어진 구조의 FET)는 화합물 전자소자에서 가장 기본적인 트랜지스터 구조로써 일찍이 마이크로파 영역의 고출력 트랜지스터나 휴대전화 등의 송신 · 출력 증폭용 트랜지스터로써 실용화되고 있다.

이론적인 사항은 74페이지의 접합형 FET와 동일하지만, 갈륨비소 기판과 같이 저항률이 $10^8\ \Omega \cdot cm$ 정도로 매우 큰 반절연성 기판을 사용한다. 이렇게 높은 저항의 반도체 기판을 사용할 경우, 장점은 트랜지스터를 집적할 때 기생 용량을 감소시킬 수 있으며, 실리콘 집적회로에 필요한 소자 간 절연 제조 공정이 단순화된다는 점이다. 또한 단일 마이크로파 집적회로 (MMIC, 114페이지 참조)에서 인덕터(코일)를 형성할 때, 반절연 기판의 효과는 매우 크다. 실리콘 기판에 이와 같은 인덕터 소자가 제작되면 고주파 응용에 적합하지 않은 것으로 알려져 있다.

또한 갈륨비소 MESFET의 n형 채널 영역은 갈륨비소 기판에 실리콘 이온을 선택 이온주입시켜 제작된다. 게이트 전극으로 사용하는 알루미늄 전극이 갈륨비소 반도체와 쇼트키(Schottky) 접촉 (금속–반도체 접합)으로 연결되어 쇼트키전극으로 사용되며 그 접촉 계면에는 정류 작용이 발생한다. 소스 및 드레인 전극은 접촉저항을 줄이기 위해 고농도 불순물을 주입한 반도체 영역에 금 · 게르마늄 (AuGe) 합금을 접촉시킨 저항성전극이 사용된다.

해설

기생 용량 : 전자회로의 부품이나 배선 상호 간에 발생하는 정전작용에 의하여 발생한다.

MEMO

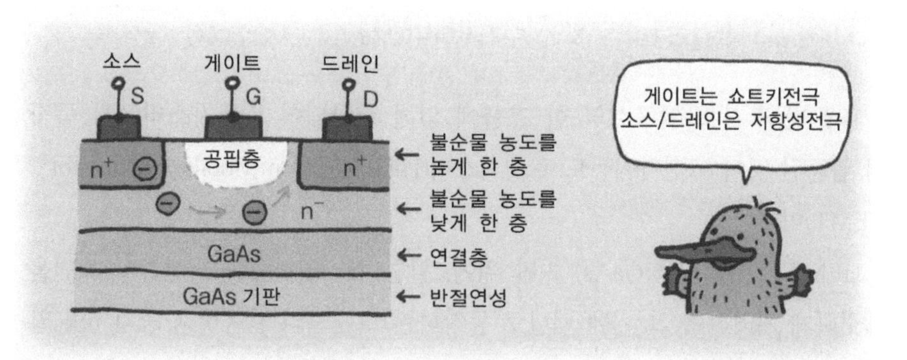

그림 2-10 갈륨비소 MESFET의 구조

쇼트키전극과 저항성전극

금속을 반도체 표면에 접촉시키면 전기를 한 방향으로 흐르게 할 수 있다. 이러한 정류 작용이 생기는 것은 금속과 반도체의 계면에 전기적인 장벽(모델 제창자의 이름을 따서 쇼트키 장벽이라고 부른다.)이 생기는데 이와 같은 전극을 쇼트키전극이라고 한다.

한편, 쇼트키 접촉의 장벽을 낮추거나 얇게 함으로써 전류와 전압의 방향이나 크기 관계가 전압=전류×저항으로 표기되는 관계가 성립하는 저항성접촉이 만들어진다. 저항성접촉을 이용한 전극을 저항성전극이라고 한다.

반도체를 이용한 디바이스에서는 쇼트키전극도 저항성전극도 중요한 역할을 하는 전극이다. 화합물 반도체에서는 주로 쇼트키전극을 게이트 전극으로 이용하는 MES 트랜지스터가 제작되고 있다.

MEMO

2.11 고전자이동도 트랜지스터(HEMT)

1989년 후지츠 연구소의 한 그룹에 의해 제안되어 트랜지스터로서 동작이 입증된 것이 고전자이동도 트랜지스터(High Electron Mobility Transistor ; HEMT)이다.

HEMT는 갈륨비소(GaAs) 기판 위에, 갈륨비소 버퍼층을 형성하고 표면을 깨끗하게 처리하여 그 위에 채널로 동작하는 고순도의 갈륨비소 층과 n형 알루미늄갈륨비소(AlGaAs) 층을 순차적으로 쌓아 제작한다. 그러면 갈륨비소와 n형 알루미늄갈륨비소의 이종접합 계면에서 전도대와 가전자대의 에너지 준위가 변형되어 삼각전위우물이라는 전자가 모이는 곳이 생성된다. 이 삼각전위우물은 불순물첨가 영역과는 공간적으로 분리되어 있기 때문에 이곳에 모여든 전자(2차원 전자가스)는 불순물의 방해를 받지 않고 고속으로 주행할 수 있다. 이렇게 전자 이동도를 높일 수 있는 특성에서 HEMT라는 이름이 붙여졌다. n형 알루미늄갈륨비소 층을 전자 공급층, 갈륨비소 층을 전자의 주행층 등으로 부른다.

HEMT의 가장 큰 특징은 저잡음 특성이다. 예를 들어, BS 파라볼라 안테나의 저잡음 증폭기에 사용되고 있으며 트랜지스터의 성능이 향상되어 파라볼라 안테나의 직경이 작아지고 있다. 더 나아가 HEMT의 갈륨비소 채널을 인듐갈륨비소(InGaAs)로 변경함으로 더욱 높은 전자이동도를 실현한 HEMT를 슈도몰픽(pseudo morphic HEMT; p-HEMT)이라고 부르며 실용화되고 있다.

또한, 갈륨비소 기판 외에 인듐인(InP) 기판을 이용한 인듐인계 HEMT나 채널층에 질화갈륨(GaN)을 이용한 질화갈륨계 HEMT 등이 있다. 인듐인계 HEMT의 경우, 전자 공급층에 n형 인듐알루미늄비소(InAlAs)층을, 전자 주행층에 인듐갈륨비소 층을 이용하고 있다. 전자이동도나 전자농도도 크며 HEMT 구조에서는 무엇보다 고속동작 특성을 가지고 있다.

해설

슈도몰픽(pseudo morphic) : 의사 격자정합, 격자상수가 다른 결정 사이에 매우 얇은 막을 끼워 넣어 격자를 정합시키는 기술.

MEMO

질화갈륨계 HEMT는 탄화실리콘(SiC) 기판과 사파이어 기판을 사용하고, 전자 공급층에 n형 질화알루미늄갈륨(AlGaN)을, 전자 주행층에 질화갈륨이나 질화인듐갈륨을 이용하는 구조를 가지고 있다. 100V 이상의 내압을 가지므로 휴대전화의 기지국용 전력증폭기로서 기대되고 있다.

화합물 반도체에서는 실리콘 트랜지스터의 MOS 구조에서 사용하는 이산화실리콘 산화막(SiO_2)과 같은 우수한 절연 물질이 없었기 때문에, 이를 보완하기 위해 화합물 반도체 특유의 이종접합을 이용한 HEMT 구조가 발명된 것이다.

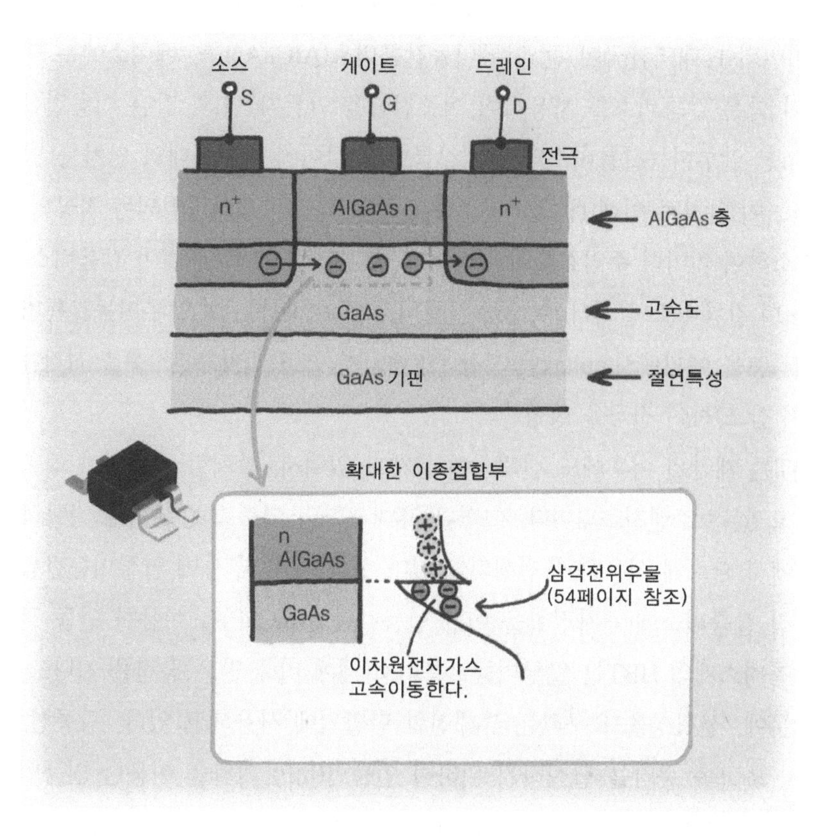

그림 2-11 갈륨비소계의 HEMT구조

MEMO

2.12 이종접합 바이폴라 트랜지스터(HBT)

이종접합 바이폴라 트랜지스터(Heterojunction Bipolar Transistor)는 영어의 머릿 글자를 따서 HBT라고 부른다. HBT는 1982년 미국의 크레이머에 의해 제안되었으며, 바이폴라 트랜지스터의 이미터 층을 베이스 층보다 대역간극이 큰 반도체 재료로 형성하여, 이미터의 주입효율을 증가시키고, 전류 증폭율을 향상시킨 소자이다.

HBT의 기본 동작 원리는 이미터, 베이스 및 컬렉터에 동종접합을 사용하는 실리콘 바이폴라 트랜지스터와 동일하다. npn형 갈륨비소(GaAs)계 HBT에서는, 이미터에 대역간극이 큰 알루미늄갈륨비소(AlGaAs)를, 베이스에는 대역간극이 작은 갈륨비소를 사용하여 이종접합을 만든다. 이와 같은 이종접합에서는 n형 알루미늄갈륨비소와 p형 갈륨비소 사이에 에너지대역 단차를 발생시키고, 이 단차로 인해 베이스 영역에서 이미터 영역으로 주입되는 정공의 수가 감소하여 이미터 주입효율이 향상된다. HBT도 HEMT와 같이 갈륨비소 기판에 n형 갈륨비소 컬렉터 층, p형 갈륨비소 베이스 층, n형 알루미늄갈륨비소 이미터 층을 에피택시(epitaxy) 성장(128페이지 참조)시키고 각 층을 식각(136페이지 참조)하여 전극을 형성한다.

HBT는 제안된 이후에도 신뢰성에 문제가 있어서, 좀처럼 실용화가 진행되지 않고 있는 트랜지스터이다. 그러나 휴대전화의 고출력 증폭기에 적합하다는 점에서 빠르게 실용화가 진행되고 있다. 또한 이미터 층에 알루미늄갈륨비소 대신 갈륨비소에 격자정합을 이룬 인듐갈륨인(InGaP)을 이용한 인듐 갈륨인/갈륨비소계의 HBT는 알루미늄갈륨비소 계에 비해 많은 장점을 지니고 있기 때문에, 선형성을 요구하는 휴대전화 단말기에 사용되고 있다. 광통신 응용에서 초고속 동작을 달성하기 위하여 인듐인(InP) 기판을 이용한 인듐인계 HBT도 개발되어 40기가 bps(bit per second ; 1초에 전송하는 비트 수) 이상의 초고속 광전송 시스템에 사용되고 있다.

MEMO

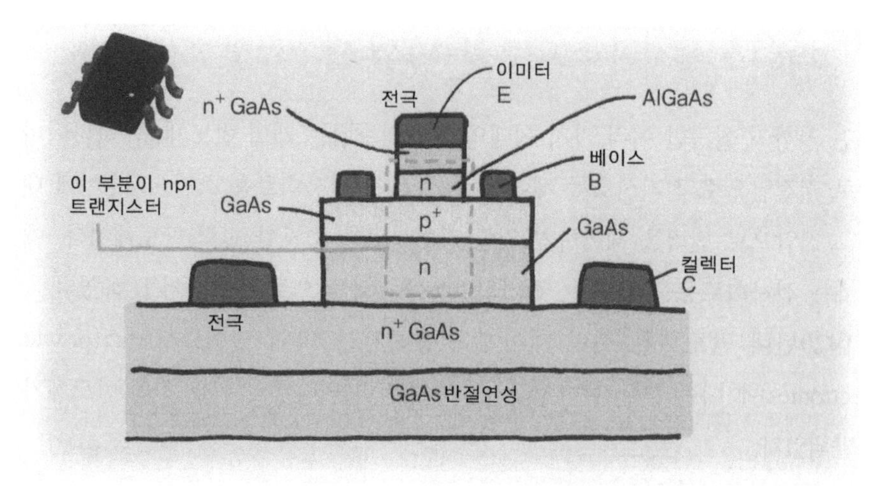

그림 2-12 이종접합 바이폴라 트랜지스터(HBT)의 구조

격자상수와 격자정합

결정은 단위격자라고 불리는 최소 단위가 쌓여 만들어진다. 단위결정은 육면체 구조를 하고 있고, 그림과 같이 1점의 꼭지점에서 3변 a, b, c와 각각의 협각 α, β, γ를 격자상수라 하고, 격자상수를 알면, 단위격자의 모양이 결정된다. 또한 입방정계 (a=b=c, α=β=γ=90°)에서는 격자상수를 a로 표시한다.

2 종류의 반도체 결정을 적층시킬 때, 두 개의 격자 상수가 동일하거나 근사하면, 그 경계 면은 깨끗하게 이어지지만, 격자 상수가 다르면 그 경계면은 왜곡(전위)될 것이다. 이때 전자를 격자정합이라고 하고, 후자를 격자부정합이라고 한다. 반도체의 이종 접합에서 격자 부정합은 특성저하의 원인이 된다.

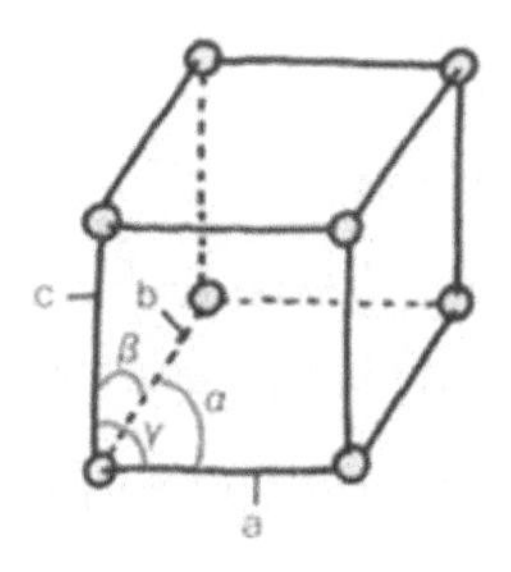

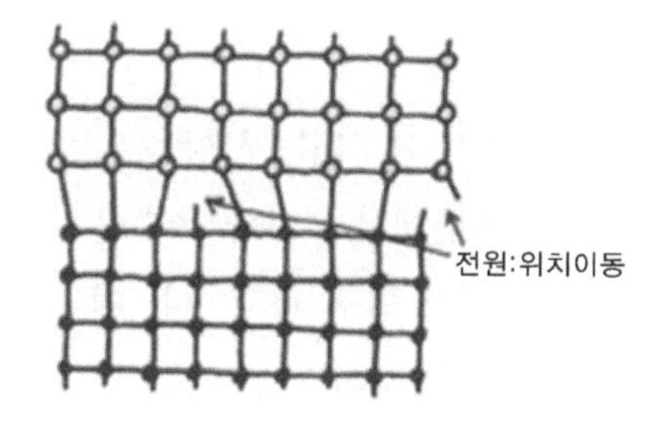

MEMO

2.13 수요가 증가하고 있는 전력 반도체

전 절까지 설명한 여러 가지 형태의 트랜지스터는 개별 반도체 중 하나이며 주로 저전압으로 전기신호를 제어하는 데 쓰인 전자회로용 소자이다. 이에 대해 고전압으로 전력을 제어하기 위한 전기회로용 소자가 전력 반도체이다. 예전에는 전자회로용을 약전용, 전기회로용을 강전용으로 표현하기도 하였다.

1970년대 반도체를 전력 제어에 이용하자는 파워 일렉트로닉스(power electronics)에 대한 연구가 번성해지면서 대전력을 다루기 위한 전력 반도체가 개발되었다.

예를 들어, 그전까지 전동차의 속도 제어는 저항을 사용하여 전력을 열소비하여 모터에 공급하는 힘을 제어하였지만, 반도체 소자인 사이리스터를 이용하여 전력를 제어하는 것이 가능하게 되어 더 이상 저항으로 열을 뿜어낼 필요가 없어졌으므로 뜨거운 지하철 터널이 시원해졌던 것이다.

전력 반도체의 주요 기능은 대전류의 정류와 스위칭이다. 교류 전원을 직류로 바꾸는 컨버터와 직류 전원을 교류로 바꾸는 인버터, 직류 전압의 변압(승압 또는 강압), 교류전원의 주파수 변환 등에 전력 반도체가 중요한 역할을 담당하게 되었다.

전력 반도체는 교통기관의 전력제어나 주파수가 다른 전력 계통 간의 전력 융통 등, 사회 인프라를 지원하는 분야에서 활약하고 있지만 최근 몇 년 동안 태양광발전이나 연료전지 같은 직류발전 시스템으로 만든 전력을 기존의 교류 배전망에 흐르게 하기 위한 인버터 장치나 전기자동차의 전력제어용 등 수요가 급증하고 있다.

전력 반도체에서 요구되는 사항은 얼마나 큰 전력에 견딜 수 있느냐는 것이다. 대전압, 대전류에서 얼마나 우수한 고성능 정류나 스위칭 특성을 유연하게 가지고 있는지가 연구 과제이다. 게다가 전력소비가 적지 않은 곳이나 작은 신호로 대전력을 제어할 수 있는 것도 중요하다. 따라서 실리콘 재료가 아닌 SiC (탄화규소)나 GaN (질화갈륨)과 같은 화합물 반도체 재료를 이용한 전력 트랜지스터에 대한 연구가 진행되고 있다.

전력반도체 / 전력제어 / 부하 / 전원

■ 전력 반도체 소자의 4대 용도

응용회로	역할
컨버터(정류)	교류를 직류로 변환
인버터	직류를 교류로 변환
전압변환	직류를 승압/강압
주파수변환	교류의 주파수를 변환

그림 2-13a 전력 반도체의 역할
전력 반도체는 대전류 정류 및 스위칭에 큰 역할을 한다. 그 기능을 사용하여 부하에 공급하는 전력을 제어한다.

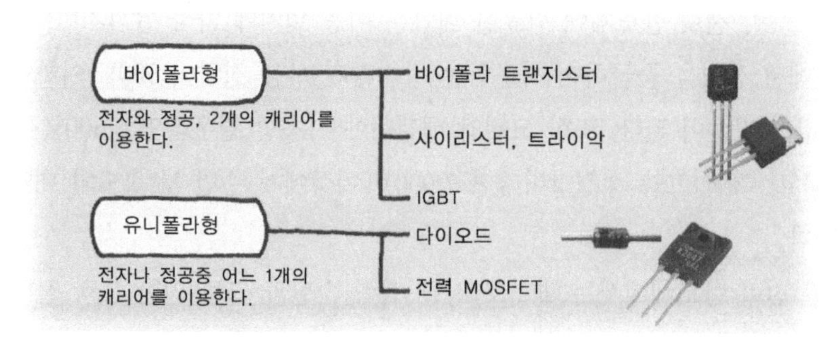

그림 2-13b 전력 반도체의 분류
처리 전력이나 요구되는 동작 속도 등 용도에 따라 소자가 사용된다.

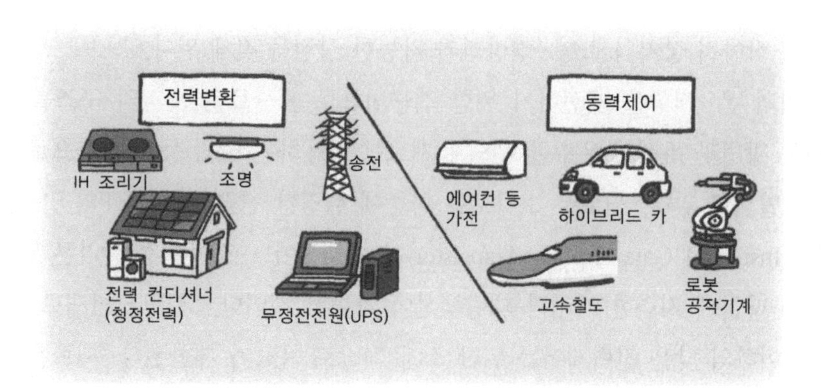

그림 2-13c 전력 반도체의 활용영역
전력 반도체는 청정 에너지의 보급이나 하이브리드 자동차, 연료전지 등에 광범위하게 이용되고 있다.

MEMO

2.14 전력 반도체의 주요사항 : 내압과 온-저항

전력 반도체는 전력을 제어하는 목적이 있으므로 고전압이 걸려 큰 전류가 흐르는 회로에 사용되고 있다. 따라서 임의의 전류 및 전압에 견딜 수 있는 전기적 특성(내전압, 내전류)을 요구한다. 내전압, 내전류는 이를 초과하면 물리적으로 파괴되는 임계치가 아니라 항상 그 전력을 인가해 전류를 계속 흐르게 하여도 동작에 지장이 없는 값으로써 이를 정격전압 혹은 정격전류라고 한다. 그러나 정격전류가 작으면 소자를 여러 개 병렬로 연결하여 하나의 소자에 흐르는 전류를 작게 유지하면서 사용하면 되므로 전력 반도체에서는 정격전압이 더욱 중요한 사항이 된다.

예를 들어, 전력 반도체에 필요한 내압은 이용 위치에 따라 달라지며, 옥내 콘센트에서 전력을 공급하여 사용하는 장비라면 사용 전압이 300V 이하이므로 그 값이 기준이 된다. 또한 고전압 배전망에 사용할 경우라면 6,600V가 기준이 되고, 특별 고압 송신망이라면 7,000V 이상에서 수만 V 정도의 내압이 요구된다.

또한, 전력 반도체에서는 발열로 인한 전력 손실과 그로 인한 동작 불안정성도 문제가 된다. 여기서 중요한 것은 온-저항이다. 온-저항은 반도체 동작 시 입력 저항으로, 온-저항이 크면 전류가 흐를 때 발열에 의한 전력 손실이 크게 된다. 또한 발열에 의하여 동작이 불안정하여 소자 수명이 단축되어 신뢰성이 저하될 것이다. 그러므로 온-저항이 작으면 신뢰성이 증가하고 발열 장치도 작아져 장치의 소형 · 경량화가 가능한 장점을 갖게 된다.

내압과 온-저항을 개선하기 위한 접근법으로는 새로운 소자의 구조를 고안하는 방법과 특성이 우수한 반도체 재료를 이용하는 방법 등 양방향으로 연구 · 개발되고 있다. 새로운 소자로는 나중에 설명할 전력 MOSFET의 일종인 IGBT(Insulated Gate Bipolar Transistor)가 있다. 어느 것이든지 실리콘 반도체이기 때문에 저렴한 가격과 대량생산이 가능할 것이다. 그러나 현재로서는 300V 이하의 낮은 전력제어를 위한 소자 개발로 목표가 제한된다. 새로운 재료 중 실용적인 SiC (탄화 규소)와 GaN(갈륨 질화) 반도체를 이용하면 내압은 실리콘의 10배, 전력손실은 100분의 1로 억제될 것으로 예상된다.

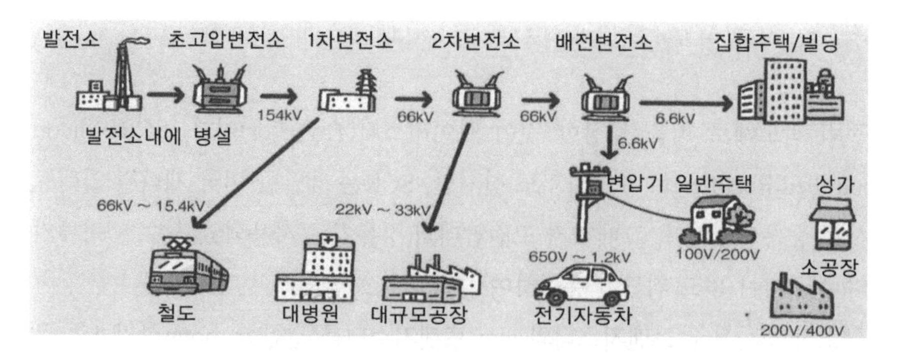

그림 2-14a 전력 반도체에 필요한 내전압
사용 위치에 따라 전력 반도체에 필요한 내압은 크게 다르다.

전압구분	전압
특별고압	7,000V 초과
고압	7,000V 이하
저압	교류 600V 이하, 직류 750V 이하
	300 V 이하
	150 V 이하

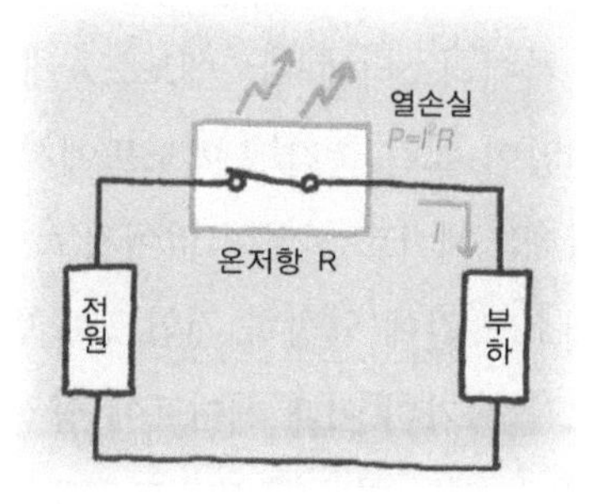

그림 2-14b 반도체의 온-저항
스위치가 닫힐 때 스위치 전극 간 전압은 0인 것이 이상적이지만 반도체에서는 전위차가 생기고, 그 전위차(전압 강하)를 발생시키는 요인이 온-전압이다.

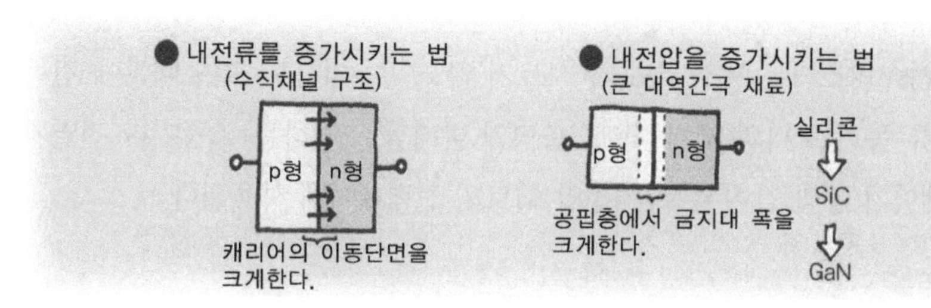

그림 2-14c 내압 및 온-저항 향상방법
내압 및 온-전압의 개선 방법은 소자의 구조를 변경하는 방법과 사용된 재료를 변경하는 방법이 있다.

MEMO

2.15 대전류를 정류·제어하는 사이리스터

전력 반도체로 처음 등장한 것이 사이리스터(Thyristor)이다. SCR(Silicon Controlled Rectifier)로 표기하기도 하지만, SCR은 개발한 미국 제너럴 일렉트릭사의 등록상표이다. 그때까지 고전압대의 정류기로 사용되었던 수은 정류기보다 신뢰성이 높고 취급이 용이하여 급속도로 보급되기 시작하였다.

구조적으로, pnp 트랜지스터와 npn 트랜지스터를 결합한, npnp형의 4층 구조로 구성되어 있다.

그림 2-15a에서 알 수 있듯이, 사이리스터는 다이오드와 마찬가지로 전류가 유입되는 전극을 양극, 전류가 나가는 전극을 음극이라고 부른다. 그리고 출력을 제어하기 위한 전압 신호를 인가하는 전극이 게이트이다.

사이리스터에서는 애노드-캐소드 간에 순방향 전압일 때에는 게이트에 양전압이 걸린 순간에 애노드에서 캐소드 방향으로 전류가 흐르기 시작하며(온 상태), 게이트 전압이 없어져도 전류는 계속 흐르게 된다.(latch 상태) 애노드-캐소드 간에 역방향 전압으로 변환되어 흐르는 전류가 사라지면 최초의 상태로 돌아가며 이때 게이트에 양전압을 가해도 전류는 흐르지 않는다.(역저지상태) 그리고 다음에 애노드-캐소드 사이가 순방향으로 가해지면, 게이트에 양의 전압이 가해질 때까지 전류는 흐르지 않는다(오프 상태).

따라서 교류와 맥류가 흐르는 회로 내에 사이리스터를 놓아두면 파형의 임의의 위치에서 게이트에 순간적인 전압을 가함으로써 전류량(전력)이 제어 될 수 있을 것이다.

다만, 사이리스터는 동작 속도가 빠르지 않고 온-저항도 크기 때문에 전동차 등 직류 동기 모터의 제어 외에 조명의 밝기를 조절하는 조광기나 전열기의 온도제어기 등과 같이 주로 저전압 회로의 전력제어에 사용된다.

해설

사이리스터: 미세한 전력으로 큰 전력을 제어할 수 있는 진공관 사일라트론(thyratron)에서 유래

SCR : 실리콘 제어 정류기(silicon control rectifier)

MEMO

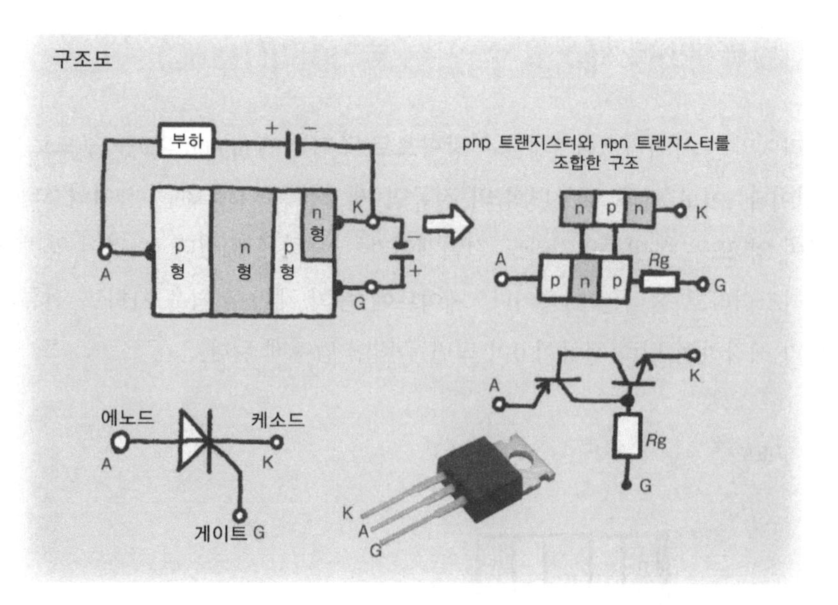

그림 2-15a 사이리스터의 구조와 기호
사이리스터는 pnp 트랜지스터와 npn 트랜지스터를 결합한 것으로 생각하면 된다. 사이리스터의 등장으로 전력제어 시 열손실이 개선되었다.

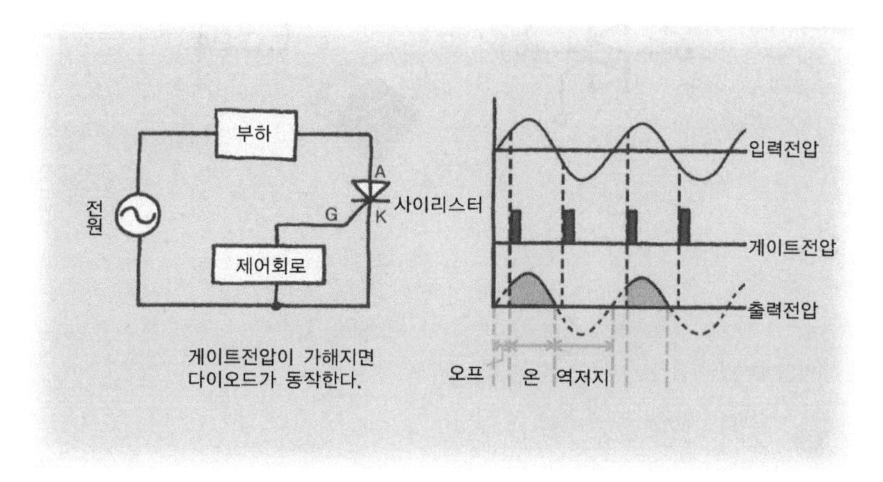

그림 2-15b 사이리스터의 동작
사이리스터는 보통은 전류가 흐르지 않지만 게이트 전극에 양전압이 가해지면 다이오드 동작을 시작한다. 게이트 신호의 타이밍을 바꾸면 부하의 전력제어가 이루어질 수 있다.

MEMO

2.16 교류전력을 제어할 수 있는 트라이악(TRIAC)

트라이악은 사이리스터 2개를 역방향으로 조합하여 npnpn의 5층 구조로 만든 것이다. 이로 인해 양(+)방향의 전류만 제어할 수밖에 없는 사이리스터에 대하여 양 또는 음방향일지라도 전력제어가 가능하게 되었다. 이것이 양방향 사이리스터라고 불리는 이유이다. 게이트에 음의 제어 전력을 가하면 전류가 흐르기 시작하여 입력 전압이 0이 되면 출력이 멈추게 된다.

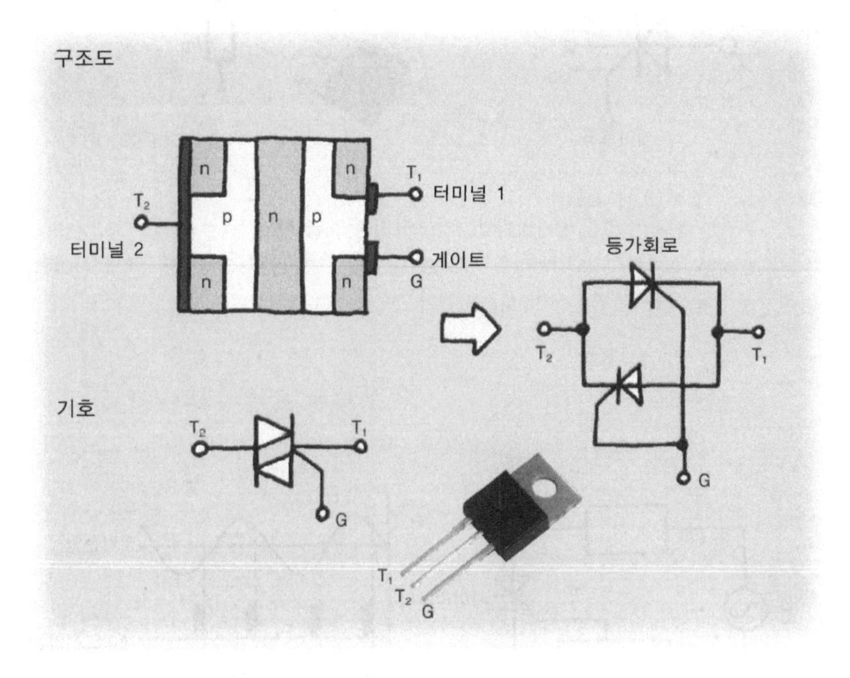

그림 2-16a 트라이악의 구조 및 기호

트라이악은 사이리스터 2개를 결합한 것으로 생각하면 된다. 입력전압의 양음에 관계없이 전력을 제어할 수 있다.

MEMO

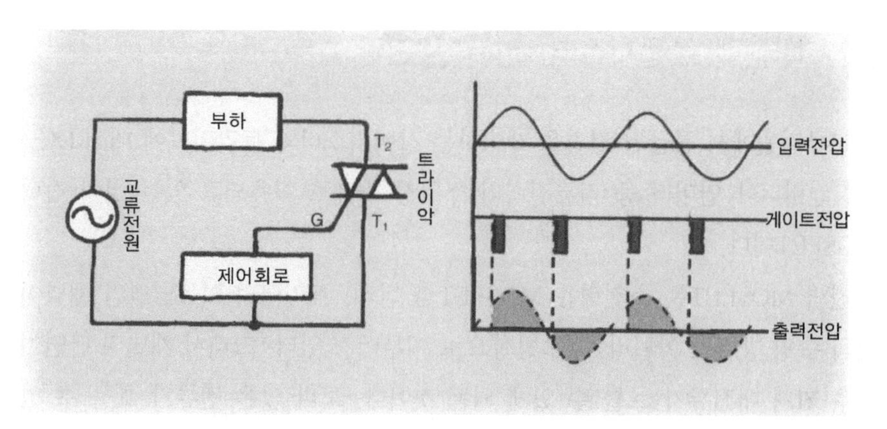

그림 2-16b 트라이악의 동작 및 활용 예

입력전압과 같은 극성의 전압을 게이트에 인가하면 전류가 흐르기 시작하고 입력이 0이 되면 출력도 0이 된다.

대전력 제어를 위한 GTO 사이리스터

사이리스터는 입력에 순방향 전압이 걸려 있으면 일단 온상태가 되서 스스로 오프상태로 될 수 없다. 그래서 사이리스터의 구조에 착안하여, 게이트-캐소드 사이에 역전압을 걸어 출력이 오프상태로 되는 자기소거형 사이리스터가 개발되었다. 그것이 게이트 • 턴오프(Gate Turn Off; GTO) 사이리스터이다.

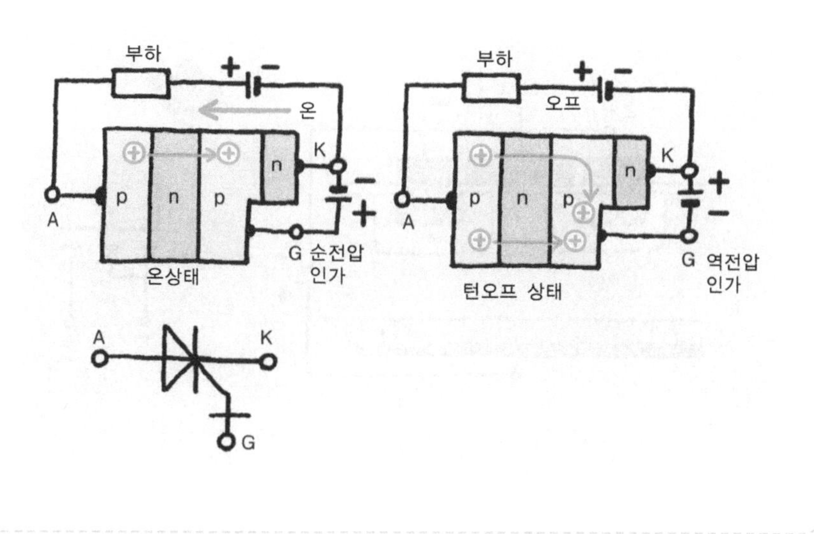

MEMO

2.17 대전력 트랜지스터-전력 반도체

교류전원에서 공급된 전력을 제어하는 사이리스터와 트라이악에 대해 DC-DC 컨버터나 인버터 등 직류전력의 스위칭 소자로 이용되고 있는 것이 전력 MOSFET이다.

전력 MOSFET는 소전력용 MOSFET과 달리, 캐리어의 이동영역인 채널이 칩의 수평 방향이 아니라 수직 방향으로 이루어져 있다. 그래서 채널의 단면이 매우 커져 대전류가 흐를 수 있게 되는 것이다. 보다 많은 전류가 흐를 수 있도록 전자를 캐리어로 사용한 n채널의 증가형(enhancement)이 많이 사용되고 있다. 증가형이란 게이트 전압이 인가되지 않으면 채널에 전류가 흐르지 않기 때문에 오프형(normally off) 이라고도 한다.

또한, 게이트가 칩의 표면 방향으로 배치된 플래너(planar) 게이트와 수직방향으로 형성된 트렌치(trench) 게이트의 두 가지 유형을 가지고 있으며, 온-저항을 작게하기 위해선 트렌치 형이 내전압용으로는 플레너 형이 사용되고 있다.

한편, 전력 MOSFET에서 실현 가능한 내압은 수 kVA 이하 정도로 그다지 크지 않기 때문에, 고속동작에서 더 큰 내압을 필요로 할 때, 뒤에 언급할 IGBT(절연 게이트형 바이폴라 트랜지스터)를 이용한다.

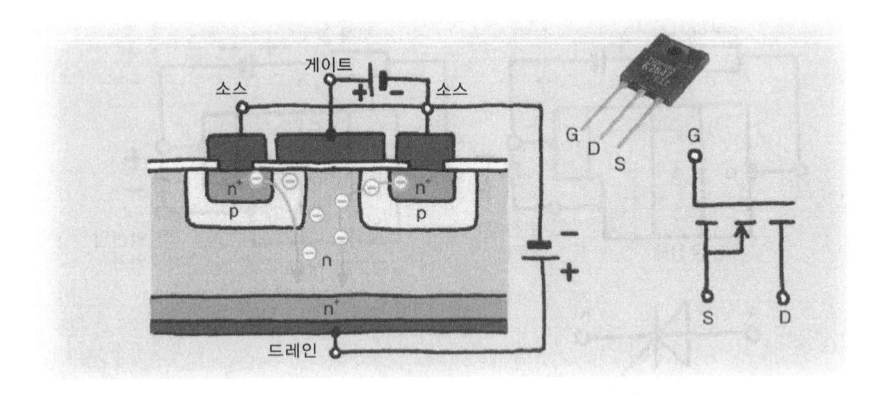

그림 2-17a 플래너 게이트 형의 전력 MOSFET의 구조

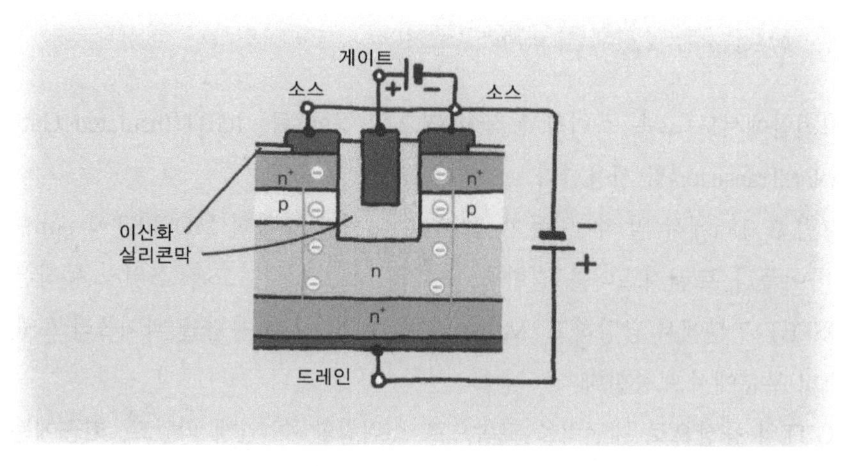

그림 2-17b 트렌치 게이트형 전력 MOSFET의 구조
트렌치형 게이트는 채널이 수직방향이기 때문에 소스, 드레인 간의 온-저항이 낮게 된다.

전력 MOSFET 덕분에 AC 어댑터가 작아졌다.

전자기기의 전원은 크고 무거운 느낌이 들지만, 최근의 AC 어댑터나 충전기는 소형화되어 가고 있다. 소형화가 가능하게 된 가장 큰 이유는 전력 MOSFET로 스위칭 전원을 채택하기가 쉬워졌기 때문이다. 가정용 전압을 고속으로 스위칭할 수 있기 때문에 기존의 선형 전원 공급 장치에 사용된 커다란 변압기는 필요없게 되었다.

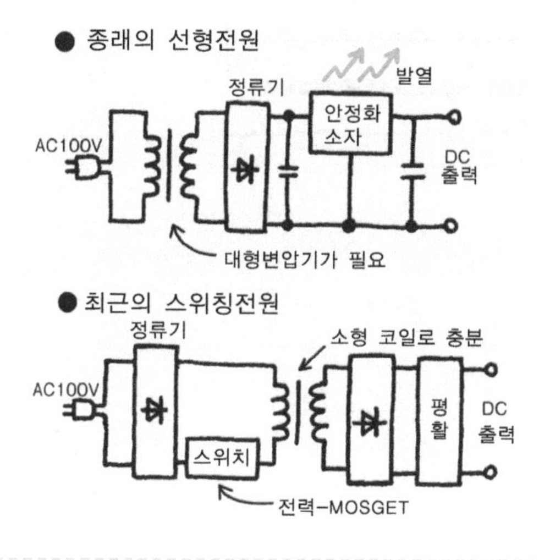

MEMO

2.18 고내압용 전력 반도체-IGBT

고전압에서도 고속 스위칭 동작이 필요한 곳에서는 IGBT(Insulated Gate Bipolar Transistor)를 사용한다.

그림 2-18a에서 알 수 있듯이, IGBT는 n채널 증가형 MOSFET에 pnp형의 바이폴라 트랜지스터를 결합한 구조를 하고 있다. 고속 스위칭 동작은 MOSFET 부분에서 담당하고, MOSFET에 부족한 전류용량을 바이폴라 트랜지스터 부분에서 보충한다.

IGBT의 등장으로 대전력을 고속으로 스위칭할 수 있게 되었고, 최근에는 하이브리드 자동차나 고속철도의 인버터 등에 이용되고 있다. 다만 MOSFET 등에 비해 구조가 복잡해지기 때문에 제조 공정이 복잡해지고 비용이 많이 든다는 단점이 있다.

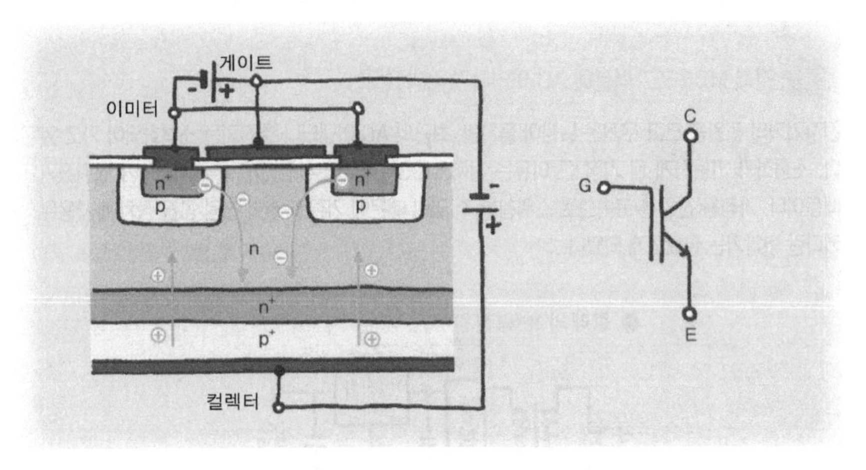

그림 2-18a IGBT의 구조와 기호

IGBT는 n채널 증가형 MOSFET에 pnp형 바이폴라 트랜지스터를 결합한 구조로 되어 있다.

MEMO

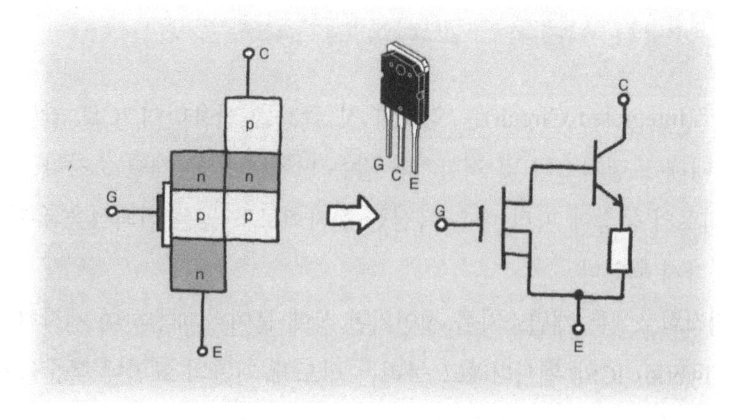

그림 2-18b IGBT의 등가회로

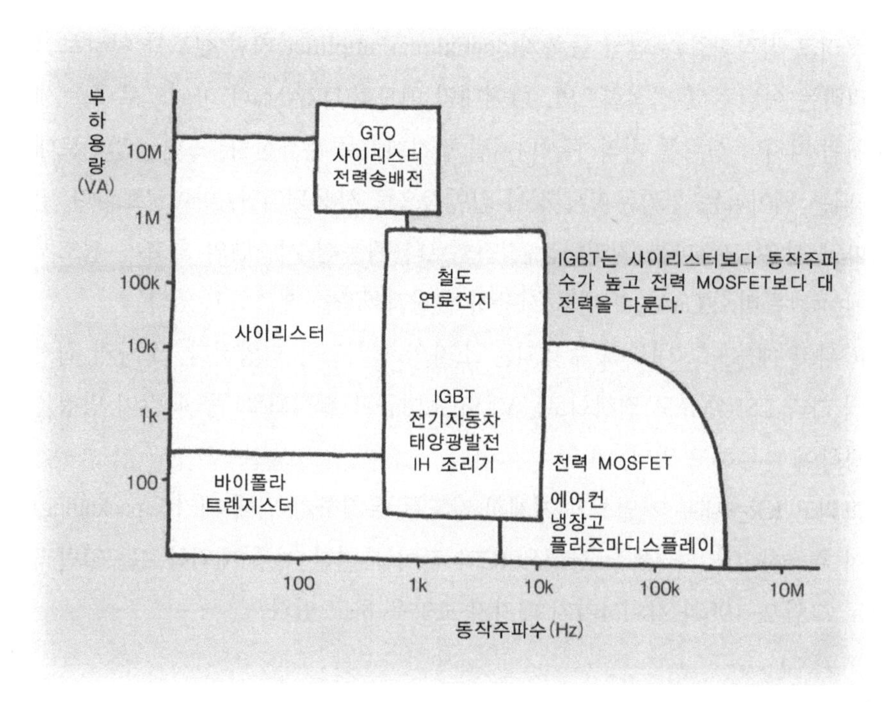

그림 2-18c 전력 반도체의 이용영역

전력 MOSFET의 내압은 300V 정도지만, IGBT는 MOSFET의 고속 동작을 유지하면서, 수천 볼트의 고압 전력제어도 가능해진다.

MEMO

2.19 IT 시대를 지탱하는 반도체 집적회로

집적회로(Integrated Circuit)는 영어의 첫 글자를 사용하여 IC로 알려져 있다. IC에 대해 트랜지스터 및 저항기와 같은 단일 부품은 개별 소자라고 부른다. 집적회로의 등장에 따라 매우 복잡한 전자회로도 높은 신뢰성을 유지하는 것이 가능하게 되었다.

또한 집적회로에는 개별소자를 절연기판 상에 붙여서 배선하여 제작하는 하이브리드(hybrid) IC와 웨이퍼라고 불리는 반도체 기판의 표면에 불순물을 첨가하거나 새로운 결정을 만들어 소자를 제작, 배선하는 모노리식(monolithic) IC의 두 종류가 있다. 일반적으로 IC라 하면 모노리식 IC를 말하며 하이브리드 IC는 대전력 증폭용 정도로 이용될 뿐, 그다지 사용되고 있지 않다.

그리고 집적회로는 연산 증폭기(operational amplifier)처럼 신호를 아날로그 처리하는 아날로그 집적회로와, 다이내믹 메모리(DRAM)나 마이크로 프로세서처럼 디지털 신호를 처리하는 디지털 집적회로로 분류한다. 또한 IC의 토대가 되는 웨이퍼는 실리콘 단결정이 일반적으로 사용되지만, 마이크로파나 밀리파와 같은 고주파를 처리하는 집적회로나 광통신 시스템의 초고속 신호처리에는 갈륨비소(GaAs) 기판을 사용하여 집적회로를 제조하고 있다.

IC라고 해도, 그 내부에 수용되는 소자의 집적도는 다양하다. 소자의 집적도에 따라 LSI(대규모 집적회로), VLSI(초대규모 집적회로) 등과 같이 명칭을 변경하여 분류하고 있다.

그리고 IC는 내부 기밀성과 기계적 강도를 유지하기 위해 패키징(packaging)하여 취급하고 있다. 특수 장비용 IC와 같이 특별한 것을 제외하고는 일반적으로 그림 2-19b와 같이 4가지 패키지 모양을 하고 있다.

해설

개별소자 : 각각 독립적인 소자.

모노리식 : 하나 (mono)의 돌(lithic)이란 의미.

MEMO

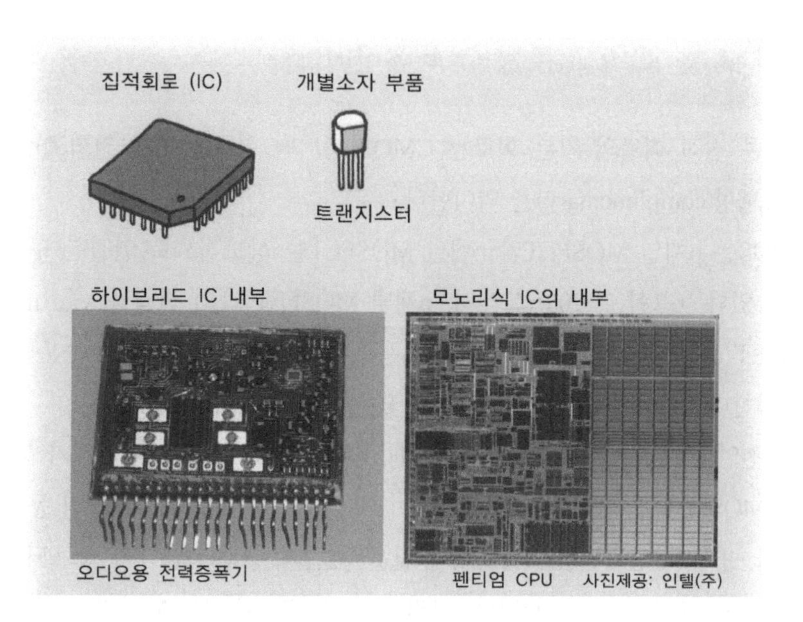

소자의 집적도에 의한 IC의 분류

소자수	약칭	주요 용도
100개 이하	SSI(Small Scale Integration: 소규모집적회로)	범용 논리 게이트 IC 등
100-1000개 정도	MSI(Medium Scale Integration: 중규모집적회로)	레지스터, 카운터 등
1000-100,000개 정도	LSI(Large Scale Integration: 대규모집적회로)	마이크로프로세서, 메모리 등
100,000개 이상	VLSI(Very Large Scale Integration: 초대규모집적회로)	대용량 메모리 등

그림 2-19a 반도체 부품의 분류
반도체 부품은 형태에 따라 명칭이 구별되고 있다.

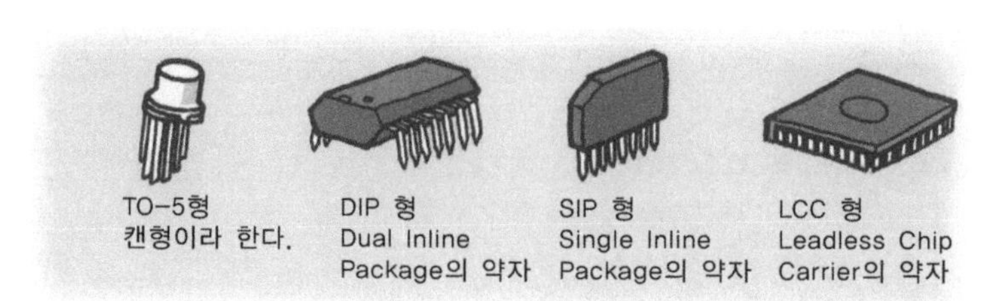

그림 2-19b IC의 대표적인 패키징 형태

MEMO

2.20 디지털 IC의 기본은 CMOS 인버터

실리콘 집적 회로의 기본 회로는 CMOS 인버터 회로(논리 반전회로)이다. C는 상보형(complimentary)을 의미한다.

CMOS는 p채널 MOSFET와 n채널 MOSFET을 상보적으로 연결한 구조를 가지고 있다. (그림 2-20a) 그래서, p채널 MOSFET 측의 전원을 V_{dd}, n채널 MOSFET 측의 전원을 V_{ss}라 하고, V_{dd}는 V_{ss}에 대해 3~15V 정도 높은 전위를 인가한다. A가 신호의 입력단자이며 B는 신호의 출력단자이다.

입력전압 A가 V_{ss}와 동일한 전위일 때, p채널 MOSFET가 온 상태가 되고, n채널 MOSFET는 오프 상태가 된다. 이 때 출력단자 B는 V_{dd}와 거의 동일하게 된다. 반면에 입력전압 A가 V_{dd}와 같을 때, p채널 MOSFET가 오프되고 n채널 MOSFET가 온 상태가 된다. 그러면 출력단자 B는 V_{ss}와 거의 같은 전위가 될 수 있다.

입력전압 A의 V_{ss}를 디지털의 0에 대응시키고 출력전압 B의 V_{dd}는 1의 디지털 신호라고 하면, A 단자와 B 단자의 관계는 V_{ss}이면 V_{dd}로, 혹은V_{dd}면 V_{ss}로 반대 전위가 나타나 반전하는 것과 같으므로 '인버터(inverter)' 회로라 부르며, 논리 IC를 설계할 때, 기본회로가 된다.

CMOS 인버터 회로의 가장 큰 특징은 논리가 반전될 때, 약간의 전류만 흐르기 때문에 매우 적은 소비전력의 논리회로를 구성할 수 있다는 점이다. MOSFET을 미세화하면 더욱 소비전력을 감소시킬 수 있으므로 CMOS 회로는 초대형 집적 회로(VLSI)를 제조하기에 적합하며 CMOS 구조의 미세화에 따라 소비전력이 감소할 뿐만 아니라 고속동작도 얻을 수가 있어 현재 반도체 메모리나 마이크로프로세서 등의 논리회로에는 대부분 CMOS 구조를 사용하고 있다.

해설

논리 IC: 신호 'low'를 '0', 신호 'high'를 '1'로 하여, 0과 1의 조합을 처리하는 논리법칙을 전기적으로 실행하는 IC.

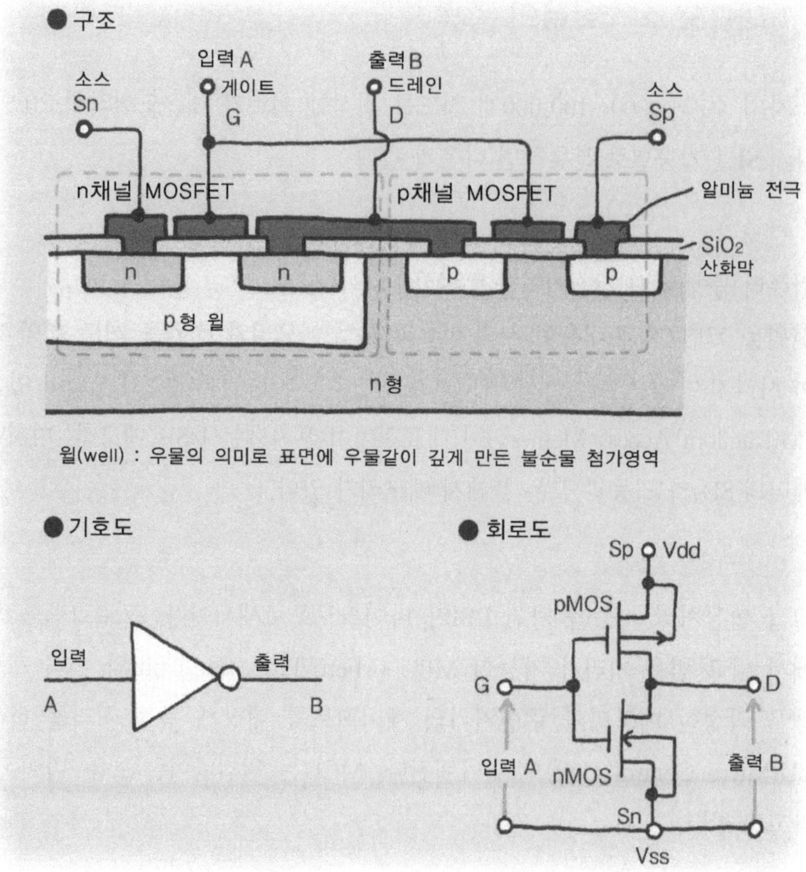

●구조
입력 A
출력 B
소스
Sn
게이트
G
드레인
D
소스
Sp
n채널 MOSFET
p채널 MOSFET
알미늄 전극
SiO2
산화막
n
n
p
p
p형 웰
n형
웰(well) : 우물의 의미로 표면에 우물같이 깊게 만든 불순물 첨가영역
●기호도
입력
A
출력
B
●회로도
Sp Vdd
pMOS
G
D
입력 A
nMOS
출력 B
Sn
Vss

그림 2-20a CMOS 인버터의 구조

p채널과 n채널의 MOS 트랜지스터가 상보적으로 구성된 CMOS 인버터는 집적회로의 기본 소자이다.

Vdd
A
Vss
Vdd
B
Vss
A = Vdd
B = Vss
nMOS
온
Vss
Vdd
pMOS
온
A = Vss
B = Vdd

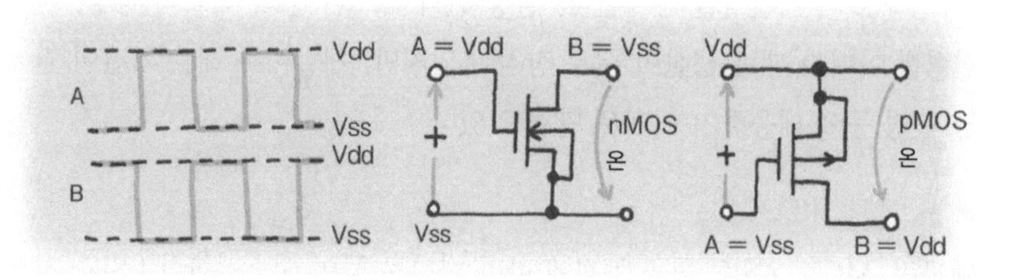

그림 2-20b CMOS 인버터의 동작

입력 상태가 반전되어 출력에 나타나는 것이 인버터 동작이다.

MEMO

2.21 대규모 집적회로의 종류

소자의 수가 1,000~100,000개 정도를 집적한 회로가 대규모집적회로(LSI)이다. LSI를 기능별로 분류하면 다음과 같다.

■ 메모리

컴퓨터 등에서 신호를 기억하기 위한 LSI이다.

전원을 끄면 기억 내용이 사라지는 휘발성 메모리와 전원을 꺼도 기억 내용이 사라지지 않는 비휘발성 메모리가 있고, 전자는 컴퓨터에 내장되어 있는 RAM(Random Access Memory)이 대표적이며 후자에는 USB 메모리, 디지탈 카메라의 SD 카드 등과 같은 플래시 메모리가 있다.

■ 마이크로프로세서

고급 연산처리 기능을 가진 LSI가 마이크로프로세서이다. 프로그램을 외부에서 읽고 범용 처리가 가능한 MPU (Micro Processor Unit)와 미리 프로그램을 작성한 메모리와 주변기기의 제어회로를 내장해 특정 처리를 하는 MCU(Micro Control Unit)으로 나눠진다. MCU는 원칩마이콘(보통 '마이콘')이라고도 한다.

■ ASIC

휴대전화나 디지털 가전 등 특정 용도를 위해 여러 기능의 회로를 하나로 묶어 설계한 LSI이다. 생산자마다 자체 설계를 하므로, 기능의 특징이 드러나기 쉬운 회로의 기밀성을 유지한다. 실장 면적 축소나 동작 속도의 향상, 저소비전력뿐 아니라 대량 생산이 쉬운 장점이 있지만, 개발비나 개발 기간이 길어 사양 변경 등에 대응하기 어려운 단점도 있다.

■ 시스템 LSI(SOC)

메모리, MCU, ASIC 등을 목적에 따라 하나로 묶어 시스템화한 LSI가 시스템 LSI이다. 전자기기의 에너지 절약과 고성능화를 도모할 수 있다.

해설

SOC(System On a Chip) : 한 칩에 필요한 기능을 집적화하는 설계 기법.

MEMO

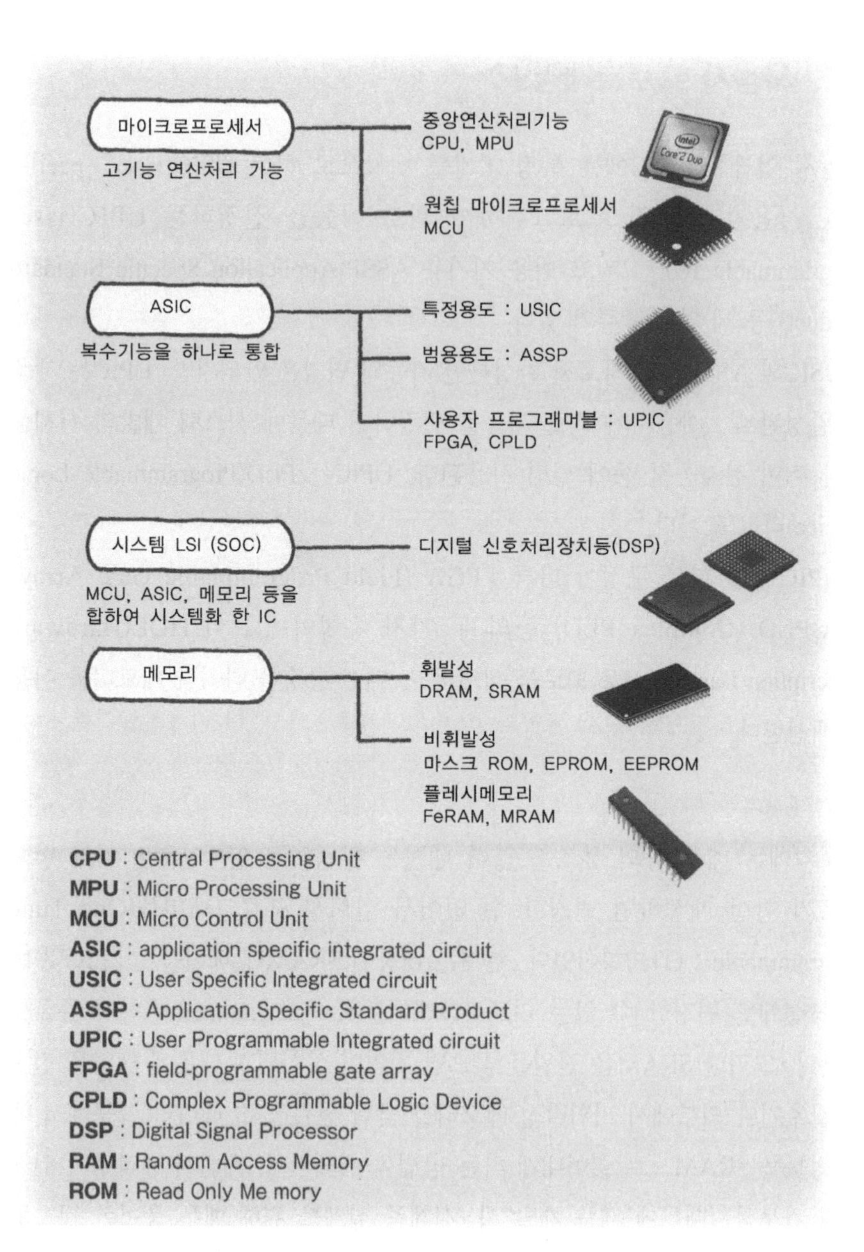

그림 2-21 대규모집적회로(LSI)의 기능별 분류

소자의 수가 1천에서 10만 개 규모의 집적회로는 그 기능에 따라 크게 4개로 나눌 수 있다. 각각이 IT 기술을 지원하는 중요한 소자이다.

MEMO

2.22 사용자 프로그래밍 IC

앞서 언급한 ASIC에는 특정 기기를 대상으로 하는 USIC(User Specific IC), 사용자가 직접 프로그램하여 회로 기능을 결정하는 UPIC(User Programmable IC), 그리고 범용 기기용 ASSP(Application Specific Standard Product) 등 세 가지 종류가 있다.

USIC와 ASSP는 소자로서 완성하면 기능의 변경은 안되지만, UPIC는 제품이 완성된 후, 사용자가 회로 기능을 결정하기 때문에 시스템 개발의 시제품이나 취미 전자공작 등에 널리 사용된다. UPIC는 PLD(Programmable Logic Device)라고도 한다.

UPIC에는 회로 구성이 다른 FPGA (Field Programmable Gate Array)와 CPLD (Complex PLD) 등의 두 가지 유형이 있으며 HDL(Hardware Description Language)로 회로를 설계하고, 배선 공정을 하거나 메모리를 이용해 배선한다.

■ FPGA

초기에는 배선 중의 퓨즈를 끊어 배선을 완성하는 안티 퓨즈 기억 방식으로써 한번 배선하면 변경할 수 없어서 일회성 프로그래머블(One Time Programmable ; OTP)형이었다. 현재는 내장된 SRAM에 배선을 옮기고 몇 번이나 설계를 변경할 수 있는 리프로그래머블(Re-programmable)형이 주류를 이룬다. 그러나 SRAM은 전원을 끊으면 기억이 상실되기 때문에 백업용 전지를 갖추거나 외부에서 비휘발성 메모리를 갖춰 전원을 켤 때마다 그곳에서 배선 정보를 SRAM으로 읽어내게 하는 방법이 취해지며, 배선의 재작성이 언제든지 가능하기때문에 제품 개발 시, 시제품 설계를 위해 매우 용이한 것으로 알려져 있다.

■ CPLD

내부에 여러 개의 PLD 블록을 가지고 있으며, 배선망에서 임의의 블록끼리 배선하는 구조가 CPLD이다. 부유게이트 MOS에 전하를 고정하여 배선하는 EEPROM(Electrically Erasable Programmable Read Only Memory) 기억 방식이나 플래시 메모리를 이용하는 기억 방식이 있다. 전원을 끄더라도 기억은 잃지 않기 때문에 그대로 제품에 꽂아 쓸 수 있다. 휴대전화 등 제품주기가 짧은 제품에 많이 쓰이고 있다.

MEMO

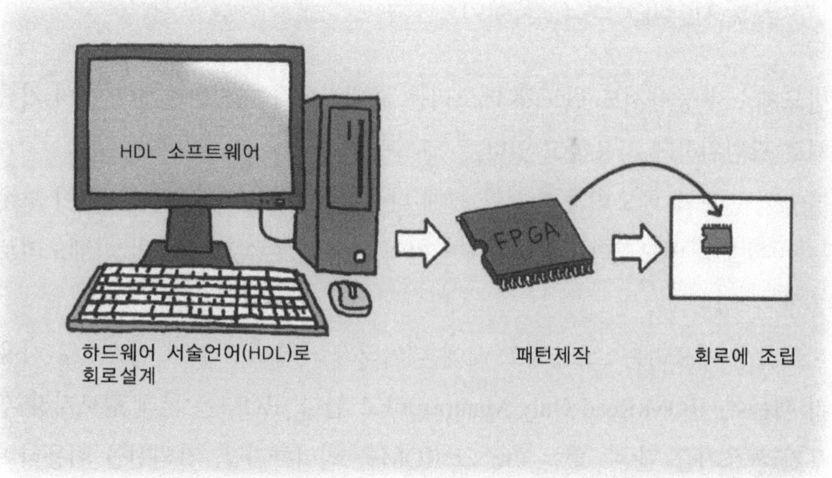

HDL 소프트웨어
FPGA
하드웨어 서술언어(HDL)로 회로설계
패턴제작
회로에 조립

그림 2-22a 사용자 프로그래머블 IC의 개요
프로그램에 의해 내부 회로를 쓰고 사용하는 것이 사용자 프로그래머블 IC이다. 시작품 등을 만드는 데에 중점을 두고 있다.

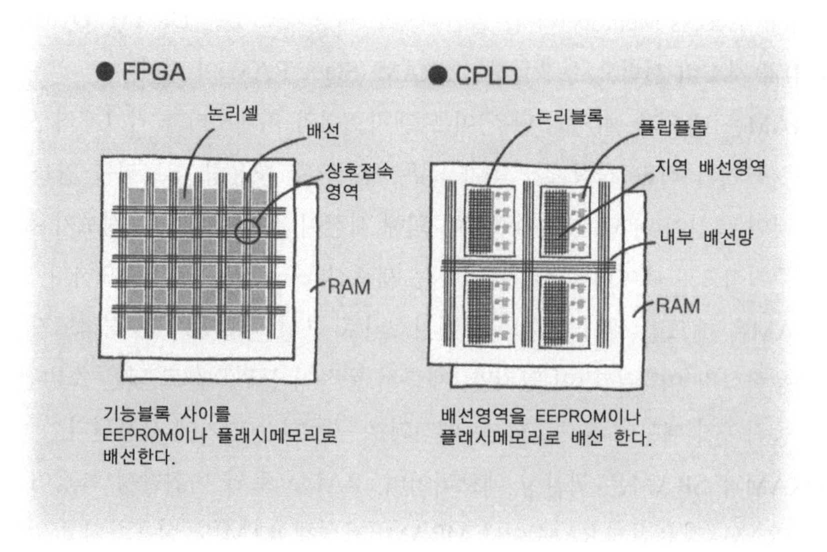

그림 2-22b FPGA의 설계와 실장
FPGA는 백업을 위한 전원공급 장치를 필요로하지만 CPLD는 필요하지 않으므로 CPLD는 제품 주기가 짧은 전자기기의 초기 시스템 구현에 사용된다.

MEMO

2.23 반도체 메모리의 종류

반도체소자 중에서도 반도체 메모리는 휴대전화나 디지털카메라 등의 기록매체로 광범위하게 사용하고 있다.

다양한 반도체 메모리가 있지만 크게 나누면, 전원을 꺼도 기록내용이 보존되는 비휘발성 메모리와 전원을 끄면 기억 내용이 손실되는 휘발성 메모리로 분류할 수 있다.

비휘발성 메모리는 소자 제조 시에 데이터가 기록되고 읽기 전용으로 사용되기 때문에, ROM(Read Only Memory)라고 한다. ROM은 본래 정보저장 후 지우기와 쓰기를 할 수 없는 마스크 ROM을 의미하지만, 자외선을 이용하여 기억을 지울 수 있는 EPROM(Erasable Programmable ROM)과 전기적으로 지우기와 쓰기를 할 수 있는 EEPROM(Electrically EPROM)과 플래시 메모리도 비휘발성 메모리라 할 수 있다.

대표적인 휘발성 메모리는 컴퓨터의 작업용 메모리로 사용되고 있는 RAM (Random Access Memory)이다. 일반적으로 사용되고 있는 DRAM (Dynamic RAM)과 저소비 전력으로 구동하는 SRAM (Static RAM)이 있다.

DRAM은 메모리 셀(기억 단위)이 트랜지스터와 커패시터를 각 1개씩 사용하므로 크기가 작고 집적도가 높아 낮은 가격으로 대용량 메모리를 만들 수 있는 것이 특징이다. 단지 누설전류에 의해 시간이 경과하면 기억 정보가 유실되어 주기적으로 데이터를 재생시켜주는 재충전(refresh) 동작이 필요하다.

SRAM은 메모리 셀이 복수의 트랜지스터로 구성되기 때문에, 집적도가 낮아 대용량화가 어려운 면이 있지만, 재충전 동작이 불필요하고 낮은 소비전력으로 동작하기 때문에 휴대전화 등 배터리로 구동하는 기기에 사용된다.

DRAM과 SRAM은 휘발성 메모리이며, RAM으로써 비휘발성 특징이 있는 FeRAM (강유전체 RAM)이나 MRAM (자성체 RAM)도 실용화되고 있다. FeRAM은 DRAM 메모리 셀의 커패시터 부분을 강유전체 재료로 제작하여 잔류 극성전압으로 데이터를 유지할 수 있다. MRAM은 자성체를 기록소자에 사용하여 소자에 전류가 흐르면 자기장의 방향으로 데이터를 기억하고 있다.

DRAM : Dinamic Random Access Memory
SRAM : Static Random Access Memory
EPROM : Erasable Programmable Read-Only Memory
EEPROM : Electricall Erasable Programmable Read-Only Memory
플래시메모리 : flash memory
FeRAM : Ferroelectric Random Access Memory
MRAM : Magnetoresistive Random Access Memory

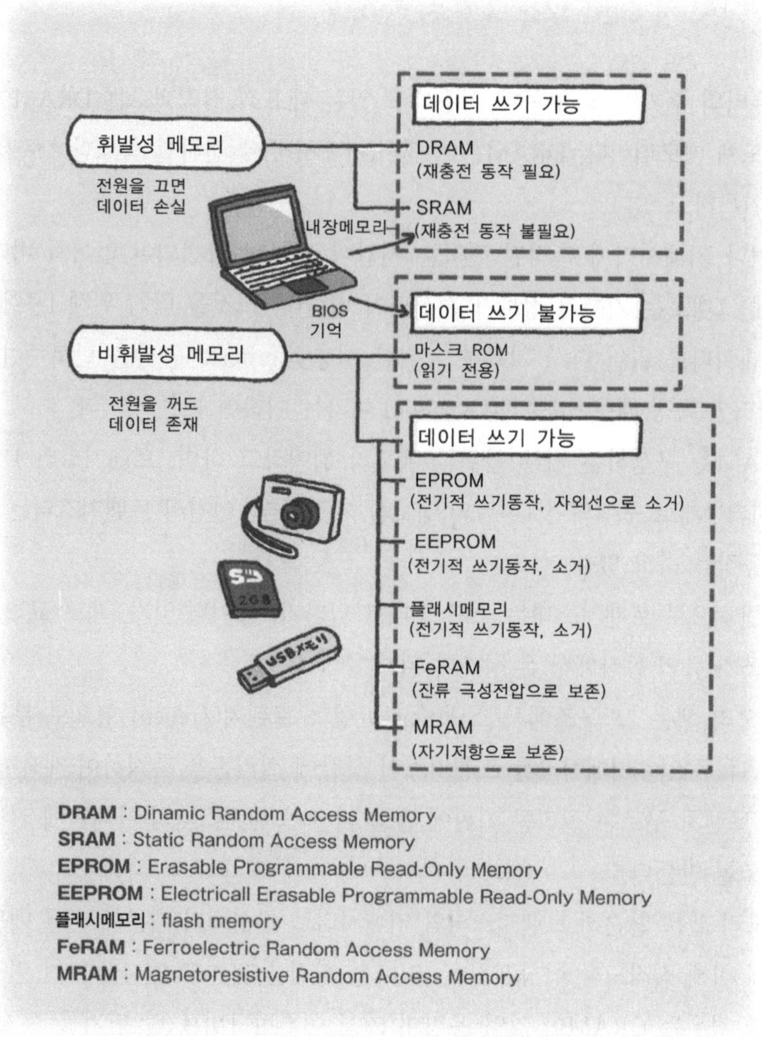

그림 2-23 메모리의 종류 및 특징

디지털 데이터의 저장 매체로 중요한 반도체 메모리는 전원을 끄면 데이터가 손실되는 휘발성 및 손실되지 않는 비휘발성으로 분류한다.

MEMO

2.24 반도체 메모리의 대표-DRAM

컴퓨터의 주기억 장치 등에 사용되고 있는 대표적 집적회로는 DRAM이라는 반도체 메모리이다. DRAM은 콘덴서(커패시터)에 전하를 축적함으로써 정보를 기록하고 있다.

그러나 커패시터에 축적된 전하는 시간이 지나면 방전되어 없어져 버리기 때문에 그대로는 기록된 정보가 손실되어 버린다. 그것을 막기 위해 1초에 여러번 데이터를 읽어 다시 기록하기 위한 재충전(refresh) 동작을 반복해야 한다. 이러한 특징 때문에 "동적(Dynamic)"이라는 이름이 붙은 것이다.

DRAM을 구성하는 기본 단위를 메모리 셀이라고 하며, 트랜지스터 1개와 커패시터 1개로 구성되어 1비트의 정보를 저장한다. 여기서 트랜지스터는 스위칭 동작을 하고 있다.

일반적으로 트랜지스터는 오프 상태로 있다가, 데이터 읽기, 새로 고침, 데이터 쓰기 등의 동작에서 온 상태가 된다.

메모리 셀은 그 구조에서 스택(Stack) 형과 트렌치(Trench) 형으로 분류한다. 스택 구조는 커패시터를 트랜지스터 상단에 실리콘을 축적하여 제작한다. 반면, 트렌치 구조는 실리콘 기판에 홈을 파고 트랜지스터의 아래쪽에 커패시터 구조를 만든다.

메모리 셀은 단순히 트랜지스터와 커패시터로 구성되기 때문에 다른 메모리 구조에 비해 집적도를 향상시킬 수 있다는 장점을 가지고 있다. 즉 칩 면적이 동일한 경우는 DRAM이 기억 용량이 커서 이른바 1비트 당 단가를 싸게 할 수 있으므로 DRAM의 가격은 점점 저렴해 질 것이다.

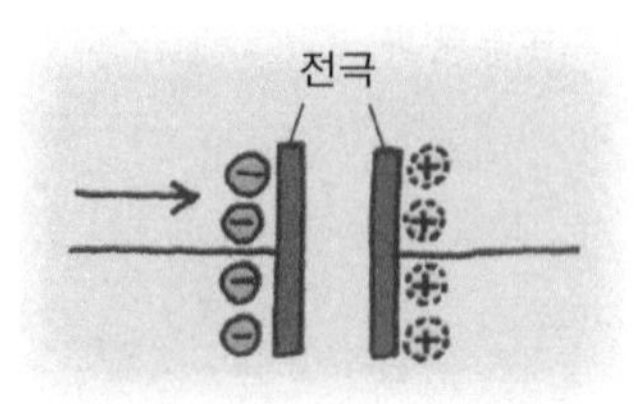

그림 2-24a 커패시터 (콘덴서)의 구조
마주 보는 전극 사이에 전압을 걸면, 정전유도 작용으로 전극에 전하 (캐리어)가 쌓인다.

MEMO

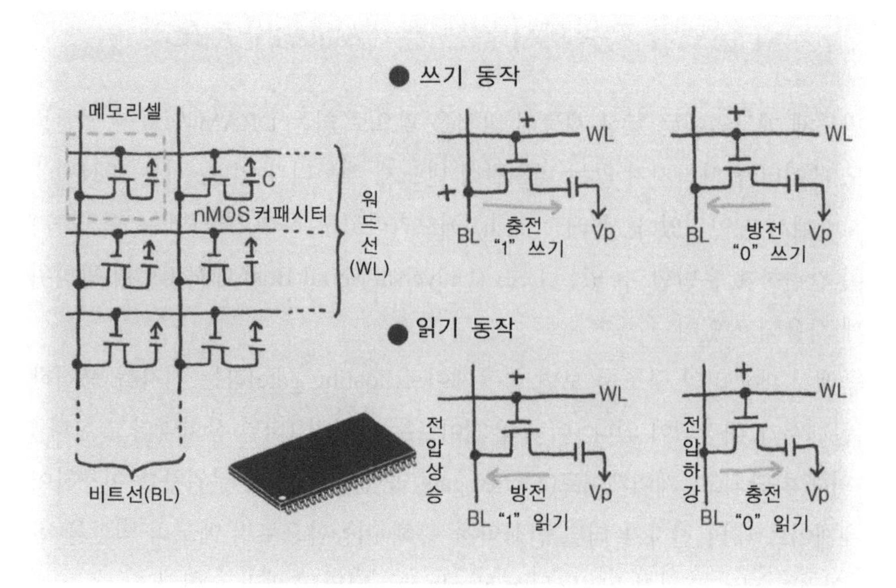

그림 2-24b DRAM 메모리 셀의 구조

비트 선에 걸리는 전압 상태에서 메모리 셀에 1과 0을 기억하고 읽을 때는 비트 선에서 기준 전압의 변화로 기억된 정보를 검출한다.

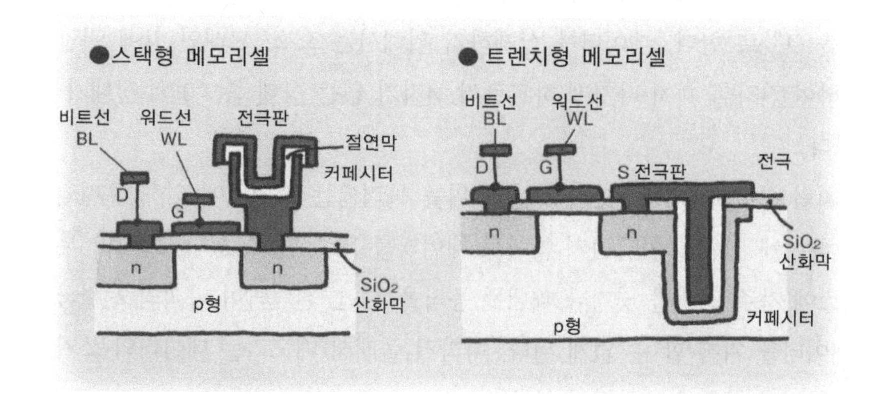

그림 2-24c DRAM의 구조

커패시터를 트랜지스터의 상단에 만드는 스택 형과 실리콘 층에 홈을 파서 만드는 트렌치 형이 있다.

MEMO

2.25 기억 정보가 지워지지 않는 플래시(flash) 메모리

반도체 메모리에는 항상 재충전 과정을 필요로 하는 DRAM과 달리 전원을 꺼도 데이터가 사라지지 않는 비휘발성 반도체 메모리가 있다. 이는 1984년에 도시바에서 제안되었다. 플래시(flash) 메모리라고도 하며, 최근에는 소지하기 쉬워 간편하게 운반할 수 있는 USB (Universal Serial Bus) 메모리로써 광범위하게 사용되고 있다.

플래시 메모리의 구조를 보면 부유게이트(floating gate)라는 전자를 축적하는 콘덴서가 내장되어 있다. 이 부유게이트는 산화막 (터널 산화막라고 한다.)에 의해 차단되고, 제어게이트(control gate)와 접지 사이의 전위차를 이용하여 부유게이트 내의 전자가 터널 산화막을 통해 이동함으로써 메모리 역할을 한다. 이러한 터널 효과를 FN(Folwer Nordheim) 터널 효과라고 한다.

그리고 플래시 메모리는 저장 셀의 연결 방법에 따라서 NAND 플래시 메모리와 NOR 플래시 메모리가 있다.

NAND 플래시 메모리는 데이터를 쓰려면 제어게이트 전극의 전압을 (+)로 인가한다. 그러면 전자가 터널 산화막을 통과하여 부유게이트에 축적된다. 이 상태를 "1" 로 한다. 데이터를 삭제하기 위해서는 소스-드레인 간에 전압을 인가하여 전자를 빠져 나가게 하므로써 전자가 없는 상태 즉, "0"의 상태가 되게 한다.

이처럼 부유게이트 내의 전자는 주위를 둘러싸는 절연체에 의해 유지되고 있기 때문에 전원을 공급하지 않아도 데이터를 보존 할 수 있다. 그러나 부유게이트에 자주 전자를 넣거나 빼내는 동작을 하면, 절연막이 파괴되고 결국에는 데이터를 기록 할 수 없게 된다. 따라서 플래시 메모리는 데이터의 쓰기와 삭제 과정의 횟수가 제한되어 있다.

MEMO

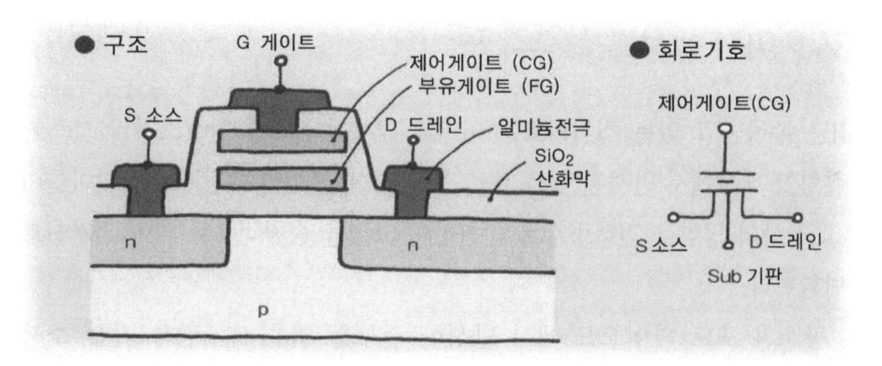

그림 2-25a 플래시 메모리의 구조
게이트 전극과 채널 사이에 도체를 마련하고, 거기에 전하를 모아 상태를 저장할 수 있도록 하고 있다.

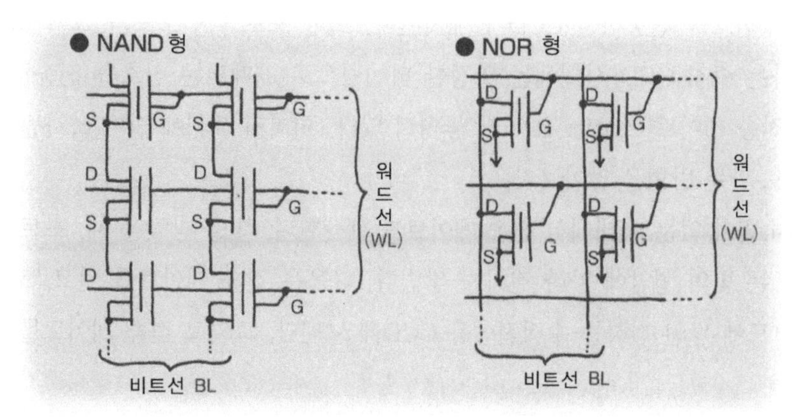

그림 2-25b 플래시 메모리의 종류와 회로

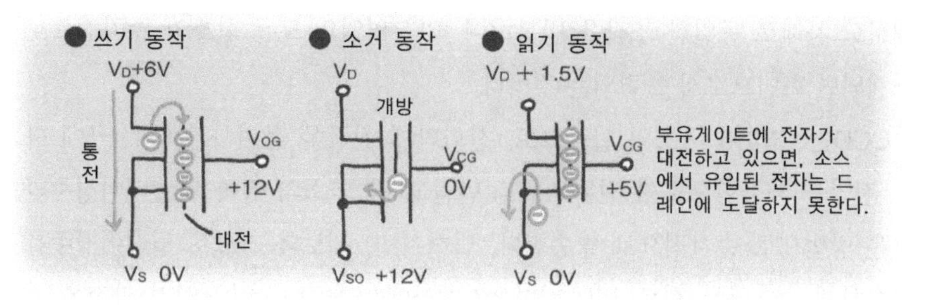

그림 2-25c 플래시 메모리의 기본동작

MEMO

2.26 이미지 센서는 전자의 눈

최근 주목받고 있는 집적회로는 이미지 센서이다. 고체촬상소자라고도 하며 촬영할 대상에서 반사된 빛을 렌즈 등을 통해 센서의 수광평면에 받아들이고 그 형상의 명암을 전하량으로 변환하여 그것을 순차적으로 읽어 전기신호로 변환한다.

수광소자(포토 다이오드)에서 발생한 전하를 읽을 때, 전하 결합 소자(CCD : Charge Coupled Device)라는 회로를 이용하기 때문에 CCD 이미지 센서라고도 한다.

빛을 받아들이는 포토 다이오드와 전하를 전송하는 CCD 열은 인터라인 형구조로써 수직 방향으로 배치되고 그 수직전송 CCD 열과 연결되도록 수평 방향으로 신호를 전송하는 CCD가 배치된다. 또한 포토 다이오드와 그 화소에 대응하는 수직 CCD 사이에는 일정한 타이밍으로 개폐되는 신호를 전송하기 위한 전송 게이트(transfer gate)가 놓여져 있다. 이미지 센서에 빛이 조사될 때의 신호 판독 방법을 알아보자.

먼저 빛이 없는 상태에서 전송 게이트를 폐쇄한다. 빛을 받았을 때, 포토 다이오드는 빛의 명암에 따라 전하가 쌓인다. 다음은 전송 게이트를 열고, 포토 다이오드에 쌓인 전하를 수직전송용 CCD에 보낸다. 그리고 전송 게이트를 폐쇄한다.

수직전송용 CCD의 전하를 단별로 전송하고 제1단의 화소 전하를 각 열에 접속한 수평전송용 CCD로 보낸다. 수평전송용 CCD에 전송 펄스를 보내고 그것과 동기하여 순차적으로 수평화소를 읽어낸다. 남은 수직전송 CCD에 대해서도 차례로 동일한 조작을 반복하여 해당 영역의 모든 화소가 순차적으로 스캔되면 화면으로서 출력되는 것이다.

CCD는 CMOS 구조의 일종으로, 산화막에 전극을 붙여서 옆의 전극에 다른 전압을 제공함으로써 전위우물을 만들고 각 화소의 전하를 릴레이경주와 같은 방법으로 순차적으로 발송한다. 말하자면, 세로와 가로로 릴레이경주를 신속하게 수행하는 회로이다. 비디오카메라에서 노광 · 전송 · 읽기 과정은 초당 30–60회 정도 동작을 수행할 필요가 있다.

MEMO

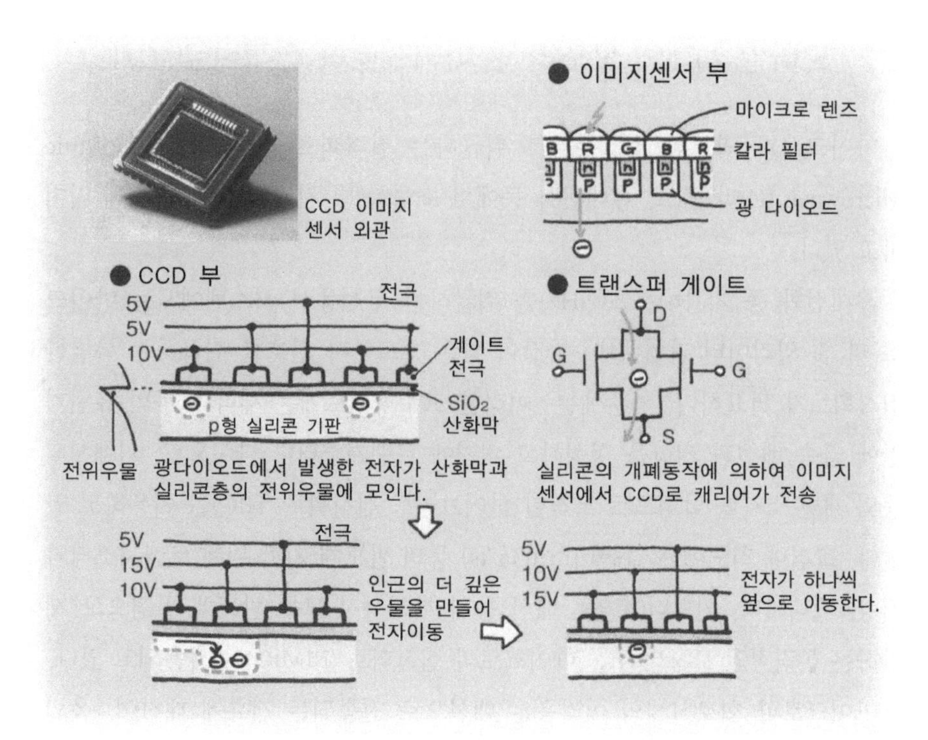

그림 2-26a CCD 이미지 센서의 각 부분 동작원리

CCD는 반도체 기판에 전극을 가로, 세로로 늘어놓은 것으로, 포토 다이오드와 함께 이미지 센서로 사용되는 경우가 많기때문에 CCD라고 하면 이미지 센서를 가리킨다.

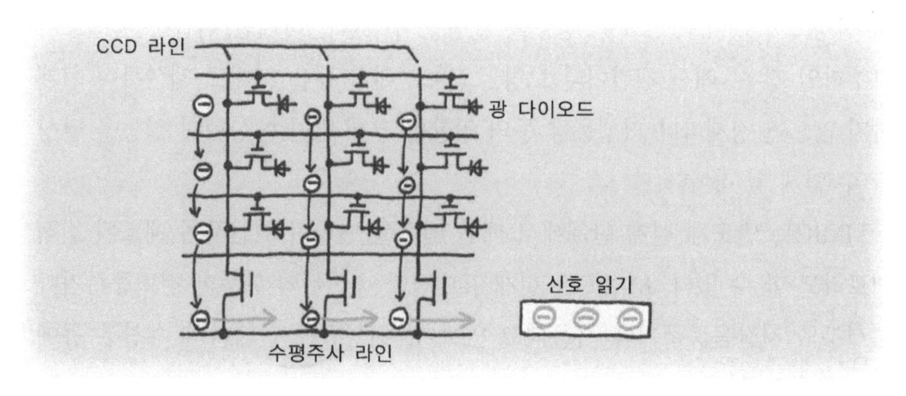

그림 2-26b CCD 이미지 센서의 신호 추출

CCD에서 수직 방향으로 하나씩 보내진 전하는 가장 아래의 수평주사 회로에서 1라인 분을 밀어내면서 읽는다.

MEMO

2.27 모바일 시대의 모노리식-마이크로파 집적회로(MMIC)

마이크로파 영역의 초고주파를 취급하는 집적회로를 MMIC(Monolithic Microwave IC)라 하고, 휴대전화 등에서 소형화 및 저소비 전력화 등에 기여하고 있다.

휴대전화 등 기가헤르츠(GHz)를 취급하는 무선통신 시스템에서는 마이크로 파 및 밀리미터 파와 같이 파장이 짧은 초고주파 신호를 취급하는 특별한 집적회로가 필요하다. 기존에는 이러한 고주파회로에는 세라믹 등의 유전기판에 금속 배선과 저항을 형성하고 거기에 트랜지스터나 다이오드, 커패시터 등의 개별 소자를 납땜으로 부착한 하이브리드 집적회로 (HIC)를 이용하고 있었다. 그러나 최근에는 갈륨비소 (GaAs) 등의 반도체 기판 위에 트랜지스터와 저항, 커패시터, 인덕터(코일), 배선 등의 부품까지 모두 반도체 공정으로 제작하는 본격적인 모노리식 · 마이크로파 집적회로 (MMIC)가 사용되고 있다.

마이크로파 회로설계의 어려움은 배선으로 전송되는 전류에 대하여, 옴의 법칙에 따른 전류라는 사고방식에서 전자파의 전파라는 생각으로 회로를 설계하지 않으면 안 된다는 것이다.

직류와 저주파를 취급하는 전자회로에서는 트랜지스터나 저항, 커패시터 등의 개별소자를 우선 배선에 연결하면 배선 패턴이나 모양, 배치 등을 그다지 신경쓰지 않아도 필요한 성능을 달성할 수 있다. 하지만 취급하는 신호가 고주파일 경우, 배선 패턴이나 모양, 그리고 배치 등을 제대로 계산하여 설계하지 않으면 정재파나 기생용량 등의 영향을 크게 받아 예상했던 성능을 달성할 수 없게 될 것이다.

MMIC는 반도체 설계 단계에서 배선 패턴을 면밀이 계산하여 제조된 집적회로라고 할 수 있다. MMIC는 현재 휴대전화 송신부의 고주파 전력증폭기나 수신부의 저잡음증폭기에 사용되고 있으며, 위성방송 안테나의 수신부 등에도 사용하고 있다.

그리고 MMIC는 고주파 기능에 부합하기 위해 반도체 기판으로는 갈륨비소 (GaAs) 기판을 사용하며, 거기에 갈륨비소 트랜지스터나 HEMT, HBT 등의 능동소자를 사용한다. 이는 갈륨비소 기판이 매우 고저항이기 때문에 기생용량의 영향을 덜 받고 인덕터를 제작하기에 적합하기 때문이다.

해설

마이크로파 : 주파수가 300MHz~3THz (파장이 1m에서 100μm)의 범위의 전파를 가리킨다.

MEMO

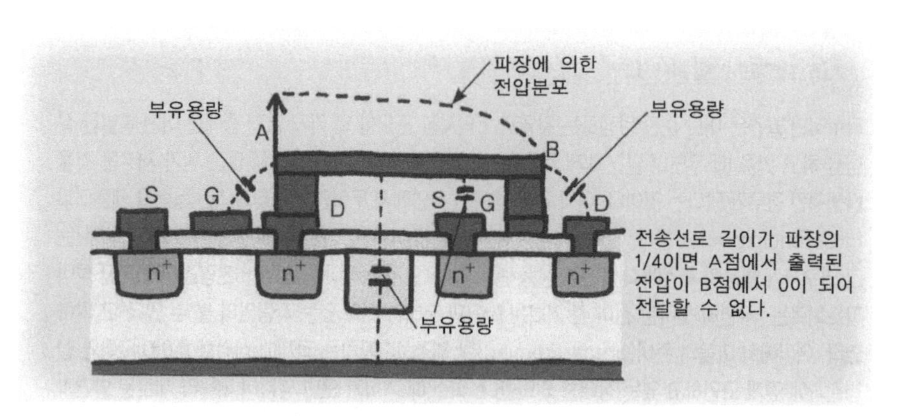

그림 2-27 마이크로파를 취급하는 회로와 문제점
마이크로파 영역에서는 배선의 크기가 신호의 파장과 유사하기 때문에, 배선 간의 부유 용량이 특성에 크게 영향을 미치므로 소자나 배선의 배치, 크기 등에 특수한 설계가 필요하다.

고주파 회로에 필수적인 임피던스 매칭

전류의 흐름을 방해하는 특성을 저항이라고 하지만, 교류 전류를 처리 할 때 전기저항은 임피던스(Impedance)라고 말한다. 트랜지스터를 조합하여 다양한 회로를 설계하는 경우, 트랜지스터 간에 어떻게 손실없이 신호를 전달할 수 있도록 설계하는가가 중요하다. 예를 들어, 임피던스가 낮은 회로에서 높은 회로로 신호를 보낼 경우, 신호는 입력되기 어려워 대부분 반사되어 버린다. 그리고 그 반대의 경우는 받은 신호가 작아서 충분히 처리할 수 없게 된다. 따라서 고주파를 취급하는 반도체 집적회로에서는 트랜지스터 소자 전후에 임피던스 정합을 위한 회로(matching circuit)를 설치하여 신호의 반사를 억제하고 효율적인 전력을 공급할 수 있도록 설계하고 있다.

MEMO

세기의 대발견은 세렌디피티의 부산물

과학적인 발견은 어느 순간 탄생하는 것일까 ? 역사상 중요한 몇 가지 발견 중에는 어떤 특별한 실험을 하고 있을 때 우연히 발견되거나, 때로는 실험의 실패로 인해 예기치 않은 뭔가 새로운 것을 탄생시킨 경우가 많다는 것이다. 이와 같은 행운의 우연에서 무엇인가를 찾아내는 능력을 세렌디피티(Serendipity)라고 한다. 그러나 이런 세렌디피티가 실제로 새로운 발견에 연결되기 위해서는 그 연구자가 행운의 사건에 대한 중요성을 인식 할 수 있는 능력이 필요하다. 프랑스의 과학자 루이 파스퇴르는 "우연히 찾아온 신이 준 기회는 마음의 준비가 되어 있는 사람만이 볼 수 있다"고 말하였다. 여기에서 마음의 준비(prepared mind)란 해결하고자하는 과제에 심취하여 아이디어와 실험결과에 깊게 고민하고 있는 상태를 의미한다. 이런 때 기회가 오면 영감이 떠올라 새로운 발견과 연결될지도 모른다. 반도체 분야에서도 이 세렌디피티와 관련된 발견이 있다. Brattin과 Bardeen은 반도체 표면에 장착된 2개의 전극에서 전류를 제어하기 위한 실험을 하고 있었으나, 실패의 연속이었다. 그 당시 산화 게르마늄의 표면에 금환 모양 전극을 붙인 샘플을 검사하고 있었다. 이때 우연히 산화막 표면을 파괴해버려 실패를 하고 말았다고 생각했다. 그러나 그들은 실험을 계속하여 두 개의 금속 전극과 제 3의 베이스 전극 사이에 흐르는 2개의 전류 사이에 기대하지 않았던 상관관계가 있다는 것을 발견하였다. 이것이 점접촉 트랜지스터의 발견이 였다. 무언가 과학이나 기술이 난관에 접할 때 이 세렌디피티 작용이 있다고 생각한다. 또한 쇼클리는 실패를 극복한 "창조적 실패"의 중요성을 강조하고 있다. 따라서, 트랜지스터의 발견 과정은 새로운 것을 발명한다는 것은 무언가를 배우는 아주 좋은 사례라고 생각할 수 있다.

세렌디피티는 현재 스리랑카 (옛날의 Serendip)의 3명의 왕자의 여행을 쓴 동화에서 만들어진 신조어. 뭔가를 찾고 있을 때, 또 다른 발견을 할 수 있다는 뜻.

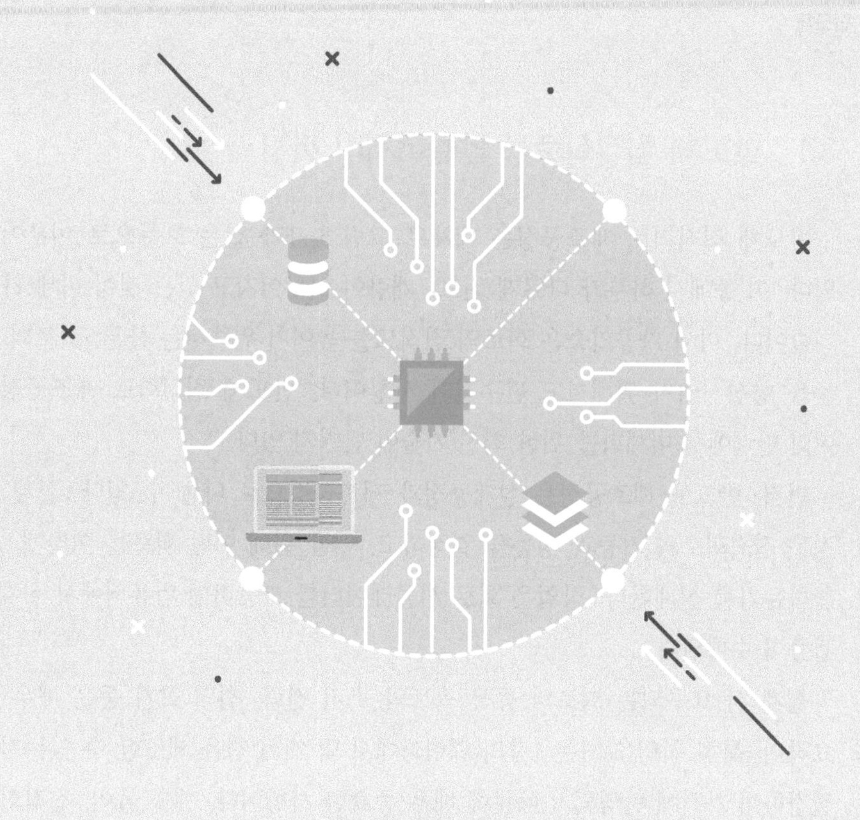

CHAPTER

3

반도체 집적회로의 제조기술

반도체의 가장 큰 특징은 하나 하나의 소자를 미세화할 수 있다는 것이다.
미세 소자를 작은 칩상에 수 많이 배치하여 회로를 조립한 것이 집적회로이다.
이 집적 기술이 전자산업을 지탱하고 있다는 것은 말할 필요도 없다.

MEMO

3.1 반도체 집적회로가 만들어지기 까지

반도체 집적회로 제조공정은 대체로 그림 3-1과 같은 흐름으로 이루어져 있다. 이 중에서 하루가 다르게 진보 · 개량이 이루어지고 있는 것이 미세 가공기술이다. 미세 가공기술은 회로의 집적도를 높이기 위해서는 물론, 회로의 성능을 향상시키기 위해서도 필수적인 사항이다. 반도체 집적회로 제조공정의 여러 단계에서 미세화를 위한 최신 기술이 담겨져 있다.

먼저, 반도체 제조공정은 설계공정과 제조공정으로 나눌 수 있다. 설계 공정은 집적회로의 기능과 성능을 결정하고, 이를 위해 어떤 회로를 어떻게 조합하는가를 설계한다. 작업은 회로 시뮬레이터를 사용하여 컴퓨터에서 설계 · 검증이 수행된다.

설계 시 요구되는 회로의 동작 속도와 소비 전력, 칩의 크기 등은 매우 중요하며, 특히 칩의 크기는 1장의 웨이퍼에서 몇 개의 칩을 제조할 수 있는지를 결정하여 가격에 반영되기 때문에 매우 중요한 사항이다. 예를 들어, 집적회로의 첨단인 메모리 소자에는 메모리의 최소 단위인 메모리 셀의 크기를 작게함으로써 대용량화와 저가격화를 실현하고 있다.

설계가 결정되면 이어서 패턴을 설계한다. 칩 내에 어떻게 회로를 만들고 그것을 효율적으로 배치하기 위한 공정이다. 설계자는 회로설계용 컴퓨터지원 설계도구(Computer Aided Design ; CAD)를 이용하여 디자인규칙에 따라 회로패턴을 제작하고 있다. 그런 다음 회로도를 트랜지스터의 제조공정, 배선공정 등으로 나누어 포토마스크를 제작한다. 포토마스크(레티클 ; reticle이라고도 함)는 유리기판에 회로패턴이 그려진 사진원판과 같은 것이다. 집적회로 패턴을 웨이퍼상에 새기기 위한 사진 원판에 해당하는 것으로, 고도의 치수제어가 요구되는 기술이다.

또한, 제조공정은 집적회로 칩의 토대가 되는 웨이퍼를 만드는 웨이퍼 제조 공정과 웨이퍼 회로를 형성하고 회로 칩을 제조하는 웨이퍼 처리공정 (전공정), 그리고 칩을 패키징하는 마무리 조립공정 (후공정) 등의 3개 공정으로 나뉘어진다.

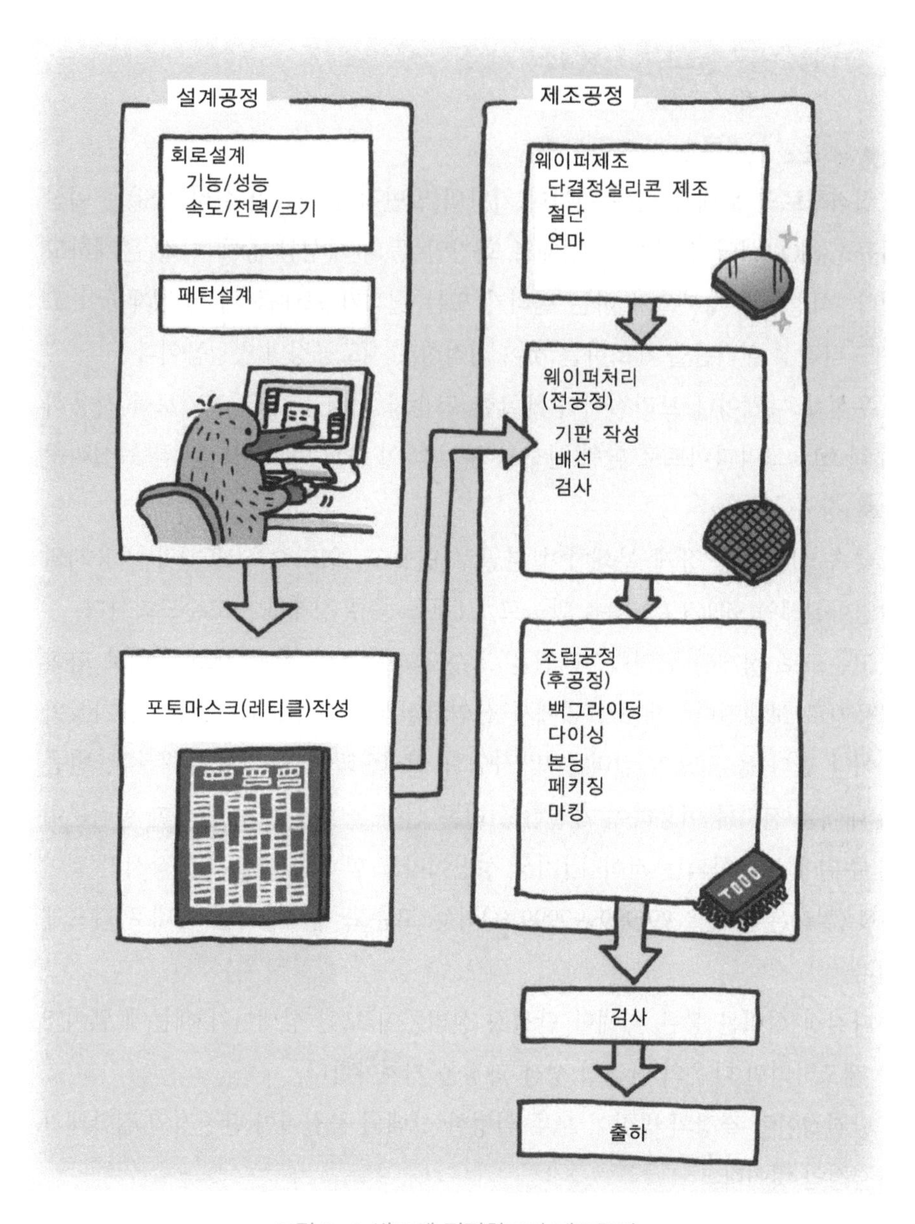

그림 3-1 반도체 집적회로의 제조공정
반도체 제조공정은 설계 및 제조의 2단계로 나뉜다. 설계공정은 주로 CAD 설계가 주를 이루며, 제조공정은 웨이퍼 처리공정이 이에 속한다.

MEMO

MEMO

3.2 고순도 실리콘 단결정 제조

■ 다결정 실리콘 봉의 제조 방법

집적회로의 토대가 되는 웨이퍼 기판의 일반적인 재료인 실리콘(Si)은 이산화규소(SiO_2:석영 실리카)의 형태로 화강암 등의 화성암 중에 다량 존재하고 있다. 석영을 주성분으로 하는 실리카 또는 실리카 모래를 채굴, 정제하여 고순도 다결정 실리콘을 제조하는 것이 집적회로 제조공정의 첫걸음이다.

우선 노루웨이나 브라질에서 채굴한 고순도 석영을 아크 전기로를 사용하여 탄소나 그라파이트로 환원(산소를 분리)하여 순도 98% 정도의 금속 실리콘으로 정제한다.

금속 실리콘은 잘게 분쇄하여 분말로 만들고, 염화수소(HCl)와 반응시켜 삼염화실레인($SiHCl_3$) 액체를 만들고, 그것을 증류 정제하여 고순도화한다.

고순도로 정제된 삼염화실레인은 고순도의 수소와 함께 가스 상태로 화학반응기로 보내진다. 반응기 내에서 삼염화실레인은 수소와 화학반응(기상반응이라 한다)을 일으켜 실리콘 및 사염화 실리콘과 염산으로 분해된다. 반응기 내에는 전기를 이용하여 가열한 실리콘 선이 놓여져 있고, 분해한 실리콘이 선 주위에 결정화되는 것이다.(기상 성장이라고 함.) 이와 같이 성장시킨 것이 11N (일레븐 나인 : 99.999999999 %)라는 고순도 폴리실리콘 막대로 나오게 된다.

다결정 실리콘 봉은 미세한 단결정 실리콘이 모인 상태이기 때문에 웨이퍼를 제조하려면 다음의 단결정 성장 과정을 거쳐야한다.

단결정이란 결정의 방향이 모두 일정한 상태의 물질이며 단결정의 집합체가 다결정인 것이다.

해설

화성암 : 마그마가 식어 응고된 암석

기상 : 물질이 기체가 된 상태

MEMO

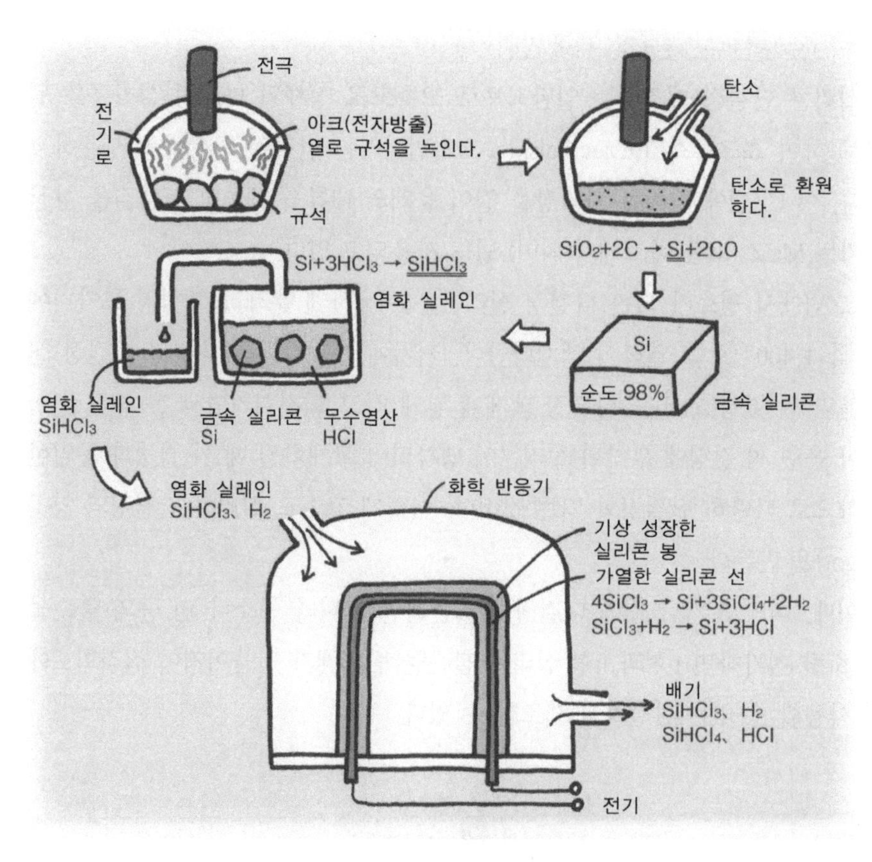

그림 3-2a 다결정 실리콘 제조법

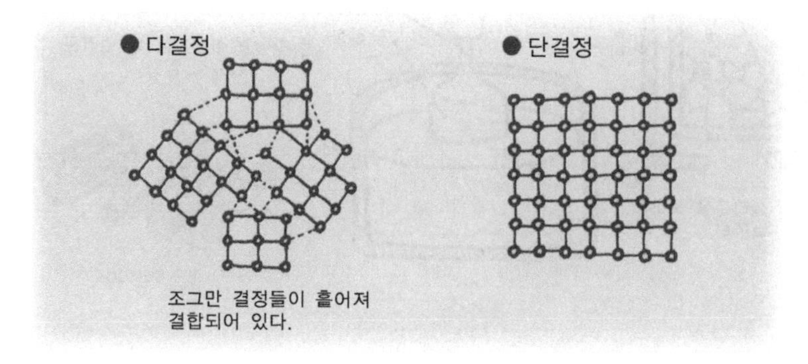

그림 3-2b 단결정과 다결정

MEMO

■ 단결정 실리콘 잉곳의 제조 방법

실리콘 단결정 제조에는 일반적으로 고순도로 정제된 다결정 실리콘을 원료로 하여 쵸크랄스키(Czochralski ; CZ)법이라는 단결정 인상법을 사용하고 있다. 이 CZ법에 강력한 자기장을 걸어 융액의 대류를 제어하고 품질을 향상시키는 MCZ (M은 마그네틱 의미) 법도 사용되고 있다.

CZ법에서 원료가 되는 다결정 실리콘은 미세하게 분쇄하고 석영 도가니에서 약 1,400℃로 가열하여 액체화한다. 거기에 가느다란 막대형의 단결정 실리콘의 씨 결정(seed)을 다결정 액체에 닿게 하고 회전시키면서 뽑아 올린다. 뽑아 올린 씨 결정에 부착된 실리콘이 냉각되어 고체화될 때 씨 결정과 동일한 방향으로 나란히 단결정화 되는 것이다. 이렇게 고순도 실리콘 단결정의 잉곳(ingot)을 만든다.

이때, 석영 도가니 내에 다결정 실리콘뿐만 아니라 붕소나 인 등의 불순물을 소량 첨가하면 p형과 n형 실리콘 불순물 반도체가 만들어지며 집적회로에서 사용할 수 있는 단결정을 제조할 수 있다.

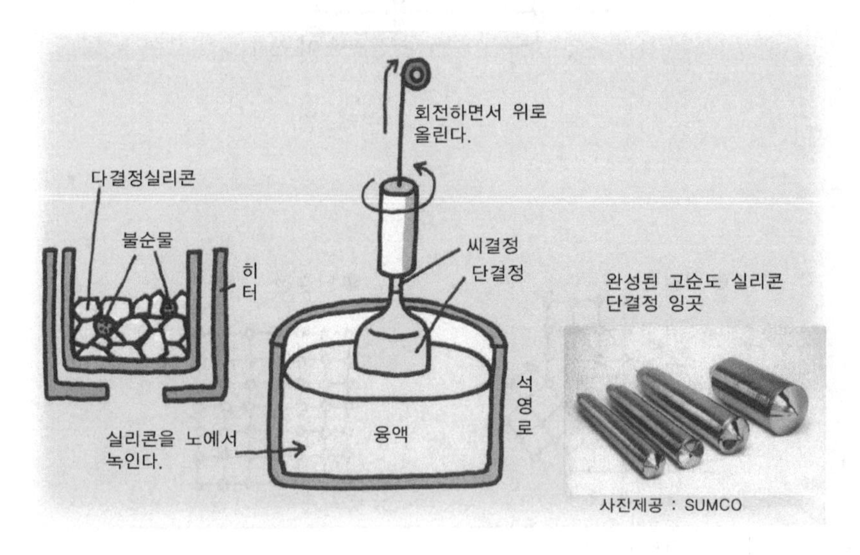

그림 3-2c CZ법에 의한 단결정 제조

MEMO

반도체 결정의 원자 배열을 조사

반도체를 직접적으로 관찰할 수 있는 방법으로 전자 현미경이 있다. 초등학교 과학시간에 광학현미경을 이용하여 시료를 관찰하면서 두근두근 한 기억이 있을 것이다. 전자 현미경은 빛 대신 고진공 상태에서 발생한 전자빔을 이용하여 물질의 표면이나 내부 구조의 결함을 고배율로 관찰 할 수 있다. 시료표면의 공간 분해능은 빛의 파장과 전자빔의 파장에 따라 결정되지만, 전자빔은 짧은 파장을 가지고 있기 때문에 높은 분해능이 있다. 광범위하게 사용되고 있는 전자현미경은 주사형 전자현미경이라고 하는 형태이다. 주사형 전자현미경(Scanning Electron Microscopy ; SEM)은 결정 표면의 평가와 포토리소그래피 (134페이지 참조)에 의해 형성된 미세 패턴을 검사하기 위해 사용하고 있다. 전자총에서 발생한 전자빔은 가속 수렴되어 전자 프로브 (탐지 바늘)가 된다. 시료표면에 전자빔을 주사하면 시료표면에서 튀어나온 2차 전자를 신호로 검출하여 영상을 만들 수 있다. 또한, 투과형 전자현미경 (TEM)을 이용하면 결정구조와 결함에 대해 자세하게 알아볼 수 있다. 이 방법은 시료를 연마하여 시편으로 만들고 수렴한 전자빔을 투과하여 시료의 후방 에 나온 전자빔을 렌즈를 통하여 형광판 상에 영상으로 나타낸다. 이 영상을 전자 현미경 전용필름에 기록한다. 또한 분해능을 높인 전자현미경에는 고분해능 전자현미경(HR-TEM)이 있다. 이 현미경을 이용하면 반도체 결정을 원자 수준에서 관찰 할 수 있으므로 매우 강력한 평가 수단이 된다. 특히 반도체 양자우물 구조 등의 초박막 구조를 원자 수준에서 관찰할 수 있다. 사진에 비쳐있는 원자 패턴을 자세히 검토하여 초박막 구조의 크기를 나노미터 수준에서 측정 할 수 있다. 이 방법에서는 전자빔이 투과할 정도의 매우 얇은 시료(박편)를 제작하여야 하며, 전자현미경 시료 제작은 고도의 기술이 요구되고 있다. 이른바 장인의 기술이 필요하다. 고도의 장치와 그것을 조작하는 기술자의 협업으로 실현되는 기술 분야이다. 이와 같이하여 촬영된 사진 (오른쪽)은 이른바 예술 사진과 같다.

MEMO

3.3 화합물 반도체 잉곳의 제조

갈륨비소(GaAs)와 같은 화합물 반도체의 웨이퍼 소재는 어떻게 만들어지고 있을까? 현재 주로 사용되는 방법은 실리콘 CZ법을 개량한 용융 밀봉 인상(Liquid Encapsulated CZ ; LEC) 법이 이용되고 있습니다.

LEC법의 도가니에는 고온에서 안정적인 질화붕소(BN)를 이용한 PBN(소결 질화붕소계) 도가니가 사용된다. 갈륨비소나 갈륨인(GaP) 등의 구성원소는 증기압이 크고 낮은 온도에서 기체가 되기 쉽기 때문에 그것을 방지하기 위하여 융액 표면을 원료나 도가니와 반응하지 않고 원료에 뜨는 재료, 예를 들어 산화붕소(B_2O_3) 등으로 덮고, 고압의 비활성 가스로 원료의 휘발을 억제하고 있다. 이와같이 하면 화학 조성비가 안정된 화합물 반도체 잉곳을 만들 수 있다.

또 다른 대표적인 화합물 반도체 잉곳의 제조 방법은 수직 브리지만(Vertical Bridgemann; VB)법이다. 녹인 원료물질을 석영 용기에 넣어 액면에 씨 결정을 접촉시켜 전체를 융점 이상으로 유지하면서 씨 결정 가장자리에서 서서히 냉각하면서 결정성장시키는 방법이다. LEC법에 비해 작은 온도 구배로 성장되므로 결정 간의 교체화가 낮다. 또한 동일한 방법으로, 수평 구조를 갖는 수평 브리지만(Horizontal Bridgemann; HB)법도 이용되고 있다.

LEC법이나 수평 브리지만법도 모두 결정 결함이 적은 양질의 결정을 만드는 방법이다. 갈륨비소의 갈륨과 비소가 1 대 1 로 조성되는 것을 화학양론비(stoichiometry)의 결정이라고 한다.

일반적으로 갈륨비소 및 인듐인(InP)과 같은 화합물 반도체 웨이퍼는 실리콘 웨이퍼에 비해 가격이 비싸기 때문에 실리콘으로 제작이 어려운 고주파 소자 및 광반도체 소자 분야에서만 사용되고 있다.

MEMO

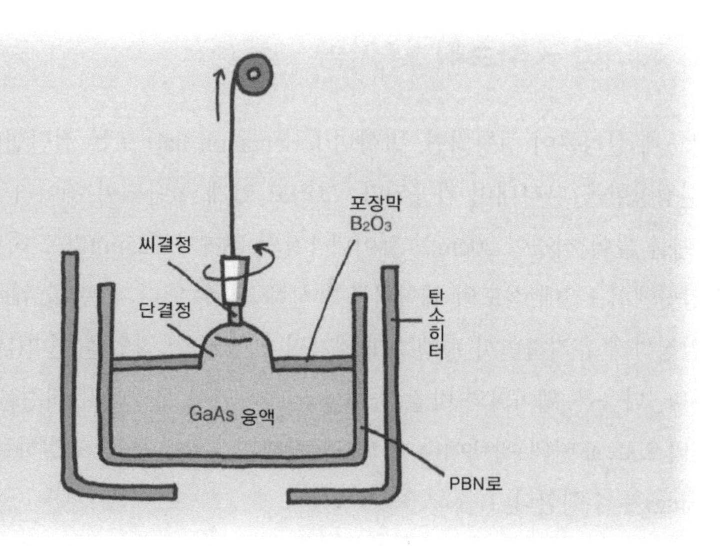

그림 3-3a LEC법에 의한 화합물 반도체 결정 제조
재료의 융액 표면을 밀봉재로 덮고, 융액의 증발을 방지하면서 단결정을 성장시키고 있다.

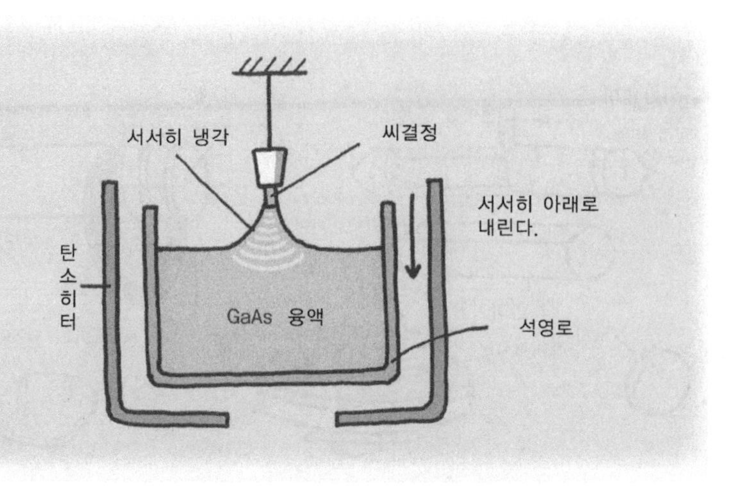

그림 3-3b VB법에 의한 화합물반도체 결정의 제조
재료 융액을 서서히 냉각하면서 결정을 성장시키는 방법

MEMO

3.4 웨이퍼 – 자르기 및 가공

반도체 실리콘이 성형되면, 방향면 (orientation flat) 또는 절단면(notch)이라는 결정방향을 나타내며 가공된다. 그리고 얇게 절단되어 웨이퍼로 만들어진다. 예를 들어 직경이 20cm인 웨이퍼 1장의 두께가 725μm라고 하면 1m 길이의 잉곳에서 1천매 정도의 웨이퍼를 생산해 낼 수 있다. 절단한 웨이퍼는 두께를 일정하게 유지하면서 평행하게 기계연마한다. 이 작업을 연마(lapping)라고 부른다. 다음은 웨이퍼의 바깥 둘레를 연마하면서 모양이나 직경을 결정하고, 마지막으로 표면의 광택이나 평편도, 평행도, 두께 등을 조절하는 화학연마(etching)를 수행한다.

실리콘 웨이퍼는 대구경화가 진행되어, 최근 실용화된 실리콘 웨이퍼는 직경이 30cm 정도이다. 1인치는 약 2.5cm 이므로, 12인치 실리콘 웨이퍼라고 부른다. 이와같이 대구경 실리콘 웨이퍼를 이용하면, 제조되는 IC 칩의 수를 늘려 가격을 낮출 수 있다. 갈륨비소는 현재 6인치 웨이퍼까지 생산하고 있다.

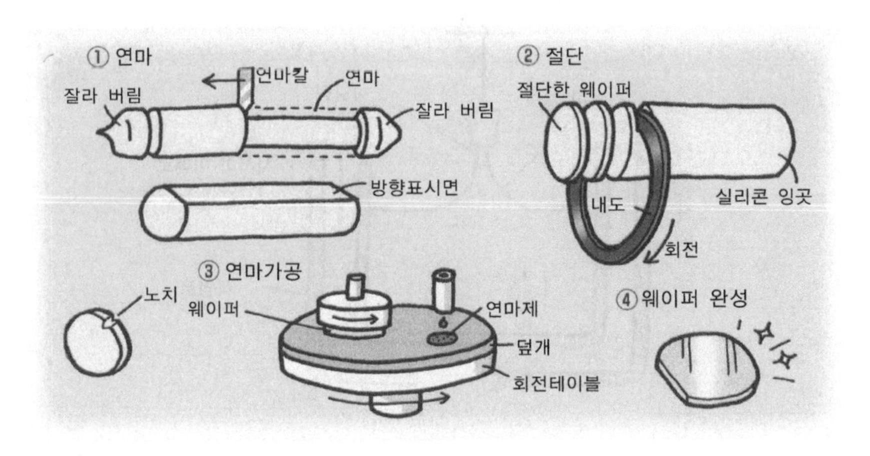

그림 3–4 웨이퍼 가공공정

MEMO

반도체 웨이퍼와 결정방위

물질의 결정은 하나하나 입자가 규칙적인 기본 단위(단위격자)의 반복으로 되어 있다. 이 기본 결정구조를 원자를 점으로 표현하여 원자배열로 그려 보면 원자를 격자점으로 하는 3차원 배열로 이루어지며 이를 공간격자라고 한다. 여기서 공간격자의 격자점이 형성된 면을 격자면이라 한다.
격자면은 결정을 훌륭히 성장시키거나 가공하거나 하는데 있어 특별한 의미를 갖는다. 즉,일정한 방향성의 면에 의해 결정을 깨끗이 성장시키기 쉽고 나무결처럼 특정 방향으로 갈라지기 쉬운(벽개) 각각의 특징이 있기 때문이다. 따라서 반도체 웨이퍼를 만들 경우에도 이 결정 격자면의 방향성을 배려한 설계가 이루어지고 있다. 예를 들어, 반도체 칩을 웨이퍼에서 자를 때 칩의 절단면이 반도체 결정의 벽개 표면을 따라 진행된다면 무리없이 깨긋하게 절단할 수 있지만 그렇지 않으면 웨이퍼 절단 시 원하지 않는 금이 가거나 쪼개지게 될 것이다.
또한 면의 방향에 따라 원자 간의 거리가 변하기 때문에 다른 방향성을 갖는 웨이퍼에 트랜지스터를 제작하면 상이한 전기적 특성이 나타날 것이므로 일정한 품질유지가 어렵게 될 것이다. 따라서 반도체 제조에서는 이 결정면의 방향이 엄격히 관리되고 그 방향을 표시하는 기준으로 결정의 벽개면에 따라 평행하게 방향면 또는 노치라는 기준을 정해 사진식각(photolithography) 등 공정이 이루어진다.
또한, 결정면을 결정하는 방법으로 하나의 격자점을 원점으로 하여 인접한 3개의 격자점 방향에 벡터축을 설정하여 아래 그림과 같이 그 표면이 각 3개의 축과 교차하는 점(xyz)을 기준으로 면을 나타내는 표현법이 사용되고 있다(Miller index). 예를 들어, 반도체 웨이퍼의 경우, 절단 방향면(벽개면)은 (100), (110), (111) 등으로 정해진다.

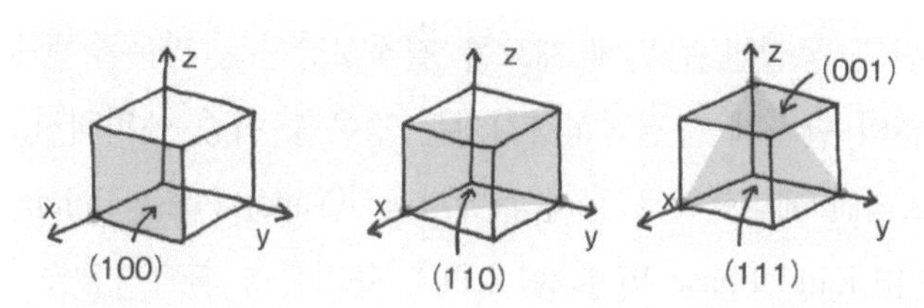

x축과 교차하며
y,z축과는 만나지
않는다.

MEMO

3.5 웨이퍼 표면을 덮는 반도체 박막 에피택시 기술

실리콘 웨이퍼나 갈륨비소 웨이퍼를 이용하여 반도체 소자를 제작할 때, 회로제작에 이용되는 것은, 사실 웨이퍼 표면의 극히 일부분이다. 고성능 반도체 소자를 만들기 위해서는 웨이퍼의 표면 부분의 품질이 매우 중요하므로 표면을 고품질 반도체 박막으로 덮어 그 박막층에 회로를 제조하는 기술을 사용하고 있다. 즉, 웨이퍼 표면에 어떻게 고품질의 반도체 박막을 만들 수 있는지가 반도체 소자의 성능을 좌우하는 것이다.

웨이퍼 상에 반도체 박막을 만드는 방법은 결정을 웨이퍼 표면에 성장시키는 공정이므로 박막 결정성장이라고 한다.

■ 에피택시 성장

박막 결정성장에는 몇 가지 방법이 있지만, 그 중에서도 결정방향을 따라 결정을 성장시키는 방법이 에피택시(epitaxy) 성장이다. 에피택시 성장은 기본 판인 웨이퍼의 결정면에, 결정방향을 따라 새로운 결정층을 성장시켜 나가는 기술이다. 에피택시의 어원은, 그리스어의 epi(위)와 taxis(배열)에서 따온 단어이다.

웨이퍼 기판과 동일한 반도체 재료를 결정성장하는 경우를 동종 에피택시, 다른 종류의 반도체를 결정성장시키는 경우를 이종 에피택시로 구별하고 있다. 대표적인 에피택시로는 기상 에피택시(Vapor Phase Epitaxy; VPE), 액상 에피택시(Liquid Phase Epitaxy; LPE), 유기금속 화학기상증착법(Metal Organic Chemical Vapor Deposition; MOCVD), 분자선 에피택시(Molecular Beam Epitaxy ; MBE) 등이 있다.

또한 고출력 엑시머 레이저를 대상 재료에 조사하여 거기서 발생하는 플라즈마 상태의 원료를 기판에 증착하여 박막을 제작하는 펄스 레이저 증착법도 에피택시방법으로 생각할 수 있다.

또한, 에피택시 성장에서는 기판 결정의 격자상수와 성장시키고자 하는 반도체박막의 격자상수의 관계가 매우 중요하다. 두 격자상수가 잘 일치하는 경우는 격자정합이 이루어져 기판과 박막의 계면이 우수한 박막층을 형성할 수 있다.

해설

엑시머 레이저 : 희귀 가스 및 할로겐 등의 혼합 가스에서 발생시킨 레이저

MEMO

예를 들어, 갈륨비소(GaAs)와 알루미늄갈륨비소(AlGaAs)는 격자상수가 잘 일치하므로 우수한 이종 에피택시층을 제조할 수 있다. 한편, 격자상수가 다를 때에는 격자부정합이라 하여 결정 간의 계면에 왜곡이 발생한다. 이러한 왜곡은 소자 특성에 큰 영향을 미친다. 또한 격자부정합이 매우 클 경우 결정의 배열이 어긋나 결정 간의 교차가 발생한다(85페이지 참조).

이러한 격자부정합을 방지하기 위하여 반도체 기판에 박막을 결정성장할 경우 먼저 버퍼층이라고 하는 극히 얇은 막을 제작하고 그 상부에 고품질 반도체 박막을 제작한다. 이렇게 하여 격자정합을 이루는 것을 의사정합(pseudo-matching)이라고 한다.

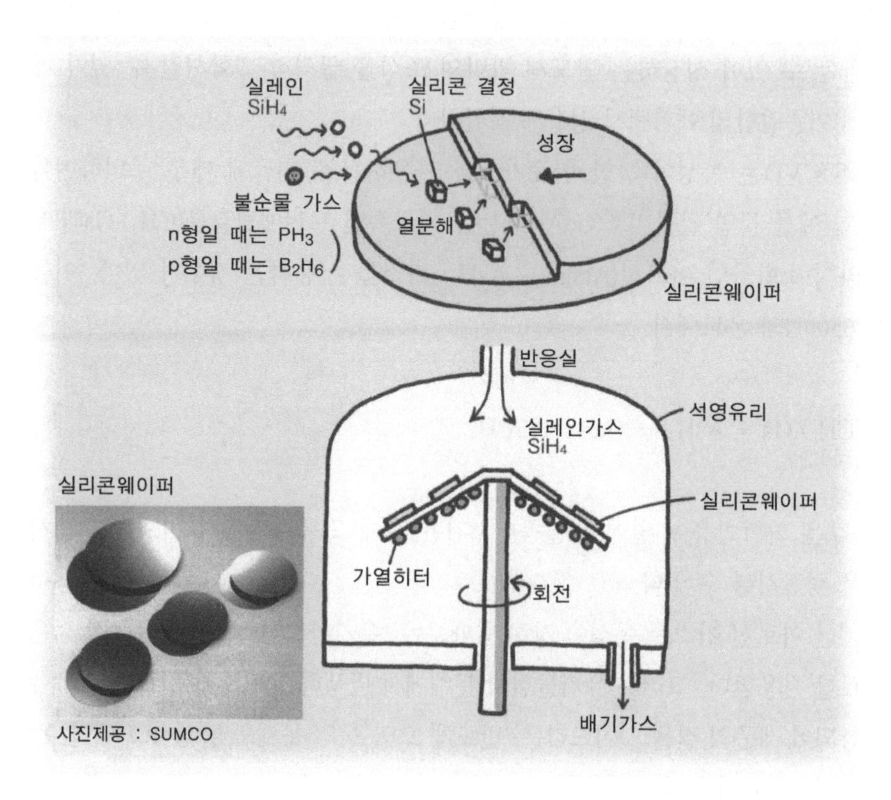

그림 3-5a 기상 에피택시 성장법

MEMO

■ 대량생산에 적합한 유기금속 화학기상증착법(MOCVD)

표면에 화합물 반도체박막을 형성한 웨이퍼의 대량 생산에는 유기금속 화학기상증착법이 사용된다. 이 방법은 원료로 유기금속(metal organic)를 사용한 화학기상증착법(chemical vapor deposition : CVD)의 머리 글자를 따서 MOCVD (유기금속 화학 기상 증착) 또는 MOVPE (유기금속 기상 에피택시)라고 한다.

MOCVD는 상온, 상압에서 고체 상태나 액체 상태에 있는 유기금속 재료를 가열하여 기체로 만들어 원료를 공급한다. 그 원료 가스를 유량제어기를 통하여 반응실에 보내고 가열한 기판결정 상에서 열분해와 화학반응을 발생시켜 박막결정을 성장시키는 에피택시 성장법이다. 공급 원료의 조성을 매우 빨리 전환할 수 있어 성장하는 반도체 박막의 조성을 급격히 변화시킬 수 있기 때문에 이종접합의 에피택시 성장에 적합하다.

MOCVD는 독성이 강한 원료가스를 사용하므로 취급에 매우 주의하여야 한다. 예를 들면 갈륨비소(GaAs)에는 유기금속인 트리메틸갈륨$(CH_3)_3Ga$과 V족의 수소화물인 아르신(Arsine ; AsH_3) 가스를 사용하는 경우가 있다. 이들은 650 ℃의 온도에서

$$(CH_3)_3Ga + AsH_3 \rightarrow GaAs + 3CH_4$$

와 같은 화학반응이 일어나 갈륨비소기판 상에 고품질의 갈륨비소 에피택시층을 성장시킬 수 있다.

최근 아르신 가스는 독성이 강하기 때문에, 유기아르신 재료 등 독성이 적은 원료를 사용한다. 그러나 유기물질의 분해에서 발생하는 탄소가 반도체 박막에 포함되어 제품의 질을 떨어뜨리는 "반도체 오염"등의 문제도 발생하고 있다.

또한, 갈륨비소 층의 전도성을 n형으로 제조할 때는, 예를 들어 황화수소(H_2S)를 반응기에 공급하여 유황(S)을 도핑하며, p형으로 제조할 때는 에틸아연($(C_2H_5)_2Zn$) 등의 기체를 반응기에 공급하여 아연(Zn)을 도핑한다.

MOCVD의 장점은 결정성장 속도가 빨라 두꺼운 막을 제작하는 데 적합하며, 고진공이 필요치 않기 때문에 대면적처리가 가능하므로 대량생산에 적합하다는 것이다. 또한 동시에 다수의 웨이퍼를 처리할 수 있기 때문에 산업화에 적합한 방법이다.

MEMO

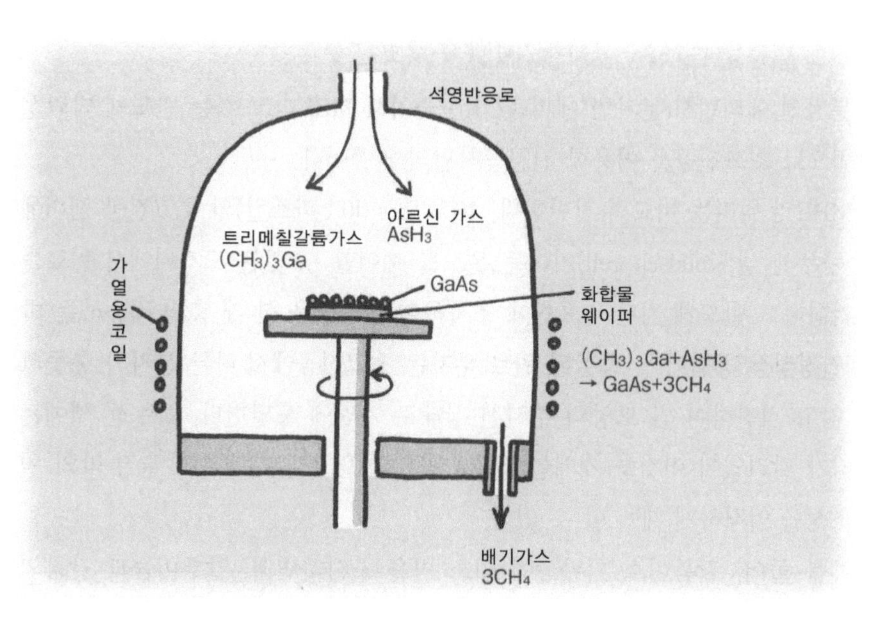

그림 3-5b MOCVD(MOVPE) 장치의 모형

그림 3-5c CVD 장치의 외관

MEMO

■ 단일 원자층을 쌓는 분자선 에피택시

분자선 에피택시(분자빔 에피택시)는 줄여서 MBE라고 하는 반도체 박막성장법으로 초고진공을 이용한 진공증착법의 일종이다.

MBE의 원리는 비교적 간단하다. 10^{-10} Torr (10^{-8} 파스칼)의 초고진공 챔버에서 쿠누센 셀(Knudsen cell)이라는 온도를 제어할 수 있는 도가니에서 원료를 증기화하고 반도체 기판의 표면에 조사하여 원자층을 한 개 층씩 적층하는 박막 결정성장 방법이다. 증발된 원료 분자는 초고진공에서 다른 분자와 충돌하지 않고 직진하여 빔 모양의 분사선 상태로 기판에 도달한다. 쿠누센 셀에는 셔터가 달려있어 이것을 개폐함으로써 필요한 원료를 선택하여 결정 막의 원자조성을 엄격하게 제어 할 수 있다.

예를 들어, 갈륨비소 기판상에 비소 빔을 조사하면서, 알루미늄과 갈륨의 빔 비율을 2대 8로 제어하면 정확하게 $Al_{0.2}Ga_{0.8}As$와 같은 알루미늄갈륨비소의 혼합 반도체를 제작할 수 있다. 또한 갈륨비소 층 위에 알루미늄갈륨비소 층을 제작할 경우, 원자층 수준으로 급격히 변하는 이종접합 계면을 제작할 수 있다. 원료가 질소나 산소와 같은 기체의 경우에는 플라즈마 등으로 가스를 활성화시켜 기판에 조사할 수 있는 가스소스 MBE를 사용한다. 박막 결정성장의 모습은 그림 3-5e와 같은 반사 고에너지 전자선 회절법(Reflection High Energy Electron Diffraction ; RHEED)에 의해 결정성장을 동시에 관찰할 수 있고, 형광 스크린에 비춰지는 RHEED 진동(그림 3-5e)이라는 파형을 조사하여 몇 층을 적층했는지 셀 수도 있다. 원자층 수준의 반도체소자 및 자성반도체 등의 새로운 반도체 재료의 탐색에는 없어서는 안 될 방법이다.

MBE는 초고진공 상태를 이용하기 때문에, 진공상태를 실현하기 위한 진공시스템 및 잔류가스를 흡착하기 위해 액체질소 장치(단단한 용기), 진공게이지 등을 필요로 하기 때문에 MOCVD 법에 비해 일반적으로 대량 생산에는 적합하지 않다. 그러나 최근 새로운 박막재료 및 소자구조의 연구 및 개발에 필수적인 방법으로 재인식되고 있다.

해설

Torr : 진공 공학에서 사용하는 압력 단위. "토르"로 읽으며 약 133.322Pa이다.

MEMO

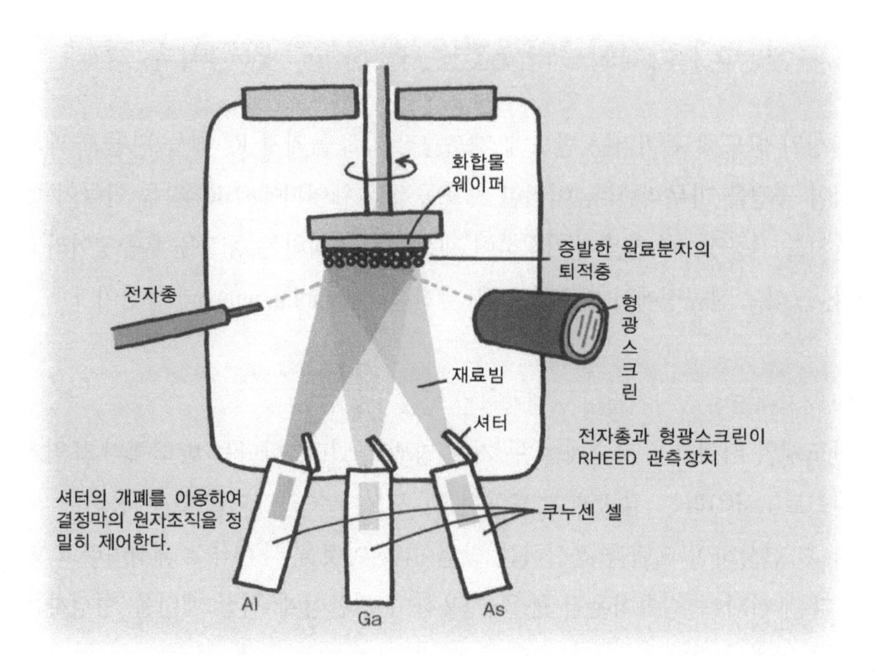

그림 3-5d MBE 법과 RHEED 관측장비

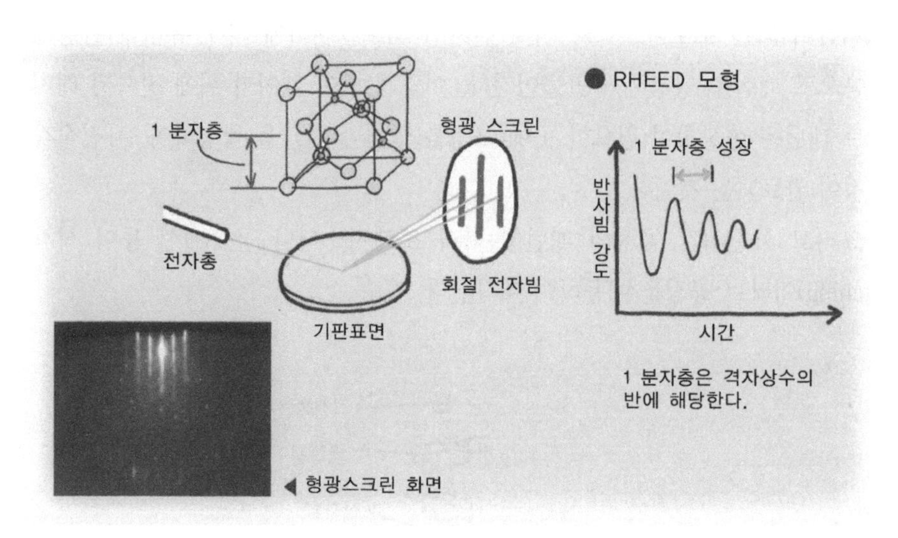

그림 3-5e RHEED 모형

MEMO

3.6 [전공정] 집적회로의 발전은 사진식각 공정이 결정

완성된 반도체 웨이퍼는 반도체 제조공장으로 옮겨져 IC 칩을 만들고 패키지되어 공정을 마무리한다. 이러한 제조공정은 웨이퍼에서 IC 칩을 만들어 내기까지를 전공정, IC 칩을 패키징하여 제품으로 완성하는 공정을 후공정이라고 한다. 그리고 전공정에서 중요한 것은 사진식각(photolithography) 공정이다.

■ 회로패턴의 전사기술이 미세가공의 핵심 기술

반도체의 미세가공 기술에는 두 가지 방법이 있다. 하나는 반도체의 표면에 레지스트(resist)라는 감광재를 도포하고, 포토마스크(레티클)를 이용하여 노광한 후 현상하여 패턴을 전사하는 방법이다. 이것을 사진식각 공정이라고 한다. 다른 하나는 집속이온빔 등을 이용하여 기판상에 직접 패턴을 형성하는 특수한 방법이 있다.

집적회로의 제조에는 생산성이 적합한 사진식각 공정을 일반적으로 사용하고 있다.

원판이 되는 포토마스크도 역시 전자선 리소그래피에 의해 유리 기판상에 크롬으로 패턴을 형성하여 만들어진다. 이렇게 하여 웨이퍼 위에 전사된 레지스트 패턴은 현상하여 필요한 곳에 구멍을 뚫거나 전극을 형성하여, 사진식각 공정이 완료되는 것이다.

그리고 사진식각 공정의 패턴에 따라 트랜지스터나 금속배선 등이 식각(etching)이라는 공정을 이용하여 제작된다.

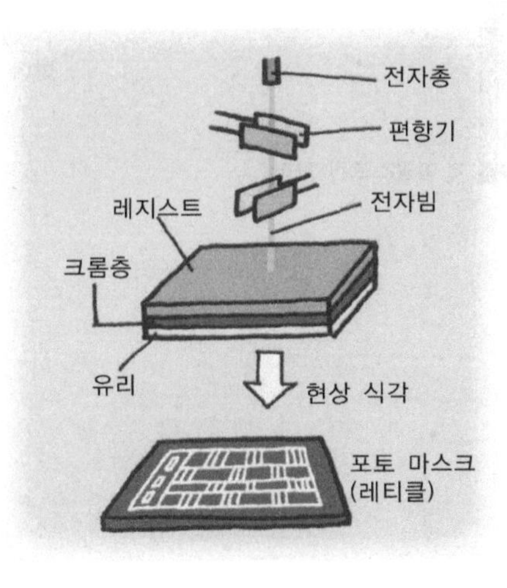

그림 3-6a 전자선 식각공정

MEMO

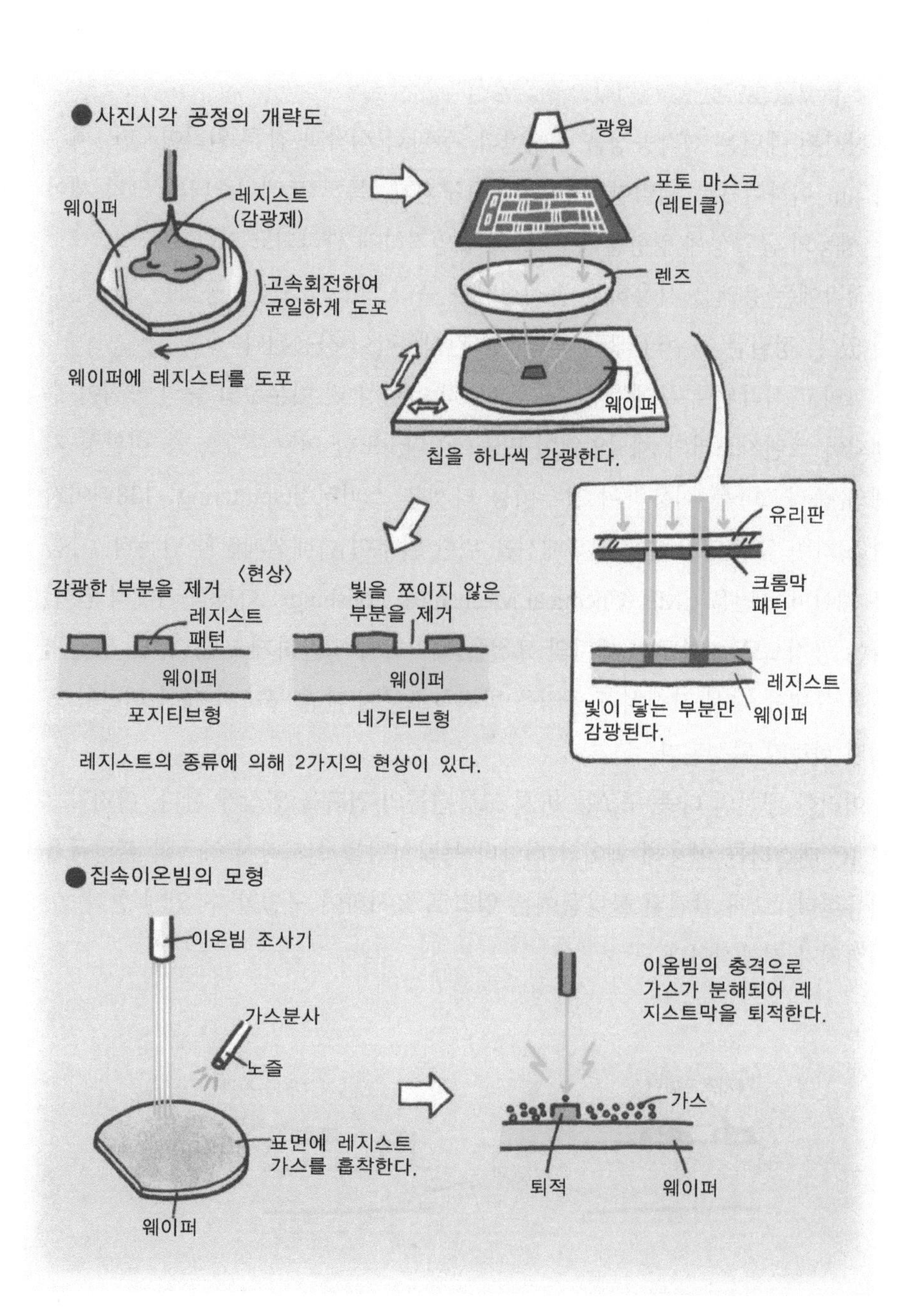

그림 3-6b 회로패턴의 전사방법

MEMO

■ 필요없는 부분을 제거하는 식각공정

전사된 패턴은 식각공정을 수행한다. 동판화 식각과 같은 원리이지만, 치수가 μm 이하이므로 세밀한 정밀도가 요구된다. 특히 트랜지스터의 크기 제어는 성능의 균일성에 영향을 주기 때문에 엄격하게 관리되고 있다.

식각에는 용액을 사용하는 습식식각과 플라즈마 가스를 이용하는 건식식각이 있다. 정밀한 치수의 패턴 형성에는 건식식각이 사용된다.

그리고 식각된 부분에는 산화 · 확산 · 박막형성 및 이온주입 등의 공정이 수행되어 트랜지스터의 채널영역이 만들어진다. 또한 아르곤가스 등 비활성 기체의 플라즈마를 이용하여 알루미늄 타켓을 스퍼터링(sputtering; 138페이지 참조)하여 웨이퍼 표면에 전극배선을 위한 알루미늄 배선패턴을 만든다. 다음은 웨이퍼 표면을 CMP (Chemical Mechanical Polishing : 화학적 기계적 연마)라는 공정으로 연마하여 패턴의 요철을 제거하여 평탄하게 만든다. 이러한 평탄한 표면에 다시 사진식각 공정을 반복함으로써 다중 구조의 배선 패턴이 형성된 회로가 완성된다.

이러한 배선의 다층 구조는 마치 고층건물의 건축을 연상케 한다. 마지막으로 IC 테스터를 이용해 웨이퍼 칩마다 동작시험을 실시하여 양품과 불량품을 분류한다. 그때 발견된 불량품에는 잉크로 표시하여 구별할 수 있게 한다. 여기까지가 전공정이다.

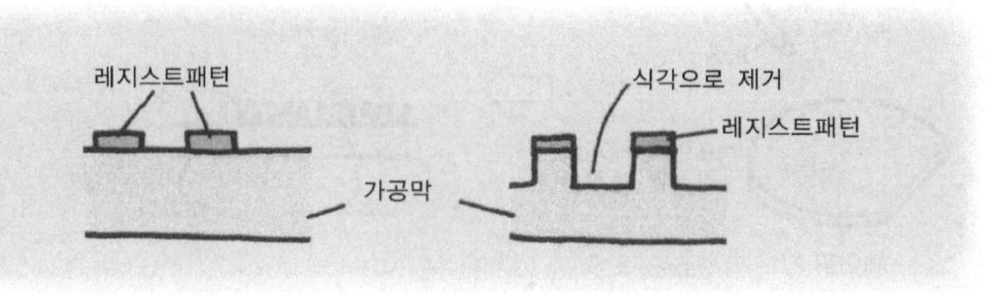

그림 3-6c 식각

MEMO

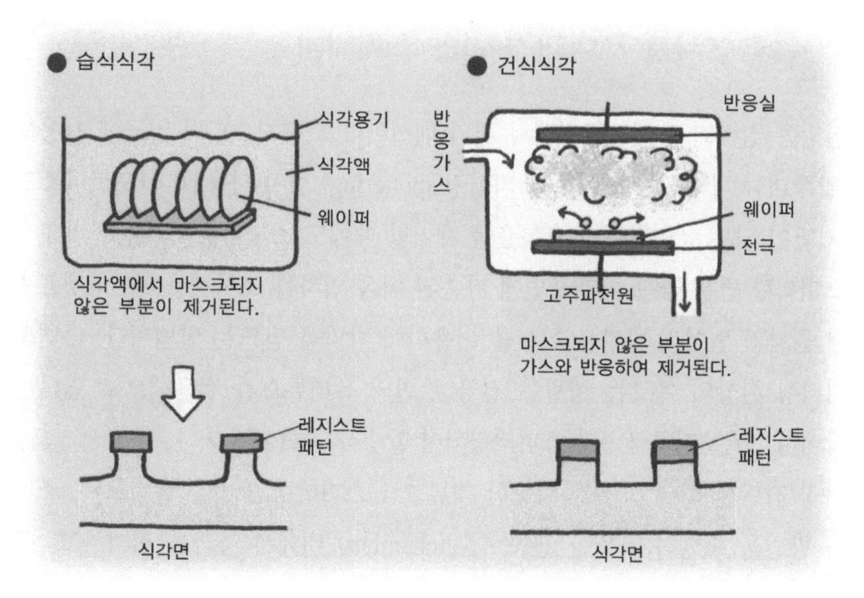

그림 3-6d 습식식각과 건식식각

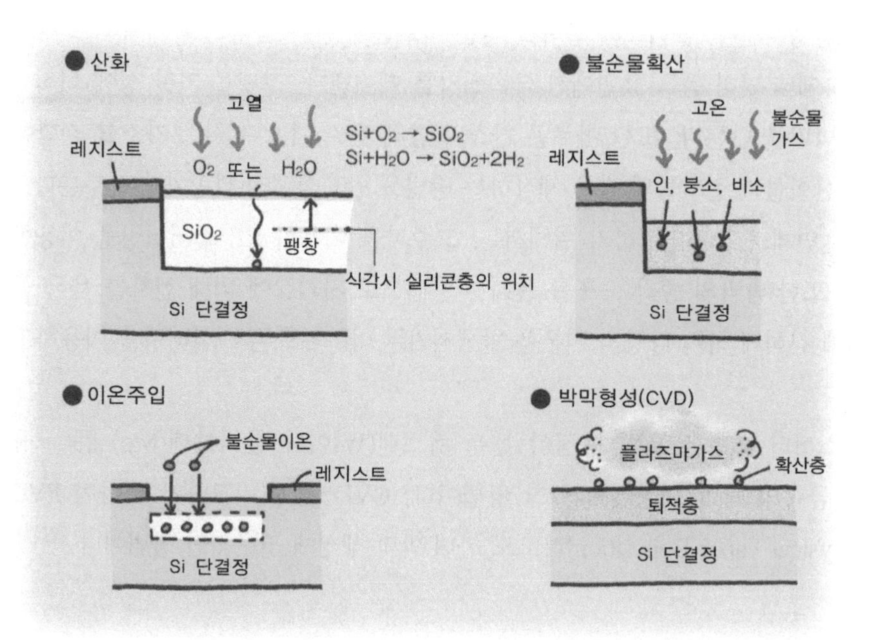

그림 3-6e 식각 후 중요한 웨이퍼 처리

MEMO

3.7 금속전극을 제작하기 위한 스퍼터링

실리콘 집적회로 제조공정에서 칩의 배선이나 트랜지스터의 전극에 사용되는 알루미늄 박막의 형성에는 스퍼터링(sputtering) 법이 사용된다 (포토마스크의 기반이 되는 유리판에서 크롬층을 제거할 때에도 스퍼터링을 사용한다.)

스퍼터링 법은 금속 타겟표면에 가속된 이온 입자를 조사했을 때, 타겟표면에서 원자가 떨어져 나가는 현상을 이용하여 박막을 만드는 방법이다. 주변의 스퍼터링 현상의 예로는 형광등 전극 주변의 유리튜브가 검은색으로 변하는 현상이다. 이는 전극금속이 스퍼터링되어 발생하는 현상이다.

가장 간단한 직류 방전을 이용한 직류 2극 스퍼터링 방법을 살펴보자. 스퍼터링 방법을 수행하기 위한 진공 챔버(chamber) 내에서 양극을 접지하고, 음극을 스퍼터링 타겟 (스퍼터링할 금속 성분)에 연결하며, 박막을 증착하는 기판은 양극 측에 놓는다. 진공 챔버에 아르곤 가스를 흘려 보내고 $1 \sim 10^{-3}$ Torr의 진공 중에서 아르곤 가스를 방전시켜 이온 입자와 전자로 구성된 플라즈마를 발생시킨다. 플러스의 전하를 갖는 아르곤 이온은 음극으로 가속되고 타겟금속에 부딪혀 음극 표면에서 금속원자를 떼어낸다. 그것을 기판 상에 퇴적시켜 박막을 만든다. 또한 아르곤 가스와 함께 산소 가스나 질소 가스를 혼합하여 산화물과 질화물의 막을 제작하는 방법을 반응성 스퍼터링이라고 부른다.

절연체를 스퍼터링하기 위해서는, 고주파를 이용한 RF 스퍼터링을 이용한다. 또한 박막의 증착 속도를 올리는 방법으로 자기장에 의해 전자를 음극 근처에 갇히게 하여 다량의 이온을 발생시키는 마그네트론 스퍼터링을 이용하고 있다.

스퍼터링 법은 특히 융점이 높은 텅스텐(W)이나 몰리브덴(Mo) 등 고융점 금속의 박막 형성에 적합한 방법이다. CVD 법과 비교하기 위하여 PVD (Physical Vapor Deposition)라고도 하며 박막 생성에 필수적인 방법이다.

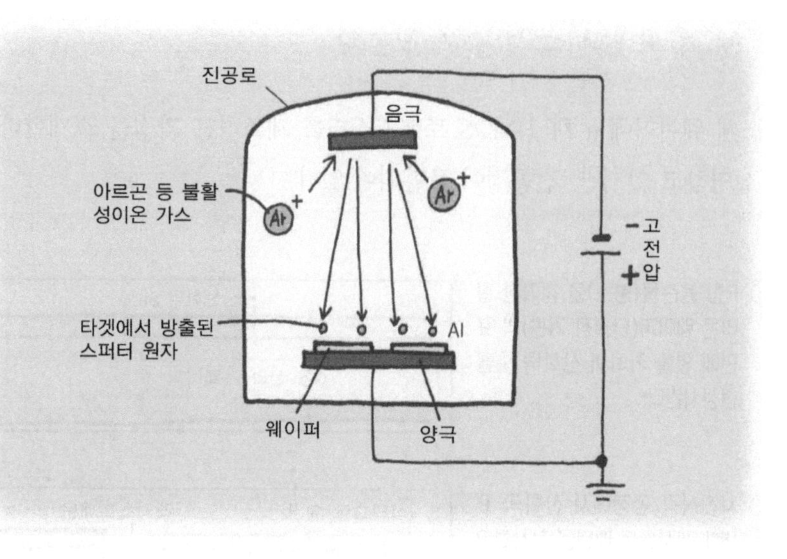

그림 3-7a 직류 2극 스퍼터링 법

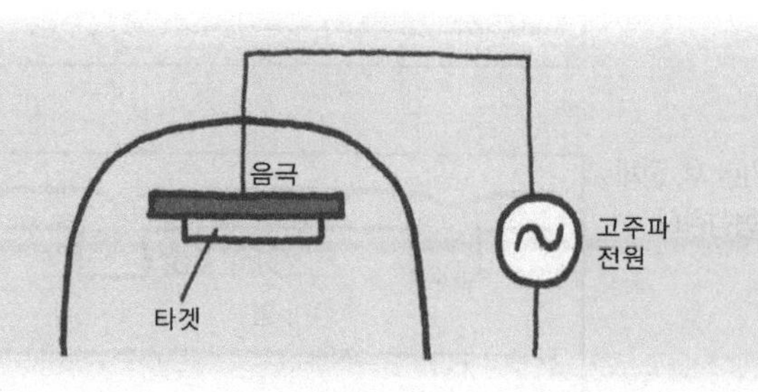

그림 3-7b RF 스퍼터링 법

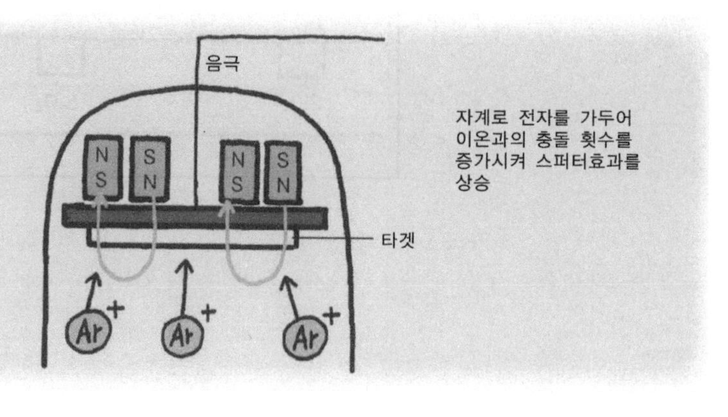

그림 3-7c 마그네트론 스퍼터링 법

MEMO

3.8 MOS 트랜지스터의 제조공정

반도체 웨이퍼에 n 채널 MOS 트랜지스터를 제조하는 과정을 소개한다. 간단히 설명하고 있지만, 전공정이 포함되어 있다.

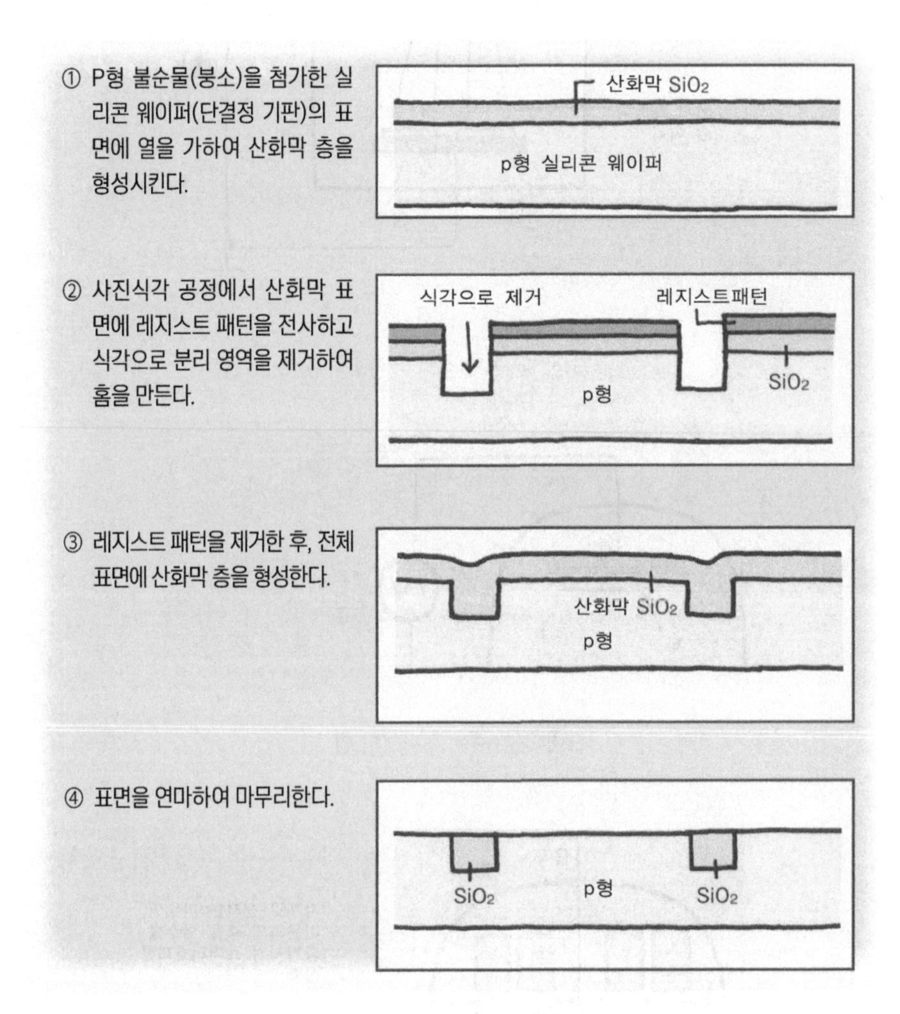

그림 3-8a 소자 사이의 분리영역 형성
근접한 소자가 상호 간섭하지 않도록 소자를 분리하는 절연벽을 제작하는 공정.

MEMO

⑤ 사진식각 공정에서 레지스트 패턴을 전사하여 n 형 불순물 (인) 이온을 고 에너지로 주입하여 n 형 층을 형성하는 공정

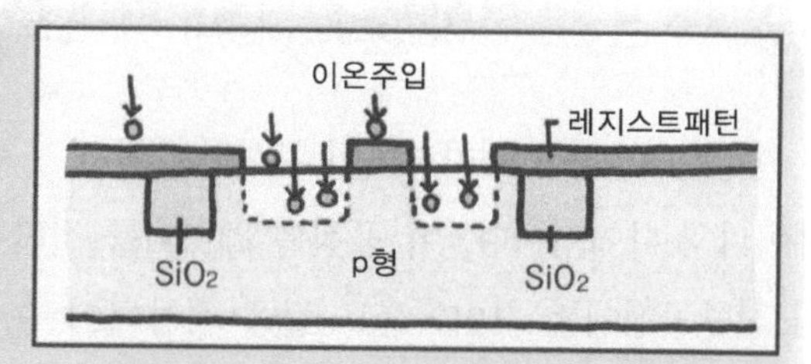

⑥ 레지스트 패턴을 제거한 후, 전체 표면에 산화막 층을 형성하는 공정

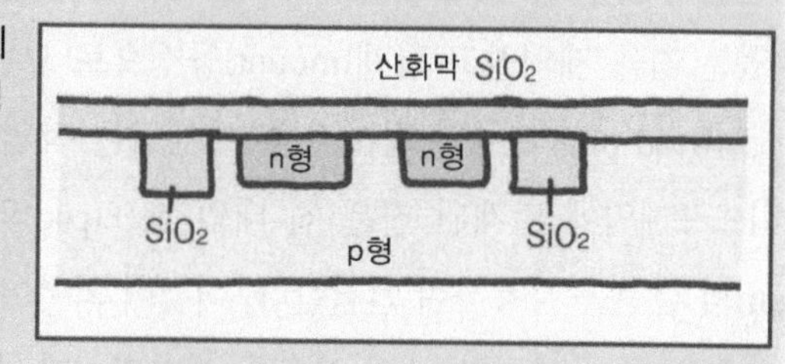

⑦ 사진식각 공정에서 레지스트 패턴을 전사하여 산화막 층을 식각으로 제거

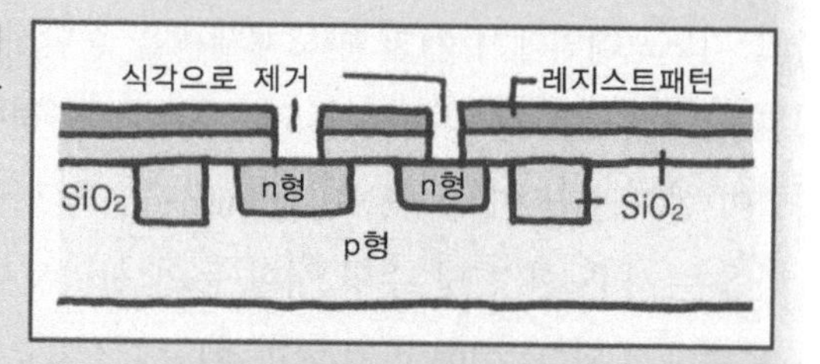

⑧ 스퍼터링 금속 재료를 적층하여 전극과 배선층을 만든다. 웨이퍼 뒷면에도 금속 전극층을 만든다.

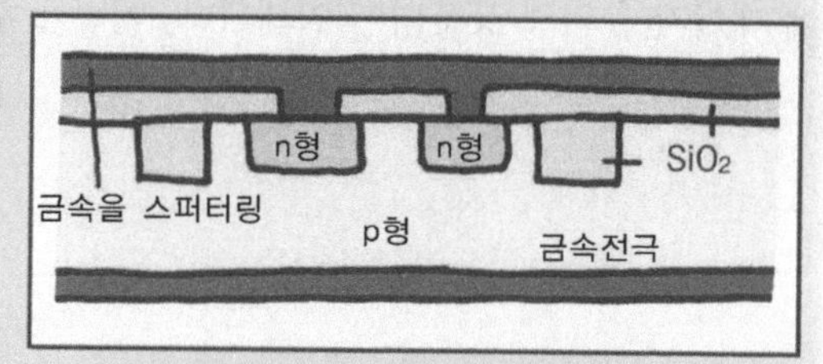

⑨ 사진식각 공정과 식각으로 전극을 형성하고 완성한다.

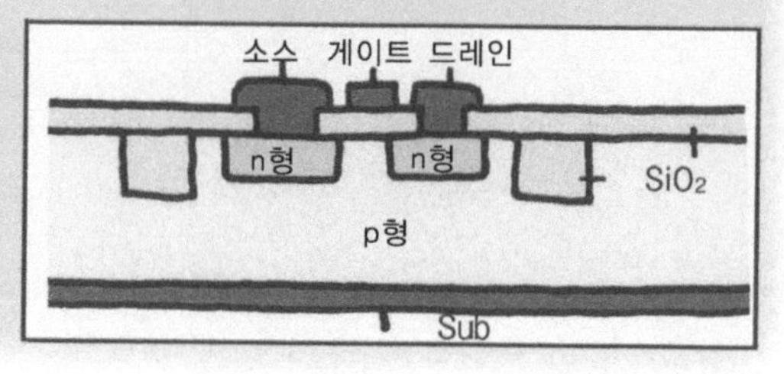

그림 3-8b 트랜지스터 제작공정
소스와 드레인에 n형 영역을 제작하는 공정

MEMO

3.9 [후공정] 다이싱(dicing)부터 반도체 칩까지

완성된 IC 칩을 패키지하여 완성하는 후공정 중 제일 먼저 수행하는 공정은 웨이퍼의 다이싱이다. 이 공정은 웨이퍼를 절단하여 칩을 추출하는 공정으로써 절단공정에는 다이아몬드 칼을 사용하여 수십 마이크론의 폭으로 웨이퍼의 절단선을 따라 절단한다. 그리고 전공정에서 불량하다고 판단되어 표시되어 있는 칩을 제외하고 탑재(mount)공정으로 보내진다. 탑재공정은 칩을 리드프레임(lead prame)에 위치시킨 후 고정하는 작업이다.

리드프레임에 탑재된 칩은 칩 내의 패드(pad)와 리드프레임을 두께 약 15~30μm의 금선을 사용하여 연결한다. 이것이 와이어 본딩(wire bonding) 공정이다.

다음은 칩에 상처가 나지 않도록 세라믹이나 수지에 의해 몰드(mould) 봉입하고 리드프레임에서 개별 반도체제품을 절단하여 분리한다. 이와 같이 패키징된 반도체 부품은 정해진 온도와 전압조건 하에서 스트레스를 가하여 가속시험이 실시된다. 이 공정을 번인(burn-in; 온도-전압 시험)이라고 한다.

다음은 사용 환경 및 수명 시험 등의 신뢰성시험을 실시하여 IC 칩의 품질을 보증하게 된다. 이에 합격하고 하나의 소자로 인정받은 후, 반도체 제품 표면에 레이저에 의해 상품명이 인쇄된다. 이렇게 하여 반도체 소자가 완성된다.

MEMO

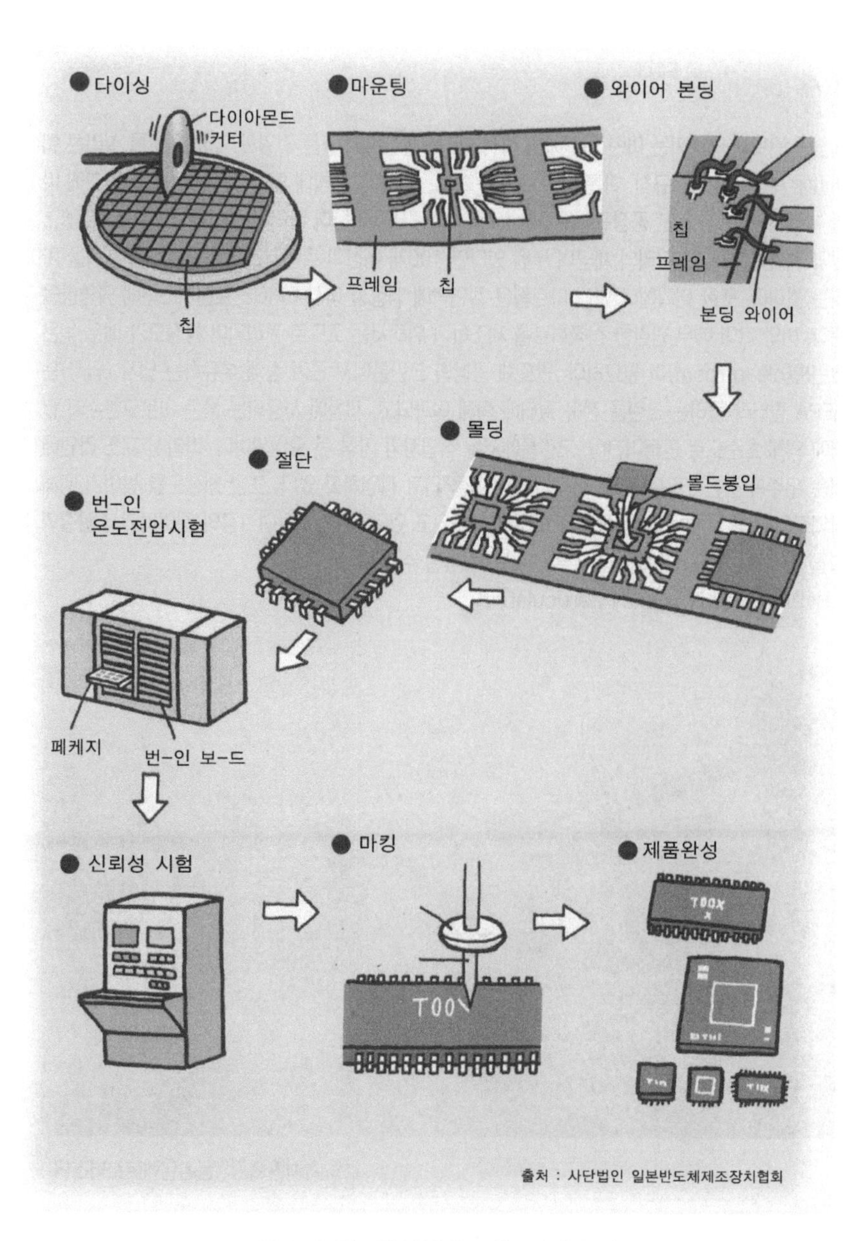

그림 3-9 반도체 집적회로제조의 후공정

MEMO

반도체 제조 및 크린룸

최첨단 반도체 메이커는 어떤 시설에서 집적회로를 생산하고 있는 것일까? 집적회로를 실리콘 웨이퍼에 제조하는 공정규칙, 이른바 최소 가공 치수는 무어의 법칙에 의해 미래가 예측되고 그에 따라 발전시켜 왔다. 첨단 공정규칙은 45nm에서 더욱 미세화하여 바이러스 이하 크기에 이르렀다. 만약 웨이퍼 위에 한 마리의 세균이 누워 있다면 100개 이상의 트랜지스터에 해당하는 영역을 가리는 것이다. 또한 어디에나 있는 나트륨은 절연막에 영향을 미쳐 CMOS 트랜지스터에 악영향을 준다. 이와 같이 매우 민감한 집적회로를 제조하기 위해서는 고도로 관리되어 청정도가 매우 높은 크린룸(clean room)이 필요하다. 반도체 공장의 크린룸에서 공기 중에 부유하는 입자 (입자)는 HEPA 필터라 불리는 크린룸 전용 필터에 의해 여과되고, 세척에 사용되는 물은 이온교환수지 필터에 의해 초순도로 만들어진다. 크린룸에서는 작업자가 가장 큰 오염원이다. 따라서 제조 라인에서는 우주복 같은 크린룸전용의 의복(스모그)을 입고 작업하고 있다. 또한 청정도를 높이기 위해 작업자의 수를 제한하며 공장은 고도로 자동화되고 있다. 이렇게 하여 1장의 웨이퍼에서 양질의 칩을 제작하는 정도를 나타내는 수율(yield)을 높일 수 있다.

* HEPA = High Efficiency Particulate Air

사진제공: 동경일렉트로닉스(주)

MEMO

반도체 표면의 원자 배열을 보는 방법

실리콘이나 갈륨비소 웨이퍼의 표면은 어떤 구조로 되어 있는 것일까? 이 대답에 합당한 평가방법은 주사프로브현미경이다. 현미경이라도 빛이나 전자빔을 이용하는 것이 아니라, 원리가 조금 다르다. 주사터널현미경 (STM)은 매우 날카롭고 뾰족한 바늘(탐침 또는 프로브라고 부른다.)을 관측하고자 하는 시료 표면에서 불과 1 nm 정도의 거리를 유지하면서 반도체 표면의 요철을 원자 수준의 공간 분해능으로 관찰할 수 있는 방법이다. 이 탐침과 시료 표면 사이에 바이어스 전압이 인가되면, 탐침과 시료 표면의 전위장벽을 통과하여 전자가 양자역학적인 터널링을 일으키므로 이때 흐르는 작은 전류(터널 전류)를 감지한다. 실제 측정에서는 전류가 일정하게 되도록 인가전압을 제어하여 주사하는 것으로, 이차원적인 표면 화상을 얻을 수 있다. 반도체와 금속의 표면 원자를 개별적으로 볼 수 있는 평가 방법으로 최근 널리 보급되고 있다.

STM : Scanning Tunneling Microscopy

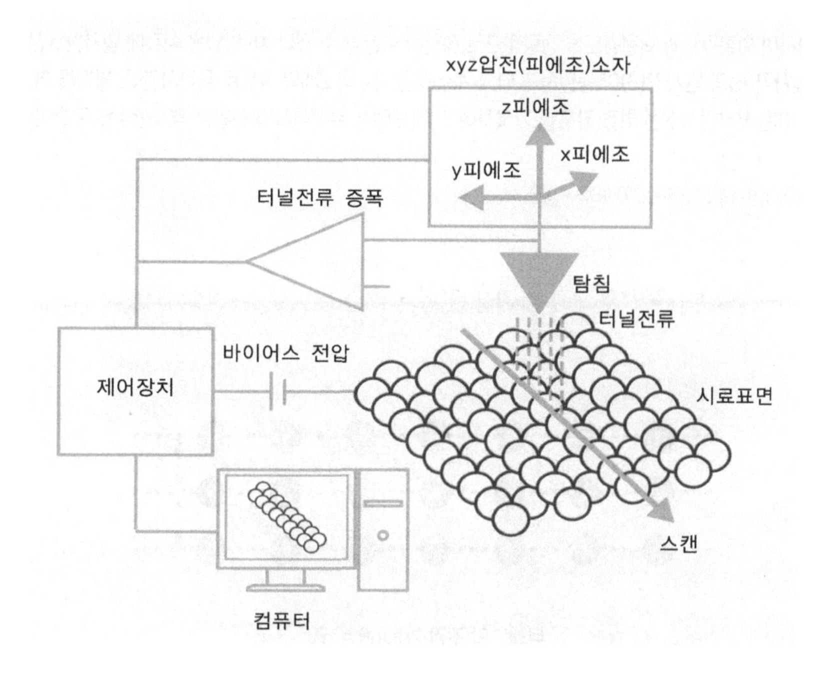

MEMO

X선 결정구조 회절법

반도체의 결정 구조는 어떻게 조사할 수 있을까? 예를 들어 실리콘 웨이퍼가 (001) 면인지 (111) 면인지를 결정하는 조사 방법이 있다. 이는 1912년 라우에(Laue)에 의해 발견되었으며 결정격자에 의한 X선의 회절 현상을 이용하는 방법이다. 그 후, 이 회절현상은 결정격자의 격자상수를 구하는 방법으로 브래그(Bragg)에 의해 확립되었다. 실리콘 결정의 원자가 만드는 면에 X선을 입사시키면 평행한 2개의 면에서 반사한 빛이 간섭하여 합쳐지는 현상을 이용한다. 2개의 결정면의 간격을 d라 하면 입사한 X선이 평면과 이루는 각도를 θ (그리스어 세타), X선의 파장을 λ(그리스어 람다), n을 임의의 정수라 하면 보강간섭 조건은

$$2d\sin\theta = n\lambda$$

와 같으며 이를 브래그의 조건이라고 한다.

X선 결정회절 장치에는 회절(diffraction)미터가 사용된다. 이 장치는 X선 회절강도를 계수관에서 측정하여 회절각도와 회절강도을 정량적으로 정확히 측정할 수 있다. 이 방법은 시료에 입사한 X선의 입사각(θ)과 반사각(θ)이 동일하게 되고 계수관은 시료의 2배의 속도로 회전시킨다. 횡축을 2θ 만큼 이동시키면서 X선 회절 강도를 기록하여 그 각도에서 결정격자의 정확한 격자상수를 구할 수 있다.

* (001)면, (111)면-127페이지 참조

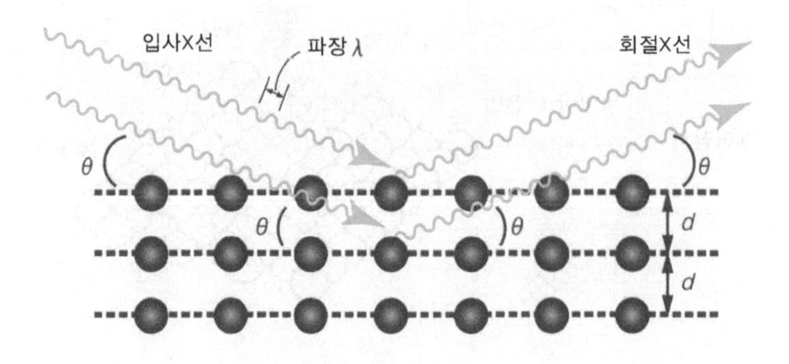

브래그의 조건 2dsinθ = nλ

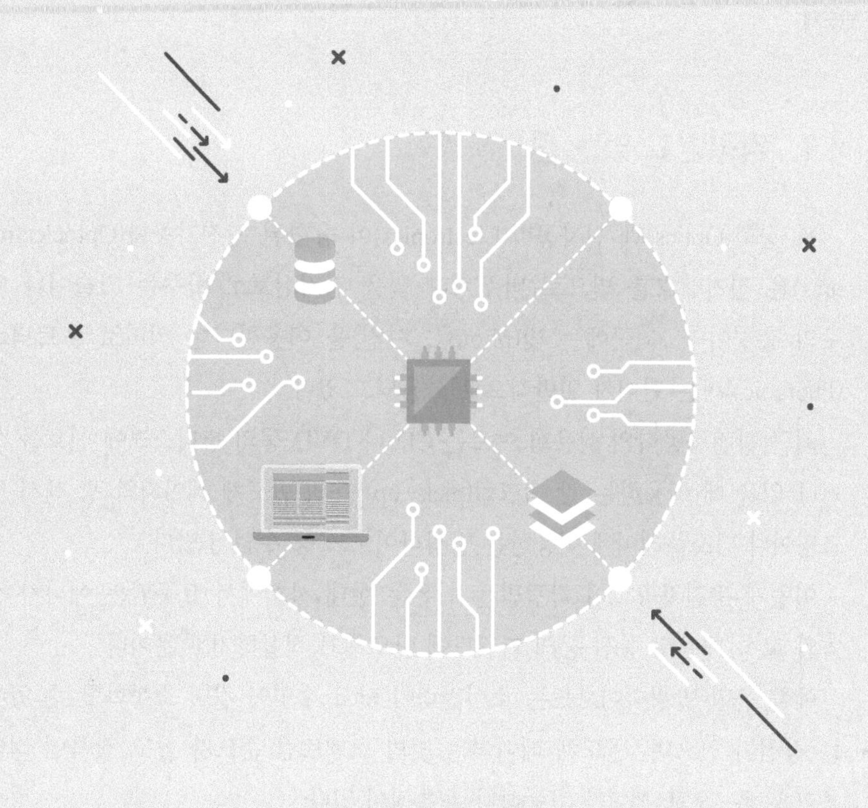

CHAPTER

4

광전자공학

반도체 중에는 전기 에너지가 주어지면 빛을 발광하고, 반대로 빛을 조사하면 전기를 발생하는 것이 있다.

반도체를 빛의 발생과 검출에 응용하는 기술이 광(빛) 전자공학이다.

MEMO

4.1 각광받고 있는 광전자공학

광 공학(Optics)과 전자공학(Electronics)이 융합된 광전자공학(Optoelectronics)은 전기신호를 빛으로 바꾸거나 빛을 전기신호로 바꾸는 기술이나 연구의 총칭이다. 최근에는 빛(photo : 사진)을 이용한다는 의미로 포토닉스(Photonics)라는 단어가 일반적으로 사용되고 있다.

최근 광전자공학의 실용화 예로는 CD 나 DVD 등의 광디스크에 신호를 쓰거나 읽을 때 이용하는 광 픽크업(pick-up) 등의 반도체 레이저와 광 센서 및 조명이나 디스플레이에 이용하는 발광다이오드 등 수없이 많다.

이렇게 광전자공학이 각광받는 이유는 현대 사회에서 요구되는 에너지 절약과 고속/대용량 통신 등의 키워드에 반도체가 적합하기 때문이다.

예를 들면 발광다이오드는 소비전력이 낮고 수명이 길며 소형화할 수 있다는 장점이 있으며, 반도체 레이저는 빛의 스펙트럼 순도가 높고 잡음이 적어 초고속 온 · 오프 제어가 가능하다는 특징이 있다.

이 장에서는 반도체 발광과 빛 감지에 대한 구조를 소개한다.

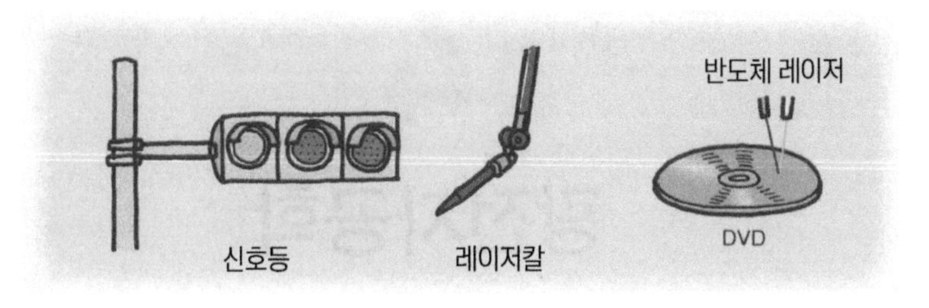

그림 4-1 최신 광전자 응용 예
생활 주변에 광전자에서 태어난 제품이 활약하고 있다.

해설

스펙트럼 : spectrum. 파장성분의 배열

MEMO

반도체의 발광 현상

일상적으로 우리 주변에서 일어나고 있는 발광 현상은 열복사와 루미네센스(luminescence)로 대별되어 있다. 열복사는 물질이 고온으로 가열될 때 발광하는 현상이다. 물질의 온도가 높아지면 온도에 대한 한 파장 영역의 빛 (복사)이 물질 전체에서 방출된다. 이러한 열복사는 스테판-볼쯔만(Stefan-Boltzmann) 법칙으로 알려져 있으며 물질의 열복사 전체 에너지는 물체의 절대 온도의 4승에 비례하는 것으로 알려져 있다. 열복사 광은 온도가 낮을 때에는 어두운 주황색이며 온도가 올라가면 노란색를 띠고 더 온도를 올리면 파란색에서 흰색으로 변색한다.

이와는 달리 루미네센스는 형광 현상이라고도 하며, 물질이 빛이나 전기, 방사선, 화학반응 등의 자극을 받아 낮은 온도에서도 발광하는 현상이다. 물질이 이러한 자극에 의해 여기상태(높은 에너지 상태)가 되면 발광할 수 있는 상태가 되며 기저상태(에너지가 낮은 안정 상태)로 돌아가는 과정에서 광이 발생한다. 루미네센스는 발생 원인에 의해 광 루미네센스, 전기 루미네센스, 화학 루미네센스 등으로 불리고, 여기하는 방법에 따라 스펙트럼의 파장과 온도 의존성, 수명 등 다양한 발광을 나타낸다. 반도체의 발광도 루미네센스에 의한 발광때문에 나타난다.

또한, 가속기 등으로 만들어지는 고속 입자에 의한 발광(싱크로트론 궤도 방사 (SOR))은 전자가 고속으로 궤도 운동할 때 전자의 진행 방향으로 방사되는 빛으로써 적외선에서 X선 등의 넓은 파장 범위의 빛을 발생시킬 수 있는 특수 발광 현상이다. 여담이지만, 반딧불의 발광은 루시페린(luciferin)이라는 발광 물질이 루시페레이스(luciferase)라는 효소를 촉매로 하여 발광하는 생물 발광으로써, 초여름 환상적인 루미네센스의 예이다.

* SOR = synclirotron orbital radiation

MEMO

4.2 반도체가 빛을 방출하는 3가지 메커니즘

반도체에 외부에서 빛을 조사하면 일시적으로 가전자대에서 전도대로 전자를 천이시키며 전자는 평균 수명시간(lifetime) 동안만 전도대에 머무르기 때문에 각 전자는 가전자대로 다시 떨어지게 된다. 바로 이때 전자와 정공이 재결합하며 빛을 내는 것이다. 이러한 빛을 자연 방출광이라고 한다.

또한 이때의 빛은 전도대의 전자 분포와 가전자대의 정공 분포가 실온에서는 열에너지에 의해 넓게 퍼져있는 분포를 보이기때문에 약간씩 다른 파장을 가질 것이다. 이와 같이 파장이 넓게 퍼져있는 빛은 파동의 위상이 일치하지 않기 때문에, 비간섭(incoherent)광이라고도 한다.

반도체를 발광시키는 메카니즘에는 외부에서 빛을 조사하는 것과 동일한 효과를 갖는 전류를 흘려 전도대로 전자를 천이시키고 이 전자가 가전자대로 천이할 때 발광시키는 방법, 반도체에 존재하는 불순물 에너지 준위 간의 천이에 의한 발광, 여기자(exciton)라는 전자와 정공의 결합이 파괴되는 것에 의한 발광 등이 있다.

불순물 에너지준위 간의 천이에 의한 발광은, 직접 천이형 반도체인 갈륨비소(GaAs)에 실리콘을 불순물로 첨가하면 대역간극 깊은 곳에 억셉터 준위가 만들어지고 억셉터준위에서 전자가 부족한(정공이 존재하는) 상태로 되어 있기 때문에 전도대의 전자가 억셉터준위로 떨어지면서 생기는 발광이다. 에너지대역 불순물준위 간 천이에서는 대역간극 에너지에서 발광한 빛보다 긴 파장의 빛을 발광하게 된다($E=hc/\lambda$).

또 다른 발광은 전자와 정공이 결합하여 여기자라는 특수한 상황을 만들어 발생한다. 전자는 (−) 전하를 정공은 (+) 전하를 지니고 있기 때문에 서로 끌어 당기면서 서로의 주위를 빙글 빙글 회전중심 운동을 하고 있다. 자유롭게 움직이고 있는 것을 자유 여기자, 불순물에 잡혀 움직일 수 없는 것을 속박 여기자라고 한다. 여기자의 결합 에너지는 매우 약하여 실온의 열에너지 정도로 파괴된다. 이때 전자와 정공이 재결합하여 발광하는 것이다. 갈륨인(GaP)은 빛을 내기 어려운 간접천이형 반도체이지만 발광하는 이유는 이 여기자와 관계되어 있기 때문이다.

MEMO

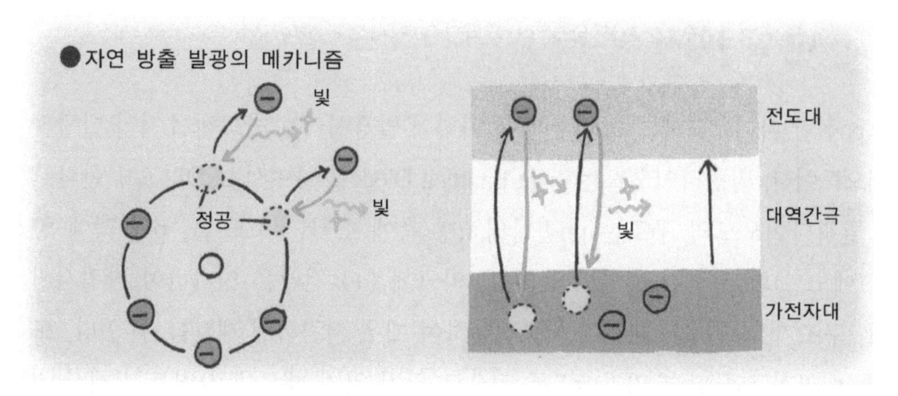

그림 4-2a 반도체의 자연방출 발광

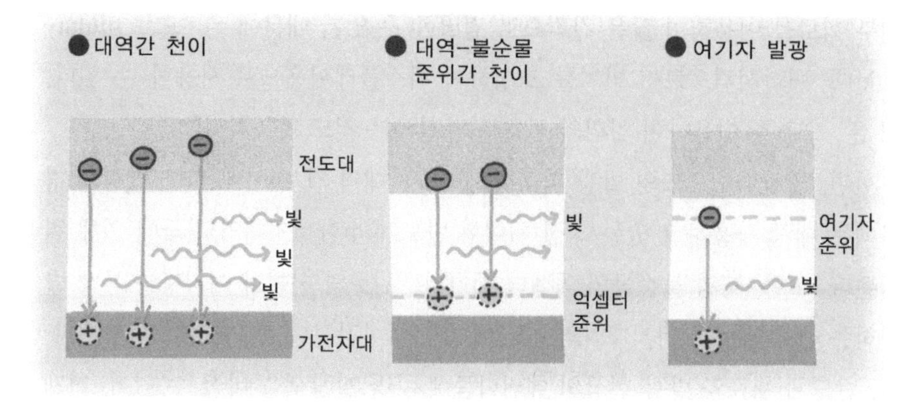

그림 4-2b 반도체의 3가지 발광과정

캐리어(전자 또는 정공)의 이동도 (이동성)

빛이나 전자파를 살펴보면 전자와 정공의 이동 속도도 광속에 가깝다고 생각될 것이다. 그러나 실제 캐리어의 이동 속도는 그 정도로 빠르진 않다. 예를 들어, FET의 소스와 드레인 간격이 1μm일 때 I V의 전압을 가하면 캐리어의 이동시간은 약 10 psec 정도이므로 초속으로 변환하면 약 10^4 cm/sec 정도가 될 것이다. 더욱이 반도체의 전자는 이온화한 불순물과의 산란이나 격자진동에 의한 산란 등의 영향을 받아 이동도가 작아질 것이다. 그래서 고순도 반도체 결정을 제조하여 이러한 영향을 줄이고 이동도를 증가시키고 있다.

4.3 pn접합에서 빛나는 발광다이오드

pn접합 다이오드에 순방향 전압을 가하여 발광시키는 반도체 소자가 발광다이오드이다. 발광다이오드는 Light Emitting Diode를 줄여서 LED라고도 한다.

발광다이오드의 구조는 pn접합의 n형 측에 음극(캐소드)을, p형 측에 양극(애노드)의 전극이 설치되어 있고, 양극에 (+) 전압을 인가하여 발광시킨다. 구조가 간단하고 대량생산에 적합하여 매우 저렴하게 제작할 수 있다. 또한, 백열전구와 달리 필라멘트를 필요로 하지 않기 때문에 가볍고 기계적 진동에 강하여 수명이 긴 특징이 있다. 그리고 표시용으로 사용하는 발광다이오드는 일반적으로 수 mA에서 수십 mA 정도의 작은 전력으로 발광한다. 또한 외부 회로를 이용하여 짧은 간격으로 점멸할 수 있기 때문에 온 · 오프 비(duty ratio)를 변화시킴으로써 밝기를 조정하여 디스플레이용으로 사용할 수 있다. 이 온 · 오프를 이용하여 임의의 신호를 발신하는 것도 가능하다.

한편, 발광다이오드의 발광 파장(발광색)은 대역 간 천이에 의한 발광의 경우에는 대략 사용하고 있는 직접 천이형 반도체의 에너지대역 간극에 의해 결정된다. 또한, 도핑 불순물의 억셉터 에너지준위로의 천이와 여기자를 통해 발광하는 경우에는 에너지대역의 간극에너지의 파장보다 긴 파장이 발광된다. 즉, 반도체 재료와 발광 현상의 메커니즘에 따라 발광색을 바꿀 수 있어, 현재는 청자주색에서 적색에 해당하는 가시광선 영역에서 적외선 영역까지 광범위한 파장 영역에 걸쳐 발광시킬 수 있게 되었다.

예를 들어 갈륨인(GaP)에서는 적색이나 녹색, 갈륨비소인(GaAsP)에서는 적색, 황색 발광이 대표적인 예이다. 이들은 불순물준위로부터의 발광과 여기자가 관여한 발광다이오드이다. 리모콘에 사용되는 갈륨비소(GaAS) 계의 LED도 실리콘의 불순물 에너지준위와 관계된 발광의 예이다.

pn접합 발광다이오드는 n형 영역과 p형 영역에서 발광한다. 그러나 전자나 정공의 수가 적어서 결합상대를 찾아내는데 시간이 걸린다. 그 사이에 결정 격자의 결함 등에 부딪치면 발광하지 않고 열로 손실되어 버린다. 이것을 비 발광 과정이라고 한다. 이 비발광 과정에 의해 pn접합 발광다이오드는 큰 광출력을 얻을 수 없다는 단점을 가지고 있다.

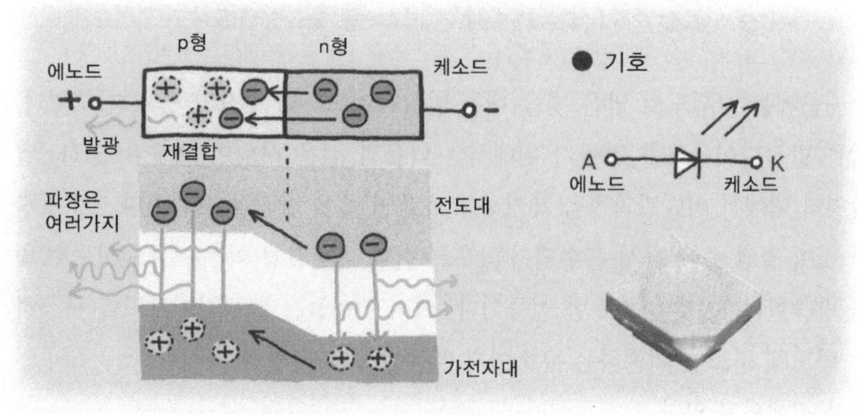

그림 4-3a 발광다이오드의 구조
발광다이오드의 n형 측 전극을 캐소드(음극), p형 측 전극을 에노드(양극)라고 하고 양극이 (+)가 되어 순방향 전압이 걸리면 발광한다.

발광색	반도체	발광파장(nm)	발광천이	주요 용도
청자색	InGaN	405	대역간	램프/표시
청색	InGaN	450	대역간	램프/표시
녹색	InGaN	520	대역간	램프/표시
	GaP	555	속박 여기자	램프/표시
황/등색	AlGaInP	570-590	대역간	램프/표시
	InGaN	590	대역간	램프/표시
적색	AlGaInP	630	대역간	램프/표시
	AlGaAs	660	대역간	램프/표시
적외선	GaAs(Si)	980	대역-불순물준위	리모콘
	InGaAsP	1300	대역간	광통신
	InGaAsP	1550	대역간	광통신

그림 4-3b 대표적인 발광다이오드의 반도체 재료와 발광색
발광다이오드의 발광색은 반도체와 불순물의 종류로 결정된다.

MEMO

4.4 이중 이종구조가 발광다이오드를 밝게 한다.

최근에는 고휘도로 밝은 빛을 내는 발광다이오드의 수요가 증가하고 있다. 밝은 발광다이오드를 만들기 위해서는 다음과 같은 사항이 요구된다. (1) 발광영역 내에서 비발광과정을 제거하고 효율이 좋은 발광을 실현한다. (2) 발광한 빛이 결정 중에 다시 흡수되지 않도록 한다. (3) 결정 외부로 효율적으로 빛을 방출한다. 이것이 중요한 점들이다. 그리고 이들은 발광다이오드를 구성하는 반도체 구조에 의존하는 요소이기 때문에 고휘도 발광에 적합한 구조의 연구가 진행되고 있다.

고휘도로 밝은 빛을 내는 발광다이오드의 대표적인 구조가 서로 상이한 반도체를 샌드위치 형태로 접합하는 이중 이종접합(double hetero junction)에 의한 양자우물 구조이다 (56페이지 참조).

이중 이종접합 구조는 대역간극이 작은 발광층을 대역간극이 큰 클래드(피복)로 둘러싸서 캐리어가 갇히는 효과를 극대화한 구조이다. 이 구조를 이용하면 발광층에 놓인 전자와 정공의 재결합이 쉽게 발생하기 때문에 100%에 가까운 효율로 발광할 수 있다. 그리고 발광한 빛에너지는 피복층의 에너지대역 간극보다 작아 피복층에 흡수되지 않고, 결정에서 효율적으로 빛을 방출할 수 있다.

또한 이중 이종접합 구조를 사용한 효과는 발광층이 직접 천이형 반도체의 경우에 특히 크게 나타난다. 발광층에는 전자와 정공이 갇혀 고농도일수록 발광 재결합이 빨라지며, 그 결과 고휘도, 고출력, 고속동작 등 여러 우수한 특성이 나타나게 된다.

이중 이종접합 구조를 제작하려면 격자정합(85페이지 참조)의 제약이 있기 때문에 기판으로 보통 갈륨비소 기판 또는 인듐인(InP) 기판이 이용되고 있다. 예를 들면, 갈륨비소(GaAs) 기판에 격자정합하는 반도체로는 알루미늄갈륨비소(AlGaAs), 알루미늄갈륨인듐인(AIGalnP), 인듐갈륨비소인(InGaAsP) 등이 있으며, 인듐인(InP) 기판의 경우에는 인듐알루미늄비소(InAlAs), 인듐갈륨비소(InGaAs) 등이 있다. 이러한 반도체를 결합하여 이중 이종접합 구조가 만들어진다.

격자정합이 안 될 경우에는 접합계면에 격자결함이 발생하여 발광효율이 떨어지며 시간에 따라 빛의 강도가 저하된다. 향후 값싼 실리콘 기판과 화합물 반도체 간의 이종접합으로 발광다이오드의 응용 범위는 점점 더 넓어질 것으로 예상하고 있다.

MEMO

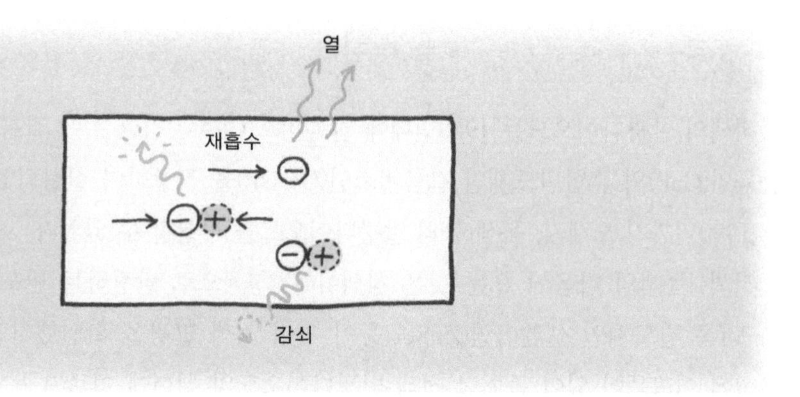

그림 4-4a 고휘도 발광을 방해하는 요인

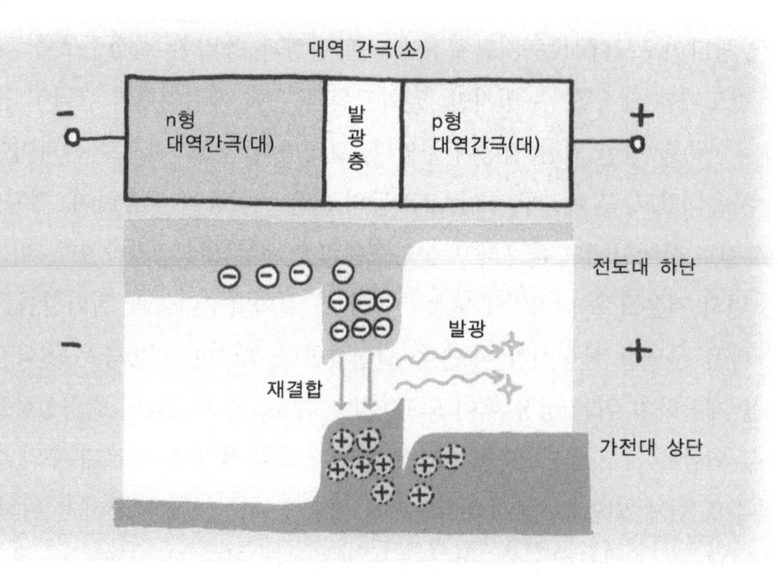

그림 4-4b 이중 이종접합 구조에 의한 발광
에너지대역 간극이 작은 층을 대역간극이 큰 층 사이에 샌드위치처럼 끼우면 양자우물 부분에서 전자와 정공의 재결합이 쉬워진다.

MEMO

4.5 청색 발광다이오드의 실현

적색의 발광다이오드는 1960년대에 갈륨비소(GaAs) 기판 위에 갈륨비소와 갈륨인(GaP)의 혼합반도체인 갈륨비소인(GaAsP)을 적층하여 실현되었다. 그 후 1990년까지 오렌지, 녹색 등의 발광다이오드를 구현할 수 있었다.

적색, 녹색의 다음에 오는 것은 청색이다. 청색으로 발광하는 반도체에는 II−VI족 반도체인 셀렌아연(ZnSe) 등이 있어 청색 발광을 확인했지만 재료 구현에 어려움이 있어 좀처럼 청색 발광다이오드의 실현에 이르지 못하였다. 1994년에 질화갈륨(GaN)을 재료로 한 청색 발광다이오드가 실현되었다. 이러한 청색 발광다이오드는 나고야대학의 연구그룹과 니치아 화학의 기초 연구와 실용화에 대한 개발이 결실을 맺은 것이다.

발광다이오드에서는 기판결정에 기판결정과 동일한 결정구조를 갖는 박막 반도체를 제작할 수 있지만, 질화갈륨과 같이 에너지대역 간극이 큰 반도체는 만족할 만한 기판 결정이 없었다. 그리하여 결정기판으로 사파이어 기판이 사용되었고, 질화알루미늄(AlN) 등의 저온 버퍼층을 적층하여, 격자상수가 16%정도 상이함에도 불구하고 질화갈륨의 결정성장에 성공하였다. 이 버퍼층은 먼저 저온으로 비정질(179페이지 참조) 질화알루미늄과 질화갈륨을 적층한 다음 온도를 상승시켜 이 층을 결정화한다. 이러한 버퍼층은 질화갈륨 결정을 제작하기 위한 성장 핵이 되고, 횡방향으로 질화갈륨의 결정성장을 촉진하는 역할을 하고 있다. 또한 이러한 방법으로 두께 방향의 교대 층의 수를 줄일 수도 있게 되었다. 발광다이오드에 필요한 pn접합을 제작하기 위해, 마그네슘(Mg)을 첨가하여 p형 질화갈륨을 제작하는 것도 성공하였다. n형 질화갈륨은 실리콘을 도핑함으로써 만들 수 있기 때문에 유기금속 화학기상증착법(MOCVD)에 의해 질화갈륨계 청색 발광다이오드가 제작되었던 것이다.

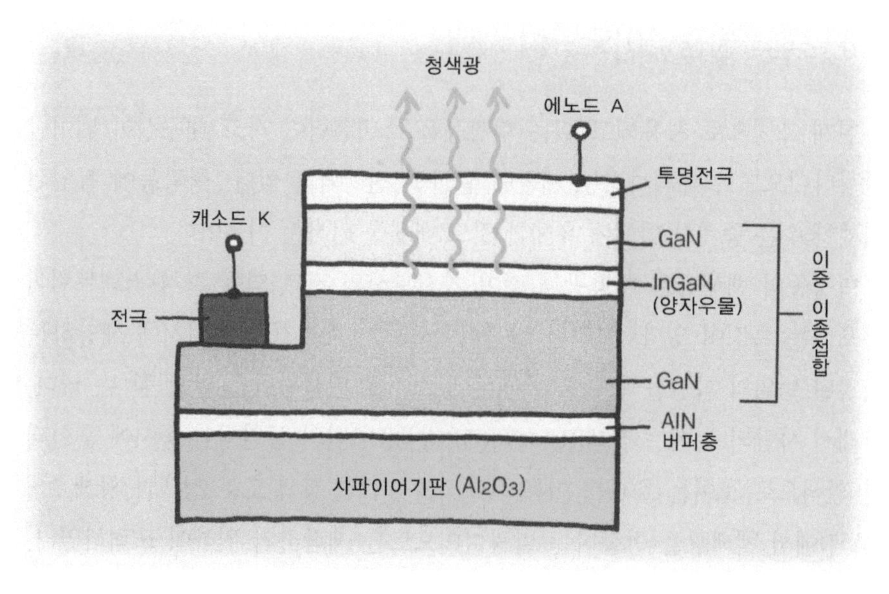

그림 4-5a 청색 발광다이오드의 구조
인듐갈륨질화물(InGaN) 층의 양자우물에서 발광된 빛은 파장이 p형 층의 대역간극보다 작기 때문에 빠져나와 방출된다.

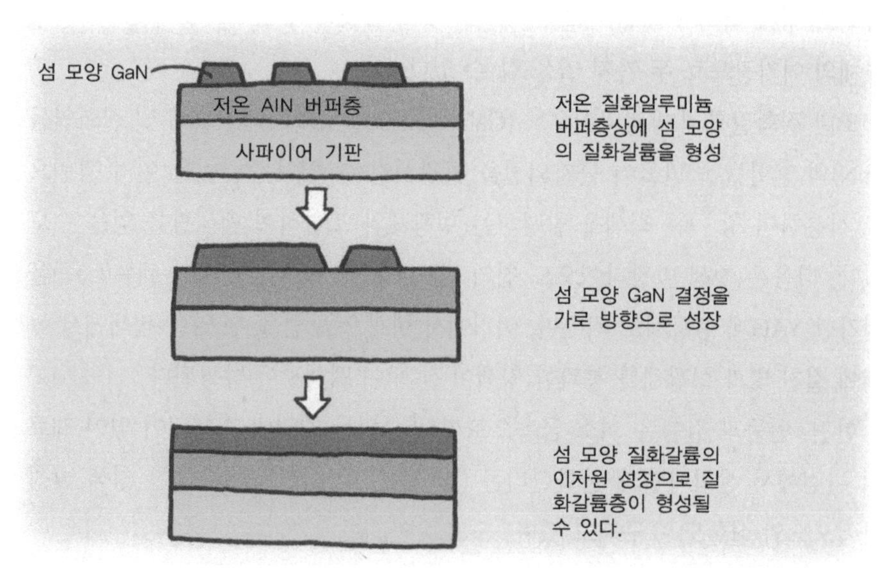

그림 4-5b 저온 버퍼층을 이용한 질화갈륨 박막의 성장
질화갈륨(GaN) 계 박막 단결정을 제조하는 기판은 사파이어(Al_2O_3)가 주류이지만, 탄화실리콘 (SiC) 기판과 질화갈륨(GaN) 기판도 사용되고 있다.

MEMO

4.6 백색 발광다이오드의 시대

현재 조명으로 사용되고 있는 형광등을 소비전력이 작고 내구성이 뛰어난 발광다이오드로 대체하려는 개발이 활발히 진행되고 있다. 형광등에 봉입된 미세한 수은 증기가 인체에 유해한 것도 대체를 원하는 이유이다.

형광등의 백색광은 태양광과 같이 가시광선의 전 영역에 걸쳐 스펙트럼이 분포하는 특징이 있다. 그러나 발광다이오드는 대역간극 에너지에 해당하는 한정된 범위의 파장을 방출하기 때문에 스스로 백색광만을 발광 할 수 없다. 그래서 사람의 눈에는 적색(R) 녹색(G) 청색(B) 빛의 삼원색이 동시에 혼합되면 흰색으로 보이는 효과를 이용하여 적색–녹색–청색 또는 청색과 황색 2색(보색)에서 백색광을 방출하는 발광다이오드를 제작하기 위하여 노력하였다. 이는 청색 발광다이오드(4.5절)을 실현함으로써 가능하게 되었다. 그리고 현재 백색 발광다이오드는 형광체를 이용한 방식이 주류로, 청황색 계열의 유사 백색 발광다이오드인 것으로 알려져 있다.

예를 들어 청색 발광다이오드의 빛을 황색 발광 형광체에 조사하여 청색과 황색을 섞어 백색을 만들어낸다. 이 때, 청색 발광다이오드는 청색 발광 및 형광체의 여기광으로 두 가지 일을 할 수 있다.

또한 질화갈륨계 발광다이오드 (GaN계 LED)는 질화갈륨(GaN) 및 질화인듐(InN)의 혼합물을 만들어 근자외선을 발광시킬 수 있다. 이 빛을 여기 광원으로 사용하여 청 · 녹 · 적색을 발광하는 형광체와 조합하여 백색광을 얻을 수도 있다. 다음은 청색 발광다이오드 칩의 발광부분을 희토류 원소인 세륨(Ce^{3+})을 첨가한 YAG계 형광체로 씌우면, 여기에서 형광으로 얻을 수 있는 적색에서 녹색에 걸친 빛과 형광체를 통과한 청색이 잘 섞여 백색광이 발광된다.

한편, 인듐과 갈륨은 희소 금속으로써 생산되는 지역이 편재되어 있어 재료의 관점에서 산화아연과 탄화실리콘 (실리콘 카바이드) 등에 의한 청색 발광다이오드의 실현도 요구되고 있다.

MEMO

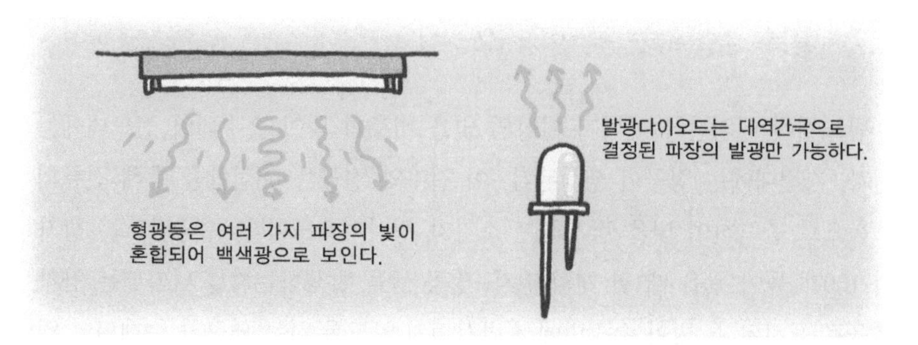

그림 4-6a 발광다이오드 스스로는 백색광을 만들 수 없다.

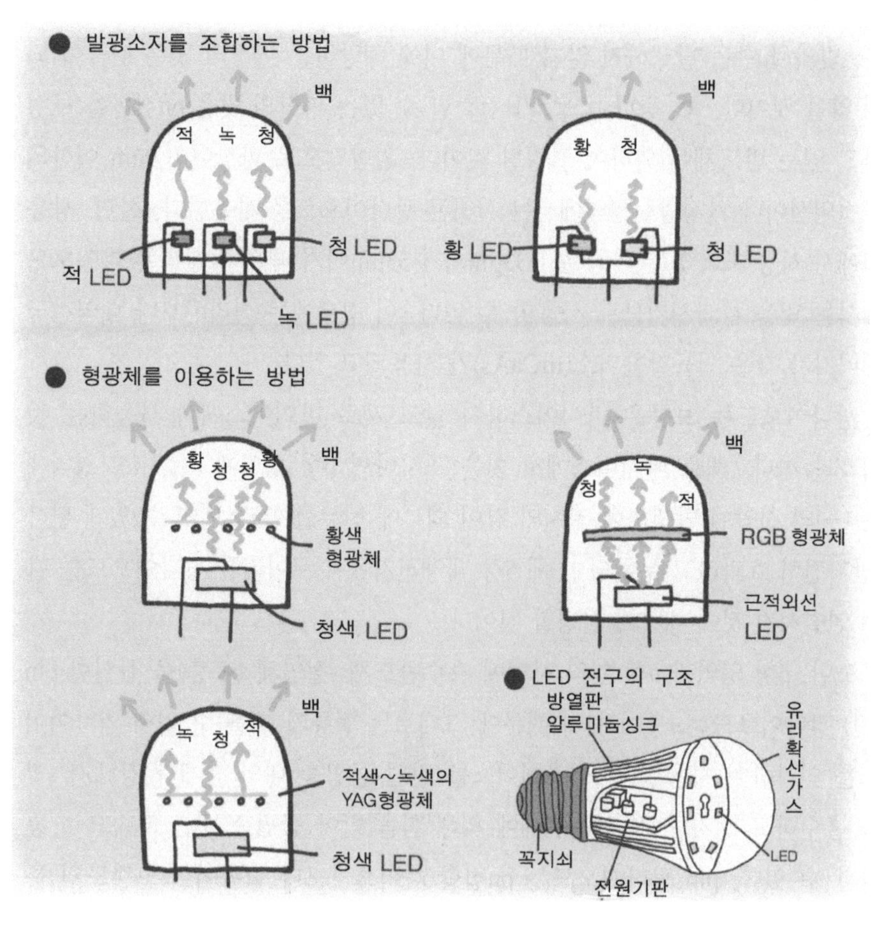

그림 4-6b 백색 발광다이오드 방식

MEMO

4.7 빛을 검출하는 광다이오드

반도체에 대역간극 에너지 이상의 빛을 비추면 빛이 흡수되어 전도대에는 전자, 가전대에는 정공이 생성된다. 이 전자와 정공을 pn접합을 통해 전류의 흐름으로 출력하여 빛을 감지하는 소자가 광다이오드이다. 수광감도는 광자가 100개 들어 왔을 때 몇 개의 전자–정공 쌍을 발생하는지를 나타내는 양자효율로 표시된다. 빛이 수광면에서 반사되지 않도록 하는 연구가 수행되고 있으며, 이를 통하여 빛을 결정 내에 효율적으로 받아들여서 100% 가까운 양자효율을 얻을 수 있게 될 것이다.

그런데 반도체에는 대역간극 에너지보다 작은 빛에너지가 입사되었을 경우, 빛의 흡수는 발생하지 않기 때문에 이에 해당하는 파장의 빛은 검출이 되지 않을 것이다. 즉, 광다이오드가 검출할 수 있는 파장의 빛은 pn접합을 구성하고 있는 반도체에 의하여 결정될 것이다. 일반적으로 파장이 0.9μm 이하의 근적외선이나 가시광선영역에서는 실리콘 광다이오드를 사용한다. 한편, 광통신에서 사용하고 있는 파장은 1.33μm와 1.55μm이기 때문에 실리콘 다이오드에서는 빛을 투과시키므로 사용할 수 없다. 이 경우에는 실리콘보다 대역간극 에너지가 작은 인듐갈륨비소(InGaAs)가 사용되고 있다.

광다이오드는 보통은 바이어스하지 않고 제로 바이어스에서 사용하는 것이 가능하다. 제로 바이어스에서 빛을 조사하면 p형 영역에 (+), n형 영역에는 (–)의 전압이 발생하여 전지와 같이 외부에 전류를 흘려 보낼 수 있게 된다(광기전력 효과라고 부른다.). 제 5장 태양전지에서는 이러한 광다이오드를 다수 연결시킨 것에 대하여 설명할 것이다.

또한, p형 영역과 n형 영역 사이에 순수반도체 (절연체 : i 층)을 삽입한 pin(핀) 광다이오드는 i층이 있기 때문에 그대로는 전류가 흐를 수 없어 역바이어스를 인가하여 사용한다. 역바이어스를 걸면 공핍층 내의 전계가 강해져, 빛을 흡수하고 전자나 정공이 전계에 의해 힘을 받아 공핍층 내를 고속으로 통과할 수 있다. pin 광다이오드는 pn접합 다이오드보다 고속이며 고감도의 특징이 있어 광통신 시스템이나 광제어에 이용되고 있다.

다음은, 역바이어스 전압을 크게 하면 전자와 정공은 매우 빠른 속도로 공핍층 내를 이동하고 그때 원자와 충돌하여 새로운 전자를 발생하게 된다. 이렇게 하여 기하급수적으로 전자와 정공이 증가하는 것을 사태현상(avalanche)이라 하고 이런 현상을 이용한 광다이오드를 어벌런치 광다이오드 (APD)라고

MEMO

부르고 있다. 이 경우의 증폭율은 실리콘에서 100 정도이다. 이러한 APD는 매우 미약한 빛을 감지할 때 사용하고 있다.

또한, 이 광다이오드에 트랜지스터를 조합하여 광다이오드의 미세한 기전력을 큰 전류 변화로 나타낼 수 있도록 구성한 광센서 소자가 광트랜지스터이다.

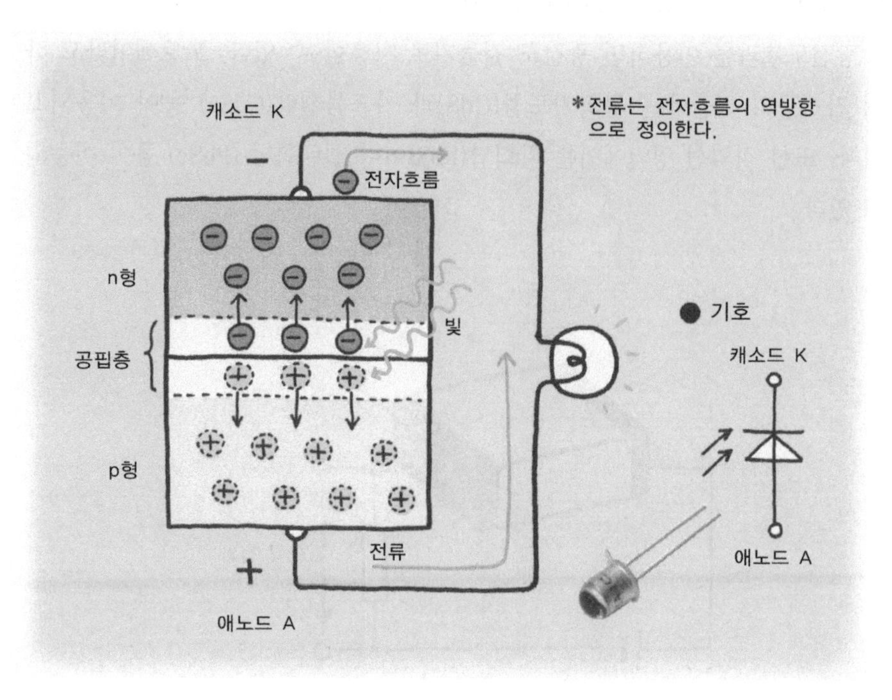

그림 4-7 반도체의 pn접합에서의 광기전력 효과
반도체의 pn접합에 대역간극 이상의 에너지를 가진 빛을 쬐면 기전력이 발생하여 외부로 전류가 흐르게 된다.

MEMO

4.8 광전도효과로 빛을 감지하는 포토셀

반도체에 대역간극 이상의 빛 에너지를 비추면 빛이 흡수되어 전자와 정공(홀)이 생성된다. 그 결과, 전자와 정공이 증가하고 반도체의 전도율이 상승한다. 이러한 효과를 광전도효과라고 한다.

광전도효과를 이용하면 광감도 검출기로 사용할 수 있다. 포토셀이라고 하며 가시광의 검출에는 황화카드뮴(CdS)과 카드뮴셀렌(CdSe) 등이 이용되고 있다. 또한 적외선 영역에서는 황화납(PbS)이나 셀렌화납 (PbSe) 등이 이용되고 있다.

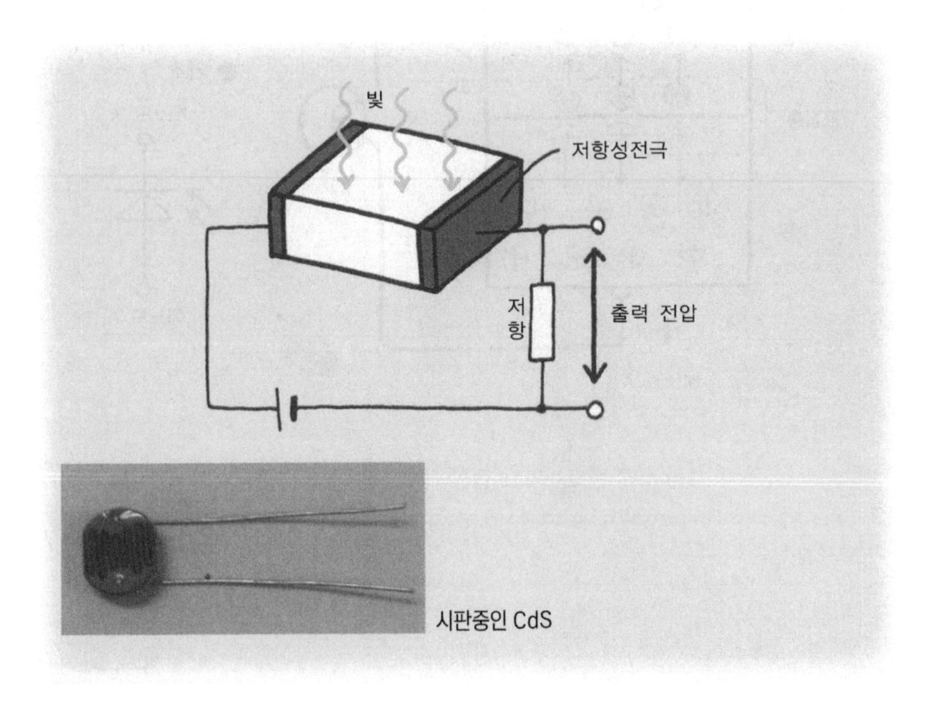

그림 4-8 광전도효과

반도체 대역간극 이상의 에너지를 가진 빛을 쬐면, 가전자대의 전자가 전도대로 이동하여 빛의 강도에 따라 전도전자(가전자대의 정공)의 양이 변화한다. 즉 빛의 강약으로 반도체의 전도율(비저항)이 변화하게 된다. 이것을 빛의 강도 감지장치로 사용하는 포토셀이라 한다.

MEMO

전자와 정공은 어떻게 구별하는가

반도체가 n형인지 p형인지를 조사하거나 그 캐리어의 농도와 이동도 같은 반도체의 기본적인 성질을 조사하는 방법으로, 홀효과 측정이 있다. 홀효과의 홀(Hall)은 1879년에 이 효과를 발견한 사람의 이름에서 따온 것으로 정공을 의미하는 홀(hole ; 정공)과는 다르다.
정공이 캐리어인 p형 반도체를 생각해 보자. 예를 들어, 정방형으로 잘라 낸 p형 실리콘 기판이 있다. 이 실리콘 기판의 횡방향(y 방향)에 전류를 흐르게 하고 수직방향(z 방향)에 자계를 인가한다. 정공이 속도 v로 움직이고 있으면, 이 정공에는 잘 알려진 로렌츠(Lorenz) 힘이 작용하여 가로 방향 (x축의 양의 방향)으로 정공이 편향되어 전압이 발생할 것이다. 이 전압을 홀 전압이라고 한다. 캐리어가 전자의 경우에는 반대의 전압이 발생하기 때문에 이 홀 전압의 방향(극성)을 검사하여 p형과 n형을 구별 할 수도 있다.
발생한 홀 전압은 전류와 자기장에 비례하며 그 계수를 홀 계수라고 한다. 전류와 자기장은 주어져 있기 때문에, 홀 전압의 측정에서 캐리어 농도를 구할 수 있다. 또한 전압과 전류의 관계에서 전기 전도율을 산출하고, 캐리어의 이동도를 결정할 수 있다.
에피택시 기법으로 제작한 반도체의 박막에서는 홀 효과를 측정하는 방법으로 반데어파우(Van der Pauw)라는 편리한 방법이 있다. 이 방법은 임의의 형상의 시료에 대응하기 위해 고안된 새로운 방법이지만, 실제 측정에서는 클로버 모양이나 사각형의 네 모서리에 저항성 접촉된 전극이 만들어진 것이 이용되고 있다.

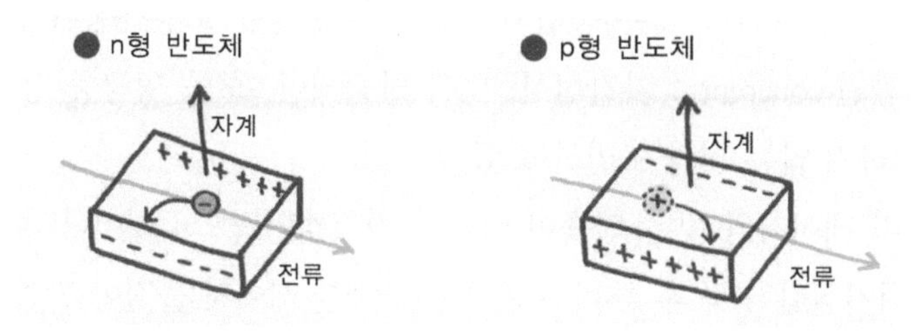

로렌츠 힘으로 전자나 정공의 궤도가 바뀌어, 반도체 측면 간에 전위차가 발생한다.

MEMO

4.9 레이저란 무엇인가

레이저(LASER)는 Light Amplification by Stimulated Emission of Radiation (복사 유도방출에 의한 광증폭)의 약어에서 이름 붙여진 것으로, 1960년에 미국의 시어도어 메이만(Theodore Harold Maiman)이 실험에 성공하였다. 이때 메이만이 레이저 물질로 선택한 것은 알루미나에 0.05%의 크롬이온(Cr^{3+})을 포함한 핑크루비 보석이었다.

이 레이저는 직경 5mm에 4cm의 막대봉 루비의 양면을 평행하게 연마하여 은을 증착하고 측면에는 광원으로 플래시램프를 감싼 구조를 하고 있다.

메이만이 발명한 루비 레이저에서는 크롬이온에서 발광이 시작되고 거기에 플래시램프로 에너지를 가하여 크롬이온의 발광을 증대시켜 그 빛이 양면의 은거울 사이를 반사하면서 수 회 왕복하면, 마침내 한계를 넘어 6,943 Å (Å : 10^{-10} m)의 파장을 가진 레이저 빔이 방출된 것이다.

매체에서 점점 증폭된 빛은 그사이에 파의 형태(위상)를 갖추어 빛이 된다. 이렇게 위상이 갖추어진 빛은 중첩되면서 더욱 선명한 보강간섭이 나타나기 때문에 일관된(coherent : 가간섭성) 빛이 방출되며, 보통 형광등 등과 같이 위상이 일치하지 않는 빛과 구별하고 있다.

또한, 루비 레이저의 빛은 연속이 아니라 간헐적인(펄스) 빛이다. 메이만의 첫 번째 레이저실험 성공 후 루비 이외에도 다양한 레이저 물질이 발견되고 있다. 예를 들어, 고체 재료를 사용한 고체 레이저는 강력한 광원을 내며 YAG 레이저가 대표적이다. 또한 가스를 이용한 가스 레이저는 헬륨-네온 레이저와 아르곤이온 레이저가 대표적인 것이다.

또한 색소 레이저는 황색으로 빛나는 로다민(Rhodamine) 6G 등의 유기 색소 재료를 이용하여 임의 범위의 파장을 내는 레이저의 일종이다.

반도체에서는 1962년에 갈륨비소(GaAs)를 이용한 레이저가 개발되어 저온에서 펄스 레이저 발진이 관측되었다.

MEMO

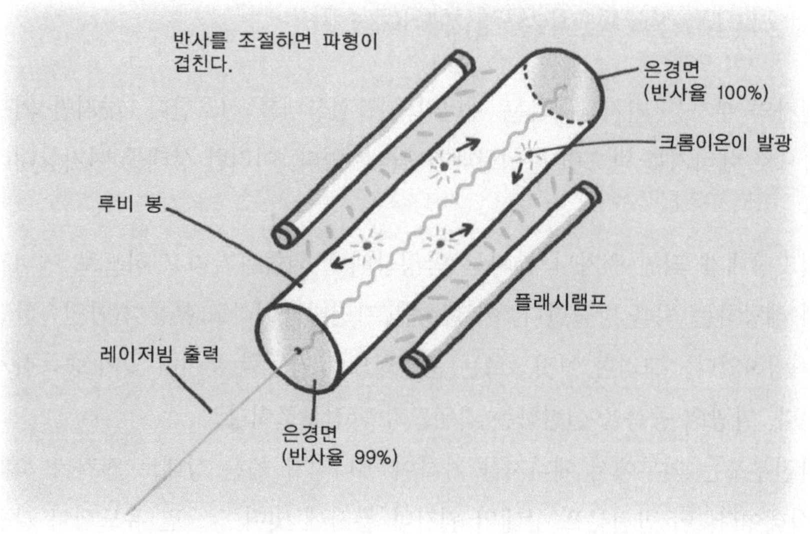

그림 4-9a 메이만이 실험한 루비 레이저 장치의 구조
플래시램프의 빛으로 크롬이온이 여기되어 빛을 방출하고 그것이 계속해서 증폭되고 은경면 반사를 반복하는 중에 파도 모양이 갖추어 진 빔 광선이 된다.

고체 레이저	루비 레이저	크롬 이온을 함유한 알루미나
	YAG 레이저	Y:Yttrium Al:Aluminum G:Garnet 의 결정
가스 레이저	원자 레이저	He-Ne 레이저
	분자 레이저	CO_2 레이저 (CO_2-He-Ne)
	이온 레이저	Ar이온 레이저
	엑시머 레이저	희토류 가스 레이저
색소 레이저	로다민 6G	알콜에 색소를 녹인 것
반도체 레이저	GaAs 레이저	갈륨비소의 이종접합

그림 4-9b 레이저 물질의 분류

MEMO

4.10 레이저 발진은 어떻게 일어나는가

원자와 분자는 기저상태라는 에너지의 안정상태를 선호한다. 하지만 외부 자극으로 에너지를 받으면 활성상태가 될 수 있다. 이러한 상태를 여기상태라 한다.

여기상태가 되면 원자나 분자는 안정상태로 되돌아가려고 하므로 에너지 차에 해당하는 빛을 방출한다. 이 현상을 자연방출이라고 부른다(아인슈타인이 해명하였다). 그러나 이것으로는 순간적으로 발광할 뿐이며 빛이 증폭하지 않는다. 발광의 증폭을 실현하는 키워드가 반전분포이다.

반전분포는 외부에서 에너지를 가하여 에너지가 높은 상태로 전자가 축적된 상태이다. 이 반전분포 상태의 원자나 분자에 빛이 닿으면 유도되어 발광(이것을 유도방출이라고 부른다.)하게 된다. 그 발광이 더욱 발광을 유도하여 빛이 차례로 증폭된다. 이를 레이저 발진이라고 한다.

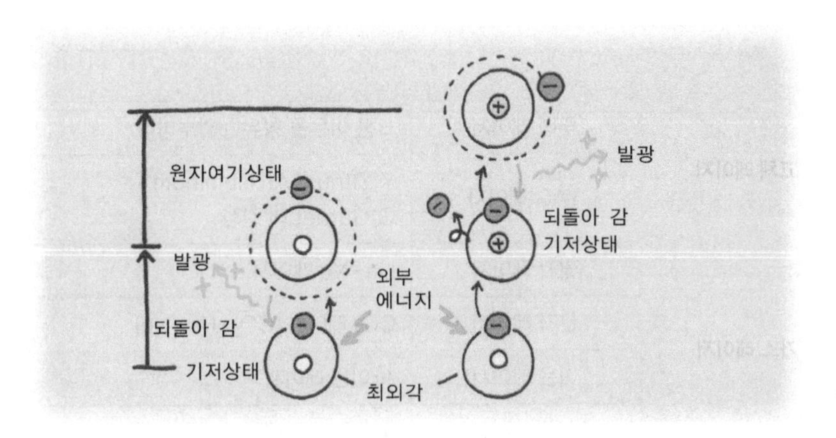

그림 4-10a 원자(분자)와 이온에 의한 빛의 자연방출 현상

외부에서 강한 에너지를 받은 원자나 분자는 여기상태가 되어, 원래의 안정 상태(기저상태)로 돌아가려고 한다. 그리고 기저상태로 되돌아 갈 때 발광하는 것이다.

해설

발진 : **출력의 일부를 입력으로 동위상 상태에서 돌려 보내는 것으로 연속적인 진동이 발생하는 것.**

MEMO

이와 같이 발광은 자연방출과 유도방출이 있고, 레이저 발진에는 유도방출을 어떻게 발생시키는가가 열쇠인 것이다.

또한, 이 유도방출을 일으키고 있는 물질을 광 공진기 속에 넣어 광증폭할 수 있다. 루비 레이저의 경우에는 양면 거울이 달린 루비봉이 공진기가 되는 것이다.

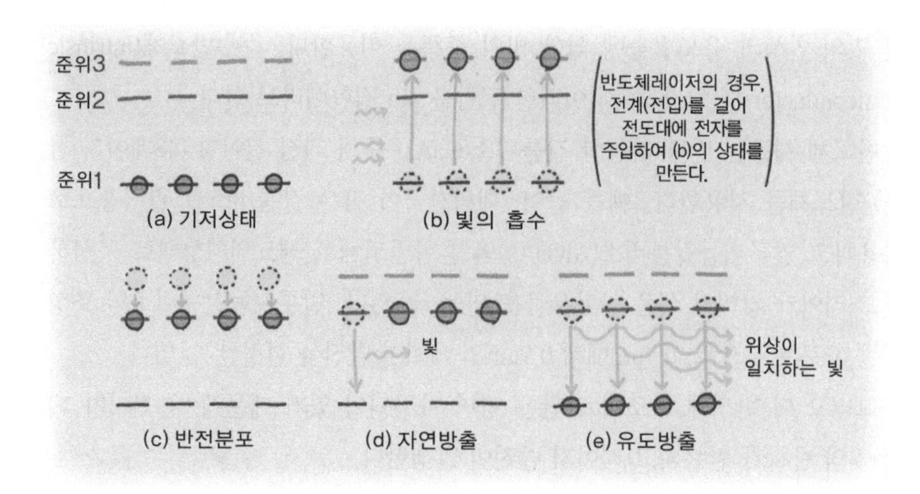

그림 4-10b 빈전분포 유도방출에 의한 레이저 발진
전자는 광흡수에 의해 준위 1에서 준위 3으로 천이하고 준위 3에서 준위 2로 빛을 내지 않는 천이(무복사 천이) 후, 반전 분포를 생성

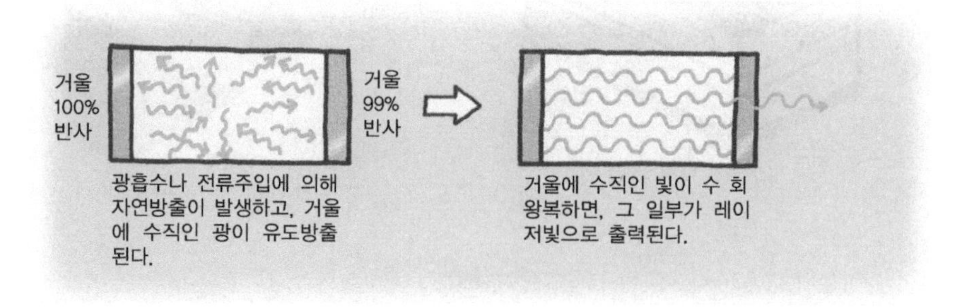

그림 4-10c 광 공진기
레이저 빛을 매우 우수하게 보강간섭하여 빛을 강하게 하는 공진기의 역할

MEMO

4.11 반도체 레이저의 기본구조

빛을 발생하고 증폭하는 활성 매질과 레이저 발진을 위한 광 공진기를 반도체 재료로 구성한 것이 반도체 레이저이다. 반도체 레이저는 pn접합 사이에 활성층(p형 n형 불순물을 주입하지 않는 층)으로 동작하는 순수반도체 층을 끼워 이중 이종접합 구조를 구성하고, 그 활성층에서 나타나는 자연방출에 의한 빛의 발생과 유도방출에 의한 빛의 증폭을 이용한다. 순수반도체(intrinsic semiconductor)의 약자 i에서 이러한 접합을 pin 접합이라고 한다.

반도체 재료는 발광 가능한 갈륨비소(GaAs) 등의 직접 천이형 (48페이지 참조) 반도체를 사용한다. 예를 들어, 대역간극이 작은 갈륨비소를 활성층으로 사용하고 알루미늄갈륨비소(AlGaAs)의 혼합반도체로 샌드위치형태로 구성하면 캐리어가 쌓이기 쉬운 양자우물을 만들 수 있다. 알루미늄갈륨비소의 조성비를 바꾸는 것으로, 0.7μm에서 0.9μm의 레이저 발진을 설정할 수 있다.

그리고 이 반도체 구조의 양단은 경면 가공되어 있기 때문에, 공진기가 되어 빛의 반사가 반복되고 레이저 발진이 발생한다.

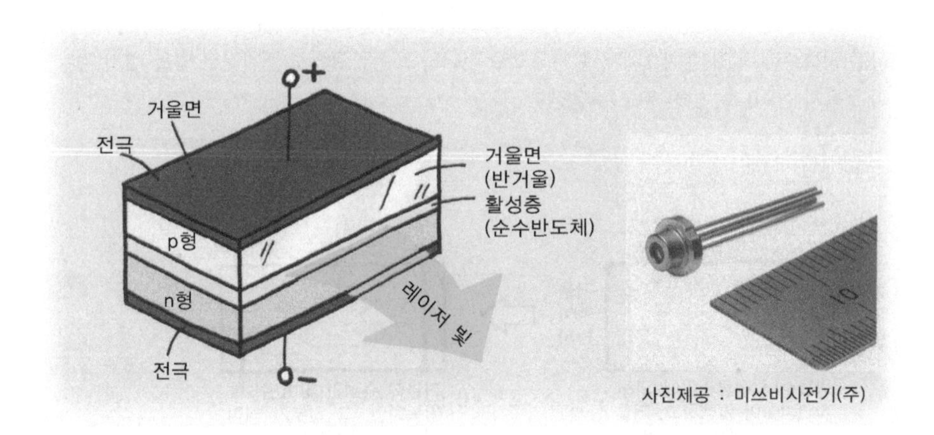

그림 4-11a 반도체 레이저의 구조
pn접합 사이에 활성층에서 자연방출된 빛이 유도방출에 의해 증폭되고, 양면 경면가공이 된 공진구조에 따라 레이저 발진이 발생한다.

MEMO

광 공진기의 경면은 반도체의 경우, 결정의 깨지기 쉬운 면(이것을 벽개면이라고 함)이 사용된다. 예를 들어 그림 4-11c에서 보는 바와 같이, 결정의 (011)면과 (0-11)면이 경면이 되어 빛이 나오는 단면으로 이용된다.

이렇게 직접 천이형 반도체의 이중 이종접합 구조를 이용하여 최초로 상온에서 동작하는 레이저 다이오드를 실현하였다. 그러나 미래에는 실리콘과 같이 빛을 발광하기 어려운 간접 천이용 반도체를 이용하여 레이저 발진이 달성될 수 있다면, 그것은 기술의 혁신일 것이다.

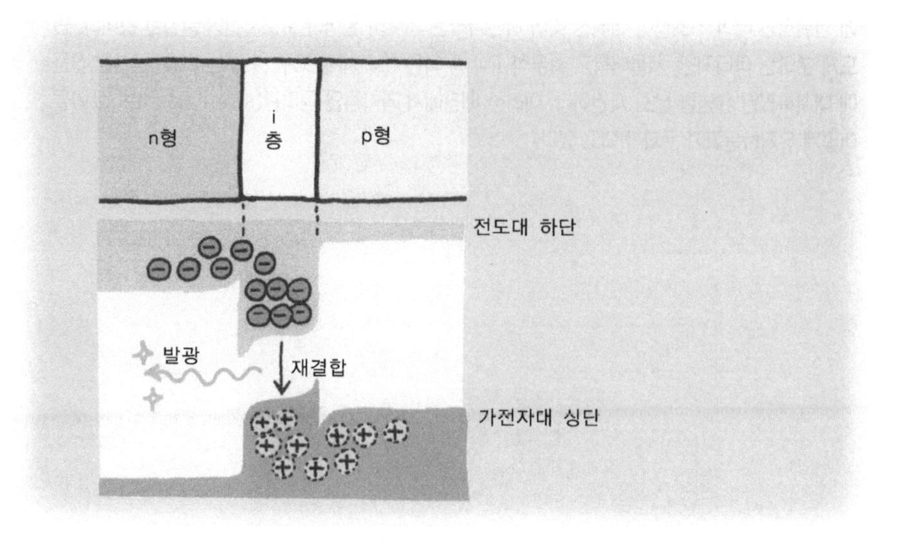

그림 4-11b 양자우물에 의한 발광 구조
대역간극이 작은 재료를 이중 이종접합에서 샌드위치처럼 끼워 캐리어가 모이기 쉬운 양자우물을 만들고, 전자와 정공을 재결합(천이)시켜 발광시킨다.

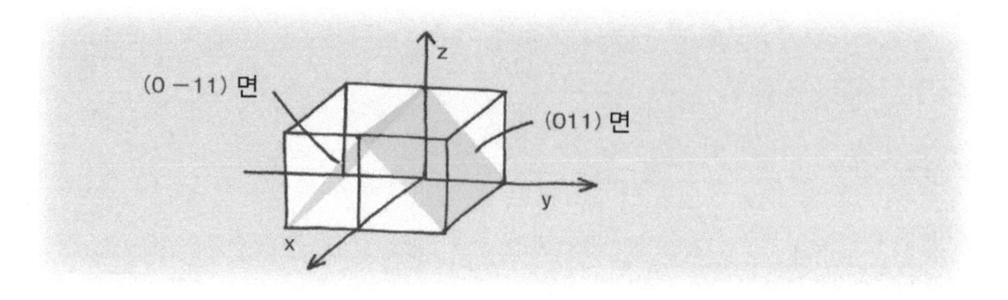

그림 4-11c 반도체 레이저에서 경면으로 사용하는 결정면
결정면에 대해서는 127페이지 참조.

MEMO

지금의 과학적 위기

최근 연구 및 기술에 관한 윤리가 자주 화제가 되고 있다. 최신판 학술논문에 데이터의 날조 및 유적발국 날조사건이 개제되어 큰 사회적 문제가 되는 경우도 있는 것 같다. 2000년 이후 반도체 분야에서도 유명한 과학 논문의 날조 사건이 있었다. 트랜지스터의 발명으로 유명한 벨 연구소에서 일어나 유기반도체 트랜지스터에 관한 데이터의 날조 사건이다. 주인공은 젊은 얀 헨드릭 셰인(Jan Hendrik Schon)으로, 이 사건은 논문 수가 많아 노벨상에도 도전할만한 연구였기 때문에 세간에 큰 충격을 주었다. 5년간 셰인은 제 1 저자로 출판한 논문 수도 63편이 되고 그 중에는 "5각형(pentacene) 분자성 결정의 표면에 제작한 전계효과 트랜지스터 구조의 이차원 전자의 고온 초전도 및 레이저 발진"을 발표하는 등 훌륭한 연구내용이 있었던 것이다. 하지만 이들 데이터 중에 인위적인 데이터 조작이 이뤄진 것이 아닌가라는 의혹이 일어나 날조사건이 발생한 것이다. 반도체 분야는 아니지만, 서울대학교 황우석 교수에 의한 "ES 세포 모두 날조"는 2006년 1월 신문에 대서특필된 유명한 날조 사건이다. 이러한 배경에서 과학적인 윤리관(scientific integrity)을 어떻게 유지하는가가 문제가 되고 있다.

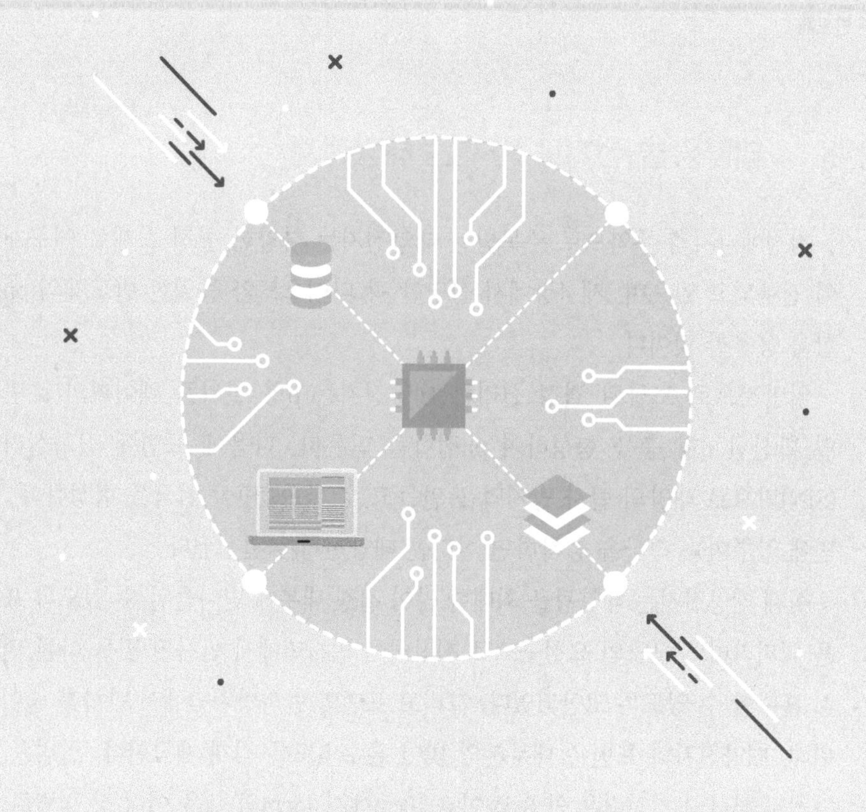

CHAPTER

5

반도체 광전소자

반도체에 빛이나 열 등의 외부 에너지를 가하면 기전력이 발생한다.

이 기전력을 에너지로 활용하려는 연구가 진행되고 있다.

MEMO

5.1 태양광을 전기로 바꾸는 태양전지

청정에너지의 주역으로 주목받는 태양전지는 다양한 발전 소재로 연구개발이 진행되고 있으며, 제 4장에서 설명한 광 다이오드와 동일한 반도체의 pn접합을 응용한 것이다.

일반적으로 보급된 결정 실리콘 태양전지는 p형 실리콘 웨이퍼의 표면에 열 확산한 n형 층을 형성하여 pn접합을 만든다. 다음에 표면에 질화실리콘(SiN)막으로 태양의 반사 방지막을 만들고, 그 위에 빗살 전극을 형성한다. 뒷면에 알루미늄 전극을 증착하면 실리콘 태양전지가 완성된다.

실제 태양전지는 태양광을 최대한 많이 결정 내부에 받아들일 수 있도록 표면을 역피라미드 모양의 요철구조로 제작하여 입사면에서 반사된 빛을 다른 면에서 흡수할 수 있도록 고안되었다. 그리고 표면의 반사방지막에서 반사를 줄이기 위해, 태양전지의 표면은 대부분의 빛이 흡수되도록 검게 제작한다. 실리콘 태양전지 하나의 기전력은 약 0.5V이고 10cm에서 15cm의 셀을 여러 장 직렬로 연결하여 유리와 후면필름(back film)으로 봉한 것이 태양전지 모듈이다.

또한, 태양전지에서 발전되는 전력은 직류이기 때문에, 실제로 가정에서 사용하기 위하여 인버터라는 회로에서 교류로 변환한다. 태양전지라해도 건전지와 같이 전기를 모아 두는 기능은 없다. 다시 발전 원리를 살펴보자.

pn접합에 태양광이 닿으면 대역간극 이상의 빛 에너지를 흡수하여 전도대에 전자, 가전자대에 정공이 발생한다. 발생한 전자는 n형 반도체 영역으로 이동하고 정공은 p형 반도체 영역으로 이동한다.

그 결과, p형 영역에 (+), n형 영역에는 (−) 전압이 발생하여 외부에 전류를 흐르게 할 수 있게 된다. 또한, 전류는 (+)의 p형 영역의 전극에서부터 n형 영역의 전극을 향해 흐른다(전자 흐름의 반대 방향이 전류 흐름). 이것이 반도체 pn접합의 광기전력 효과이다.

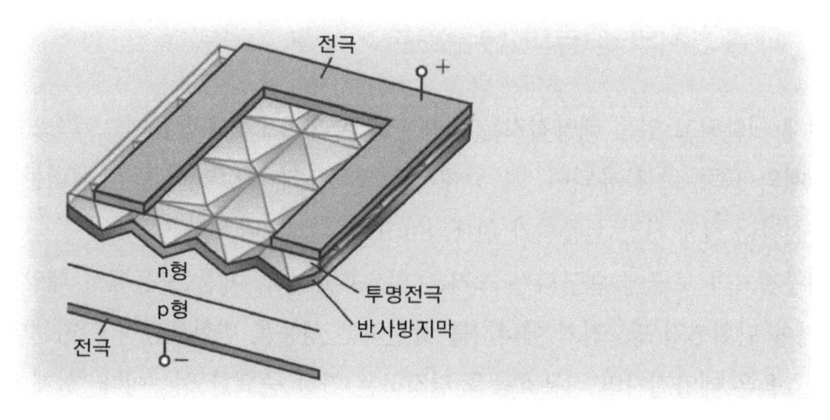

그림 5-1a 실리콘 태양전지의 구조
pn접합의 표면을 요철구조로 제작하여 반사 방지막으로 덮어 빛의 흡수도를 높이고 있다.

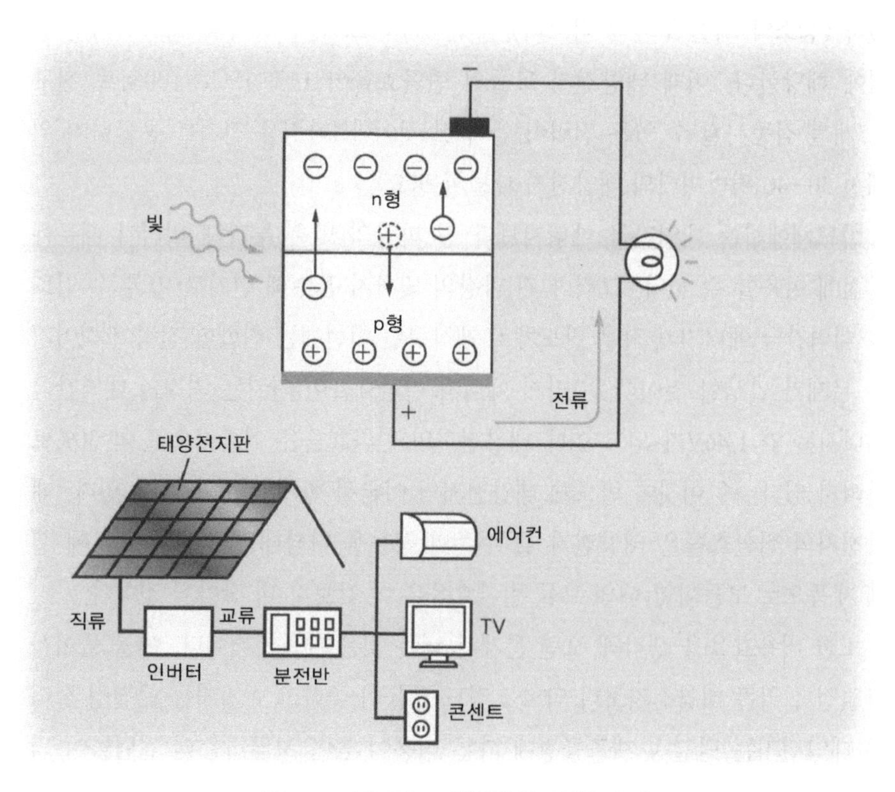

그림 5-1b 반도체 pn접합의 광기전력 효과
원리는 제 4장에서 소개한 광다이오드와 동일하다.

MEMO

5.2 태양전지의 종류와 변환효율

현재 개발되고 있는 태양전지는 소재별로 실리콘계와 화합물계, 그리고 유기물계의 3종류로 분류되며, 그 중에서도 일찍부터 개발이 진행된 실리콘계 태양전지는 현재 가장 실용화가 진행되어 보급되고 있다.

태양전지의 보급에 요구되는 조건은 비용효율이다. 제품 모듈에서 태양광을 받아 단위면적 당, 전기 에너지를 발전하는 성능을 변환효율라고 하는데, 변환효율은 태양전지의 비용효율을 결정하는 가장 중요한 성능이다. 현재 일반 가정의 발전용에 사용되는 다결정 실리콘 태양전지에서 변환효율은 약 15 % 정도이다.

태양은 대략 1평방미터 당 1,000와트(W) 상당의 빛 에너지를 지구에 쏟고 있다 (장소와 계절에 따라 다르다). 이는 100와트 전구 10개를 점등시키는 전력에 해당한다. 이때 태양전지 모듈의 변환효율이 15%이므로 100와트 전구 1.5개를 점등시킬 수 있는 전력이 얻어 질 것이다 (가정용 전기를 공급하기 위해선 30-40 평방미터의 태양전지 패널이 필요).

반도체에서는 대역간극 에너지보다 긴 파장의 빛은 투과해 버리기 때문에 발전에 이용할 수 없다. 그러나 긴 파장의 빛까지 흡수해 전기로 바꿀 수 있도록 대역간극 에너지가 작은 반도체로 제작하면 이번에는 취합할 전력이 적어지는 문제가 발생할 것이다. 따라서 에너지 변환효율이 커지는 최적의 대역간극 에너지는 약 1.4eV가 되고 이때 태양전지의 변환효율은 이론적으로 약 30%로 알려져 있다. 즉 이것이 반도체 태양전지의 이론적 한계로 생각할 수 있다. 태양전지의 변환효율은 태양전지 셀 수준의 성능을 나타내는 값이기 때문에 실제 제품으로 모듈화할 때의 모듈 변환효율은 이 값보다 더 작아질 것이다.

또한 비용효율을 생각해 보면 문제가 되는 것은 제품가격이다. 예를 들어서 다결정 실리콘 태양전지보다 약 4% 정도 효율이 좋다고 여겨지는 단결정 실리콘 태양전지는 단결정 제조공정에 따른 비용이 높아 보급하는데 걸림돌이 되고 있다. 이것이 변환효율은 10% 이하로 떨어지지만, 실리콘의 사용량이 적어 대량생산할 수 있는 비정질 실리콘 태양전지가 광범위하게 보급되고 있는 이유인 것이다.

또한, 제조 시 전력소비와 CO_2 배출과 같은 환경부하 등도 종합적으로 관리하는 것이 요구된다.

MEMO

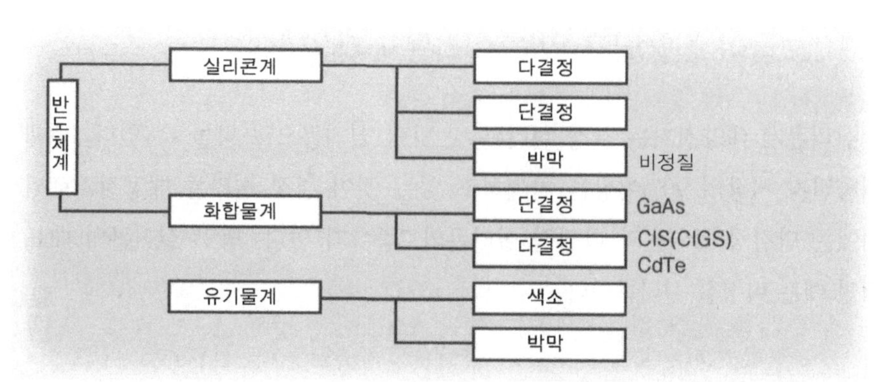

그림 5-2 태양전지의 종류
태양전지는 사용하는 재료에 따라 크게 3종류로 분류된다.

변환효율을 나타내는 JIS 규격 (공칭 효율)

태양전지의 변환효율을 논할 때 입력광의 스펙트럼과 태양전지에 대해 자성부하가 바뀌면 꺼낼 전기출력도 변화하기 때문에, 어떤 일정한 측정 조건을 결정해야할 필요가 있다. 그래서 JIS에서는 기준 상태가 정해져 있고, 그 상태에서의 변환효율을 공칭 효율이라고 표시하게 되었다. 이는 태양광의 공기질량 투과조건이 AM1.5에서 100mW/cm^{2}의 입사광 전력에 대해 (상온에서) 부하조건을 변경한 경우, 최대 전기출력의 비율을 백분율로 나타낸 것이다.

공기질량 투과조건은 태양광이 하늘의 오존층에 의한 자외선 흡수와 수증기에 의한 적외선 흡수, 공기 중의 먼지 등의 영향을 받아 표면에 도달하기 때문에 이러한 흡수와 산란을 받지 않는 상태를 AM0 (AM : Air Mass = 공기질량)로 정한 조건이다. 태양이 천정에 있을 때의 지표 조건이 AM1 및 AM1.5란 것은 관측자 근처의 위도에서 평균적으로 태양이 비칠 때의 상태를 말한다.

MEMO

5.3 보급이 진행되고 있는 실리콘계 태양전지

실리콘계 태양전지는 결정 실리콘 및 박막 실리콘으로 나눌 수 있다. 현재 태양전지 시장의 90%이상을 차지하고 있는 것이 결정 실리콘 태양전지로써 이에는 단결정 실리콘과 다결정 실리콘의 2종류가 있다. 박막 실리콘의 대표적인 예는 비정질 실리콘이다.

■ 단결정 실리콘 태양전지

단결정 실리콘 태양전지는 변환효율이 16~20% 정도이며 양산되고 있는 것 중에서는 높은 변환효율을 얻고 있다.

단결정 실리콘 태양전지는 다음과 같은 다섯 가지 특징이 있다.

(1) 실리콘은 에너지대역 구조가 간접 천이형이기 때문에 빛 흡수율이 작고, 발전에 필요한 태양광을 흡수하기 위해 100μm의 실리콘층이 필요하기 때문에 원료 비용이 많이 든다.
(2) 다결정이나 비정질과 비교하여 에너지 변환효율이 높다.
(3) 제조공정이 실리콘칩 제조와 유사하기 때문에 제조기술이 완성되어 있다.
(4) 실리콘의 매장량이 많기때문에 대형 전지제조에 적합하다.
(5) 실리콘은 환경에 미치는 영향이 적다.

단결정 실리콘 태양전지는 장점을 살리고 약점을 보완하기 위해 지금도 연구가 거듭되고 있다. 발전효율을 향상시키는 방안으로는 수광부를 막는 금속전극을 후면전극과 동일한 면에 가공한 후면전극구조가 제안되고 있다. 또한 실리콘 재료의 절약 및 비용 감소로 이어질 수 있는 얇은 실리콘 기판을 채용하는 기술도 향후 과제이다.

■ 다결정 실리콘 태양전지

다결정 실리콘 태양전지가 단결정 실리콘 태양전지와 크게 다른 점은 결정 자체의 특성이다.

다결정 실리콘 기판은 주형에 실리콘 융액을 부어 서서히 냉각하여 주괴를 만들고 그것을 얇게 만든다 (이를 주물법이라 한다). 이렇게 만들어진 다결정 실리콘은 지협적으로 단결정이나 각 영역별 단결정 입자의 방향이 서로 다르게 배열되어 있다. 그 결과 태양광을 흡수하여 발생한 전자와 정공은 결정립

MEMO

경계 (결정입계)에 포획되거나 이동을 방해하여 전기로의 변환효율은 저하된다. 현재 양산되고 있는 다결정 실리콘 태양전지의 변환효율은 14~18% 정도이다.

다결정 실리콘 태양전지는 단결정 실리콘과 같은 고도의 단결정 제조공정이 필요 없기때문에 제품가격을 낮출 수 있는 장점이 있다. 제조방법은 실리콘 융액을 식힐 뿐이므로 제조시간이 빠르고 매우 큰 결정을 제조할 수 있는 특징이 있다.

또한 태양전지의 실리콘 원료의 순도는 집적회로에 사용되는 정도의 고순도를 요구하지 않아 여기에서도 원재료의 저가격화를 도모할 수 있다. 집적회로용 고순도 실리콘을 반도체 등급(반도체급)이라고 부르는 반면, 태양전지용 실리콘은 태양전지 등급 (태양전지급)이라고 분류한다.

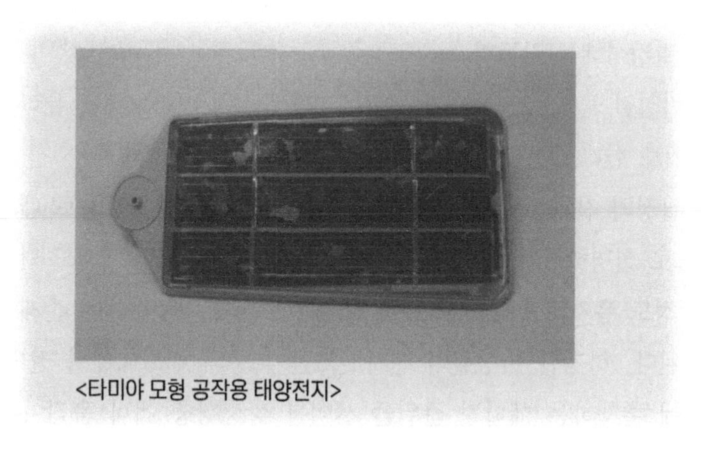
<타미야 모형 공작용 태양전지>

그림 5-3a 다결정 실리콘 태양전지 모듈
다결정 실리콘은 결정방향이 일정한 방향으로 갖추어져 있지 않기 때문에, 태양전지의 표면을 보면 얼룩무늬 모양의 빛을 볼 수 있다.

MEMO

■ 비정질 실리콘 태양전지

실리콘 소재는 지구상에 많이 매장되어 있지만, 고순도 실리콘 정제에는 대량의 전력을 필요로 하기 때문에 오로지 전기요금이 싼 해외에서 정제가 이루어지고 있다. 따라서 세계의 실리콘 정제 능력에는 한계가 있고, 태양전지의 수요가 확대되면 실리콘 잉곳의 가격은 상승할 것이다. 또한 실리콘 잉곳의 정제시 전력소비는 환경에 부정적인 문제를 야기시킬 것이다. 태양전지의 개발에 있어서 실리콘 재료의 절약은 매우 중요하다.

만약 투명한 유리 위에 실리콘 박막을 만들어 태양전지가 구현된다면, 실리콘 재료는 적게 들고 더 낮은 가격으로 이용할 수 있을 것이다. 이러한 요구에 부응하기 위하여 개발된 것이 비정질 실리콘 태양전지이다.

아몰퍼스(amorphous)는 '모호한' 또는 '특색이 확실치 않다' 등의 의미로 원자 배열에 질서가 없는 고체를 나타낸다. 비결정이라 하며 단결정이나 다결정과는 다른 결정상태를 갖는다.

주변의 비정질 물질로는 유리가 있다. 그래서 비정질 반도체를 유리 반도체라고 부르기도 한다.

반도체 결정의 전기적 특성과 광학적 특성은 원자가 규칙적으로 배열된 에너지대역으로 설명하였다. 원자가 불규칙하게 늘어선 비정질에서도 단거리 질서는 어느 정도 유지되고 있기 때문에 약간 전도대와 가전자대는 존재하는 것으로 생각된다. 하지만 비정질의 전자전도는 보통의 전도대에서 전도 외에, 금지대 내에 존재하는 에너지 준위들 사이를 깡충깡충 건너 움직이는 호핑(hopping) 전도가 존재한다는 특징이 있다.

비정질 실리콘의 대표적인 제조법은 실레인(SiH_4)을 이용한 플라즈마 화학기상증착법(플라즈마 CVD)이다. 실레인가스가 주입된 진공장치 속에서 유리기판과 상부 전극판 사이에 고전압을 걸어 방전하면 실레인을 분해한다. 실레인 분자에서 분해된 실리콘 원자는 유리 기판에 증착하여 박막을 만든다. 이때 발생한 수소원자도 증착된다. 유리 기판을 200℃에서 400℃정도에 놓아 두면 수소 원자가 10~20% 정도로 알맞게 채워진 비정질 실리콘 막이 형성된다. 이 수소가 비정질 실리콘의 구조적 결함을 현저하게 저감해주는 역할을 하고, 태양전지 박막의 응용 가능성을 넓혀주고 있다. 그와 같은 의미로 비정질 실리콘은 일반적으로 수소화 비정질 실리콘 (a-Si:H)이라고 한다.

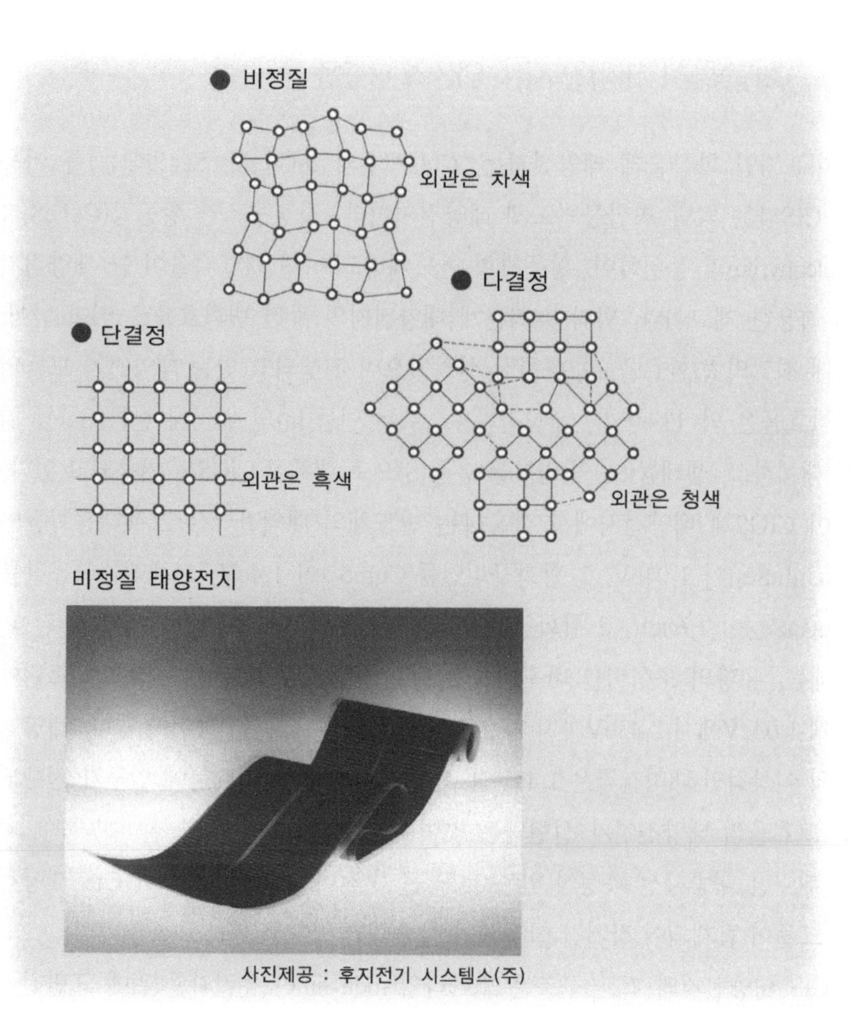

그림 5-3b 비정질 상태
비정질은 인접한 원자의 거리와 격자의 결합 각도가 일치하지 않는다.

MEMO

5.4 화합물계 태양전지 : CIS와 CIGS

대표적인 화합물계 태양전지는, Cu(구리)와 In(인듐), Se(셀레늄)를 이용한 CIS라는 박막 화합물반도체 태양전지이다. 결정구조가 황동광($CuFeS_2$: chalcopyrite)과 동일하여, 황동광형 반도체라고 하며 광흡수율이 큰 태양전지에 적용한 재료이다. 박막 실리콘계 태양전지의 광전 변환효율을 뛰어 넘어, 세계 최고의 변환효율 19.9%를 실현하였으며 진행되고 있는 태양전지 모듈의 변환효율은 약 13%이다. 태양전지용으로는 인듐(In)의 위치에 갈륨(Ga)을 일부 대체하고, 셀레늄(Se)의 일부를 유황(S)으로 대체한 CIGS도 연구되고 있다.

이 CIGS계 태양전지에서 사용하는 반도체의 대역간극은 2 셀레늄화동인듐($CuInSe_2$)이 1.04eV, 2 황화구리인듐($CuInS_2$)이 1.4eV, 2 셀레늄화동갈륨($CuGaSe_2$)이 1.68eV, 2 황화구리갈륨($CuGaS_2$)이 2.43eV이므로, 인듐, 갈륨, 셀레늄, 유황의 조성비를 바꾸어 혼합반도체를 만들면, 태양광의 스펙트럼에 맞게 1.04eV에서 2.43eV까지 자유로이 제어할 수 있다는 장점이 있다. 태양전지의 이상적인 대역간극은 1.4eV인 것으로 알려져 있기 때문에 연구가 진행되면 고효율의 태양전지가 실현되는 것이 가능할 것이다. 또한 실리콘 등에 비해 뛰어난 내방사선 특성이 있는 것도 큰 장점이므로 인공위성에 CIS 태양전지 모듈이 탑재되어 장기간 안정성이 실증되고 있다.

CIS 태양전지의 기본 구조는 소다라임(soda lime) 유리기판 위에 표면전극으로 몰리브덴(Mo)을 이용하고 그 위에 CIS계 박막을 제작하고, 황화 카드뮴(CdS) 등의 버퍼층 위에 산화아연(ZnO) 투명전극막이 형성되는 것이다. 제작 방법으로는 셀레늄화법이 사용되고 있다. 이 방법은 태양전지의 표면전극에 사용되는 몰리브덴 위에 미리 구리와 인듐을 스퍼터링으로 박막을 형성한 후, 이 박막을 셀레늄화수소 중에서 열처리하여 금속과 셀레늄을 반응시켜 CIS 박막을 제작하는 것이다. 인듐은 희소 금속으로 고가이지만 실용화가 진행되고 있는 태양전지이다.

MEMO

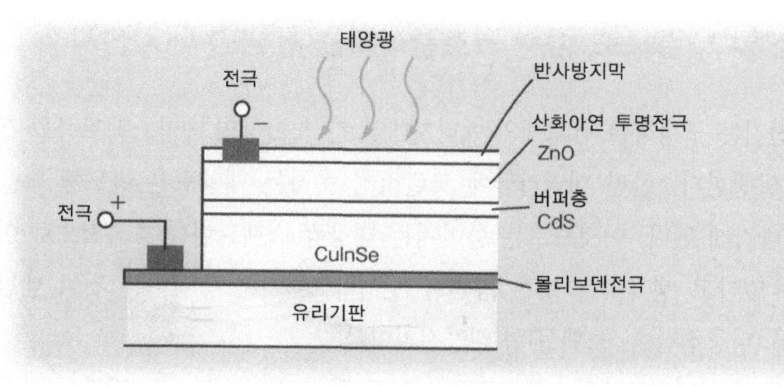

그림 5-4a CIS 박막 화합물반도체 태양전지의 구조

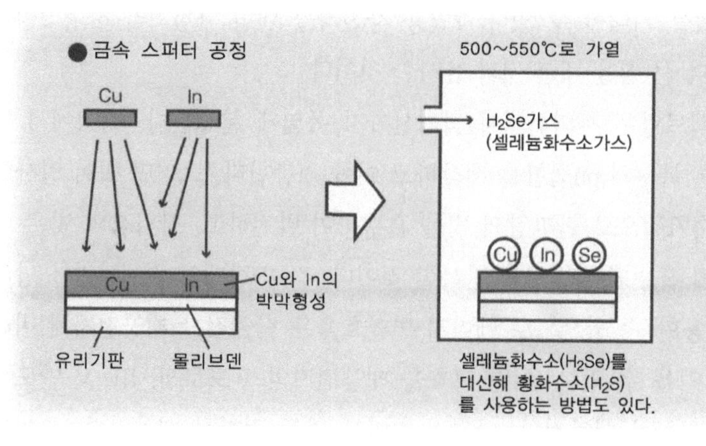

그림 5-4b 셀레늄화법에 의한 CIS 박막의 구조

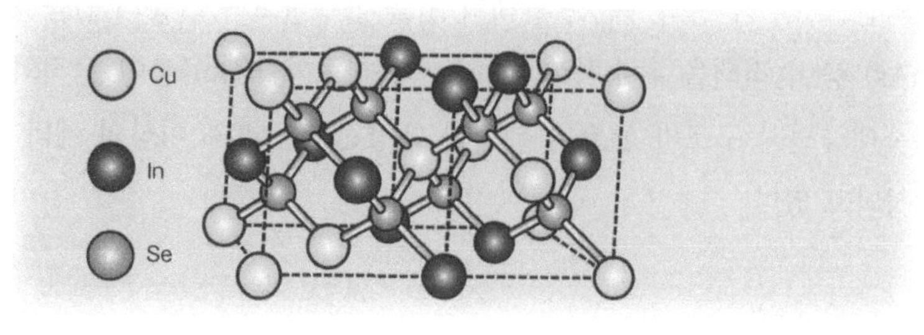

그림 5-4c 황동광(chalcopyrite) 형 반도체의 구조
Se원자가 2개의 Cu원자와 2개의 In원자에 결합된 사면체구조이다.

MEMO

5.5 찬합 모양으로 겹쳐 고효율화하는 탠덤형 태양전지

태양전지는 구성하는 반도체의 에너지대역 간극 이상의 태양스펙트럼을 흡수하여 발광한다. 한편 대역간극에 도달하지 못하는 태양광은 반도체 속을 그냥 지나가게 된다. 이것으로는 쏟아지는 태양광 스펙트럼을 효과적으로 이용할 수 없다고 생각하는 것은 당연할 것이다. 여기서 등장하는 것이 탠덤(tandem) (다중접합형, 스택형)형 태양전지이다.

텐덤형 태양전지는 태양스펙트럼의 일부를 분할하여 수광하고 각각의 파장영역에 적합한 재료를 선택하여 태양전지를 제작하는 다접합 구조이다. 따라서 단파장에서 장파장의 태양광을 효과적으로 이용할 수 있기 때문에 태양전지의 고효율화를 기대할 수 있다. 2인용 자전거를 탠덤 자전거라 하며 2명이 힘을 합쳐 보다 큰 힘을 내는 것과 유사한 것이다.

태양광 스팩트럼은 자외선에서 적외선까지 폭넓게 분포한다. 여기에서 대역간극이 다른 복수의 pn접합을 제작하고 이를 적층한다. 그러면 빛이 입사한 pn접합에서 순차적으로 단파장의 빛을 흡수하여 발전하고, 장파장의 빛은 다음의 pn접합에 흡수되어 발전을 반복할 것이다. 각 파장대의 빛에너지를 낭비없이 모두 이용할 수 있으므로 에너지 변환효율은 단일접합 태양전지에 비해 높은 효율을 얻을 수 있다. 이런 고효율 태양전지의 후보로서, III−V 반도체 재료를 다중 접합한 태양전지, 단결정 박막을 다중 접합한 태양전지 등 여러 가지가 제안되고 있다.

텐덤형 태양전지의 3중 접합 적층구조의 예로 최상층에 인듐갈륨인(InGaP) 층이 자외선으로부터 청색, 녹색, 황색의 빛을 흡수하고 중간층의 인듐갈륨비소(InGaAs) 층이 적색을 흡수하고, 최하층의 게르마늄(Ge) 층이 근적외선을 흡수하는 태양전지 구조가 있으며 텐덤형 태양전지는 40% 이상의 에너지 효율이 달성되고 있다.

MEMO

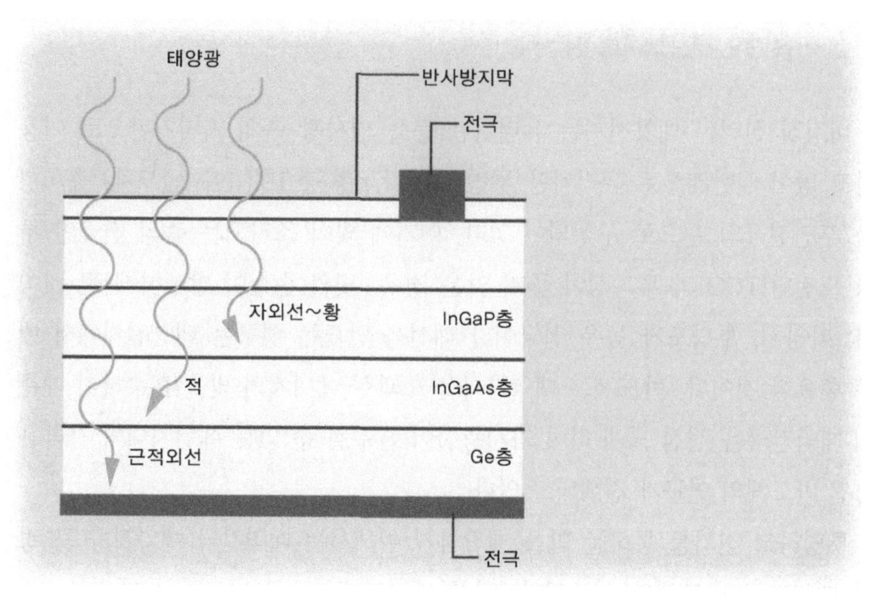

그림 5-5 3중 접합 텐덤형 태양전지의 구조

양자점을 텐덤형 태양전지에 응용

양자점(57페이지 참조)은 직경이 수 나노미터로 작은 반도체 결정(나노 입자)으로, 양자우물의 경우와 마찬가지로 이 입자가 높은 전위장벽의 삼차원 우물에 둘러싸여 있는 경우에는 전자가 갇히게 된다.

이러한 양자효과를 응용한 태양전지를 양자점 태양전지라 하며 이론적으로 60% 이상의 변환효율이 기대되고 있다. 결정 실리콘 태양전지의 경우 대역간극 에너지 이하의 빛이 투과되어 손실이 발생하고 흡수된 빛이 열에너지가 되는 두 가지 문제를 해결할 수 있는 가능성이 있기 때문이다.

양자점에서는 그 직경을 변화시켜 흡수할 수 있는 파장을 제어할 수 있다. 이러한 양자크기 효과를 이용하여 흡수파장이 다른 양자점 층을 텐덤형으로 적층하여 자외선으로부터 근적외선에 걸친 폭넓은 빛을 흡수하여 에너지 변환효율을 높일 수 있을 것이다.

MEMO

5.6 투명한 반도체 박막

비정질 실리콘 태양전지는 유리기판 등을 입사광 측의 지지기판으로 이용하고 있어 일반적으로 유리기판/투명 도전막/p형 층/i형(순수 반도체) 층/n형 층/후면전극의 순으로 구성되어 있다. 여기에 빛이 조사되는 측의 전극인 투명 도전막(TCO)의 투과성이 좋지 않은 경우, 빛의 손실이 발생하게 될 것이다. 따라서, 투명도가 높은 전극이나 배선을 만드는 연구는 태양전지에서 매우 중요할 것이다. 반도체는 대역간극을 초과한 에너지의 빛을 흡수하기 때문에 대역간극을 점점 크게 하여 가시광선이 흡수될 수 없는 에너지대역 간극을 가진 반도체의 연구가 진행되고 있다.

투명하고 전기를 통하는 막을 제작하기 위해서는 대역간극 에너지가 큰 광폭 대역간극 반도체가 이용된다. 광폭 에너지대역간극 반도체는 대역간극이 3eV 이상(= 330nm)으로 자외선 영역에 대응하며 가시광선을 흡수하지 않는다. 또한 반도체에 도핑하여도 금속과 같이 가시광선을 반사 할 수 없다. (금속전극에서는 전기를 잘 통과하지만 가시광선의 빛은 반사되어 버린다.)

이러한 반도체는 산화인듐주석(Indium Tin Oxide : ITO)이나 산화아연(ZnO), 산화주석 (SnO_2) 등이 있으며, 산화물 반도체라고 한다.

투명전극막은 투명하고 전기를 통하는 성질을 갖기 때문에 태양전지의 응용 이외에도 휴대전화와 노트북의 표시용 전극, 디스플레이용 전극 등 다양한 용도로 사용되고 있다. 이러한 막은 주로 스퍼터링이나 진공 증착법 등으로 제작된다. 투명전극막으로 많이 사용되는 재료는 ITO이다. 산화인듐에 산화주석을 첨가하여 인듐(In) 이온의 위치에 주석(Sn) 이온을 대치함으로써 캐리어 전자를 발생시킨다. 저항률이 10^{-4} $\Omega \cdot$cm대로 낮기 때문에 액체 디스플레이 등에 사용되고 있으나 인듐이 고가이므로 산화아연을 이용하는 연구가 진행되고 있다. 투명전극을 태양전지에 사용하는 경우에는 높은 투명성과 전도성으로 태양광을 효율적으로 사용하기 위해 표면에 요철구조가 필요할 것이다.(173페이지 그림 5-1a 참조). 요철 구조의 제작에는 CVD 법에 의한 산화주석막이 실용화되고 있다.

해설

TCO : Transparent Conducting Oxide의 약자.

MEMO

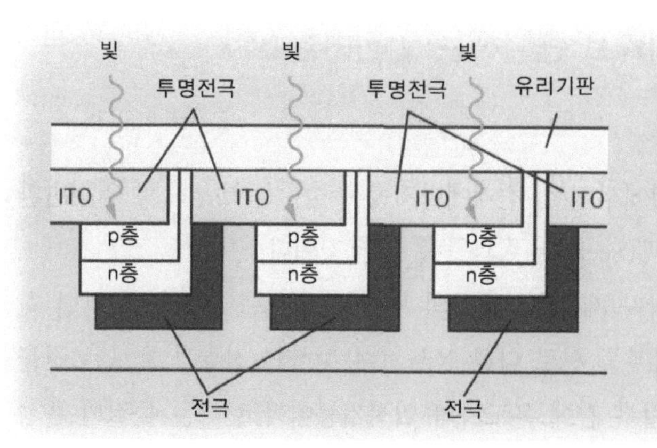

그림 5-6 비정질 태양전지의 투명 도전막 전극

p형 투명 반도체는 고난도?

대표적인 투명한 산화물 반도체인 산화인듐주석(ITO)은 표시소자나 태양전지의 투명 전극으로 사용되고 있다. 사실 이러한 투명 반도체의 대다수는 n형 반도체로써 p형 투명 반도체는 실현할 수 없었다. 그러므로 투명 반도체를 이용한 pn접합을 만들 수 없었다. 그런데 최근에 델라포사이트(Delafossite) 구조의 구리알루미늄 산화물($CuAlO_2$)이 p형의 전도특성을 나타내는 것을 밝혀냈다. 구리알루미늄 산화물의 결정은, 구리(Cu)와 산화알루미늄 (AlO_2)이 각각 층 모양으로 적층된 구조로 제작된다. 이러한 박막은 일반적으로 PLD(Pulsed Laser Deposition) 및 스퍼터링 법으로 제작되고 있으며 투명 반도체를 이용한 pn접합 소자의 발전이 점점 기대되고 있다.

MEMO

5.7 열을 전기에너지로 변환하는 열전변환소자

■ 제벡효과의 응용

반도체를 이용하여 열에서 직접 전기에너지를 추출하는 방법으로 열전변환이 있다. 열전변환은 제벡(Seebeck)효과를 응용한 것이다.

1821년 독일의 물리학자 제벡은 2종류의 도체(반도체)를 접합하여 닫힌 회로를 만들고 2개의 접합부를 서로 다른 온도로 유지하면 전류가 흐르는 것을 발견하였다. 이것은 접합부 간에 온도차와 열전기능이라고 하는 물질의 특성으로 결정된 기전력이 발생하기 때문이다. 이 현상을 발견자의 이름을 따서 제벡효과라고 한다.

이후 프랑스의 과학자 펠티에(Peltier)에 의해 상이한 두 금속에 전류를 흐르게 하면 제벡효과와 반대로 흡열과 발열이 일어나는 것을 발견하고 이를 펠티에 효과라고 하였다. 두 현상 모두 전기와 열을 직접 연결한 관계로 주목 받았으며 이러한 현상을 일으키는 재료를 열전변환 재료라고 한다.

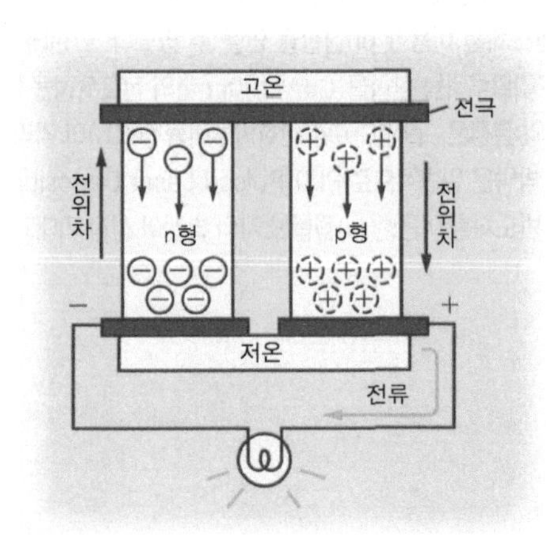

그림 5-7 열전변환식 발전의 모형

n형 반도체의 전자와 p형 반도체의 정공은 고온이 되면 전도에너지가 증가하여 온도가 낮은 쪽으로 이동한다. 이에 따라 생기는 기전력을 이용하는 것이 반도체 열전변환 발전이다.

열전변환에 의한 열전발전의 장점은 열을 전기로 직접 변환하기 때문에 배기가스의 염려가 없어 친환경 청정에너지를 만들어 내는 것이다. 도체대신 반도체를 이용하면 열전발전의 효율이 비약적으로 향상 할 수 있다는 것을 이론적으로 처음 제안한 사람은 우크라이나의 욧페(Abram Fyodorovich Ioffe)이다.

열전발전은 우주 개발에서 보이저와 파이오니어 같이, 태양빛이 닿지 않는 혹성간 탐사선의 통신용 전원으로 실용화되고 있다. 보이저의 동력원은 플루

토늄 238의 방사성 붕괴열로 발전하는 열전발전으로써 20년 이상 동작하면서 계속 명왕성의 사진을 지구로 보내 왔다.

■ 열전변환 재료

열에 의해 발전할 수 있는 물질 고유의 특성을 제벡계수라고 하며, 그 단위는 단위 온도당 발생하는 기전력의 크기(V/K)로 표시한다. 반도체는 약 100 μV/K에서 500μV/K 정도이다.

열전변환은 소자 내에도 전류가 흐르기 때문에 소자의 내부저항을 낮추어, 가능한한 큰 기전력을 만들 수 있어야 한다. 현재 상온에서 250℃ 정도까지의 발전에 사용되는 재료로는 비스무스-텔루르(BiTe) 계의 재료가 있다. n형 반도체로 비스무트-텔루르-셀렌(BiTeSe), p형 반도체로 비스무트-안티몬-텔루르(BiSbTe)가 사용되며 약 200μV/K 정도의 제벡 계수를 가지고 있다.

1개의 열전소자 쌍의 구조는 n형 반도체가 전극을 통해 p형 반도체에 전기적으로 직렬로 연결되어 있다. 따라서 하나의 열전소자 쌍에서는 단위온도 당 열기전력이 작기 때문에 큰 전력을 얻기 위해 온도차를 크게 하여야 한다. 다음은 열전소자 쌍을 직렬로 접속하여 출력전압을 크게 할 필요가 있다. 제벡계수가 200μV/K의 경우에 온도차가 100K라면 하나의 pn접합 열전소자 쌍은 20mV에 해당하는 전압을 생성하므로 2V전압을 얻기 위해서는 100개를 직렬로 연결하여야만 한다. 1도의 온도차이로 2V의 출력을 얻고자 하면, 이론상으로는 1만개의 열전소자 쌍을 연결해야 한다. 이와 같이 작은 기전력의 열전소자 쌍을 조합하여 큰 전압을 얻는 구조를 열전모듈이라고 한다.

그리고 열전재료의 성능을 표현하는 방법으로 성능지수 Z가 있다. 이 지수는 Z=(제벡계수의 제곱)×(전기전도율)÷(열전도율)로 표시된다.

그리고 열전발전에 사용하기 위하여 이 지수가 큰 재료가 개발되고 있다. 그러나 제벡계수는 물질의 고유특성이다. 또한, (전기전도율) × (열전도율)의 곱은 재료에 따라 거의 정해져 있다. 따라서, 열전효과가 뛰어난 반도체 열전재료를 발견하는 것은 그리 간단한 문제가 아니다.

그러나 반도체는 이종접합 구조를 이용한 이차원 양자우물 구조나 인공초격자 구조를 제작할 때, 재료의 두께 방향의 치수를 얇게 하면 전자의 양자우물이 생겨 열전성능을 매우 크게 할 수 있다는 것이 제안되었다. 하나의 재료로 열전재료를 제작하는 경우와 달리, 제벡계수와 도전율, 열전도율을 개별적으로 제어하여 우수한 열전능력을 실현하고자하는 사고방식에서 출현하였다.

MEMO

양자우물 효과에 의한 제벡 계수의 증가는 납-텔루르(PbTe)와 납-유로퓸-텔루르(PbEuTe)에 의한 양자우물 구조에 의해 검증되고 있다. 또한 실리콘과 게르마늄을 이용한 초격자 구조에서도 이론적인 예측과 실험적인 검증이 진행되고 있어 향후 새로운 열전변환 재료로 기대되고 있다.

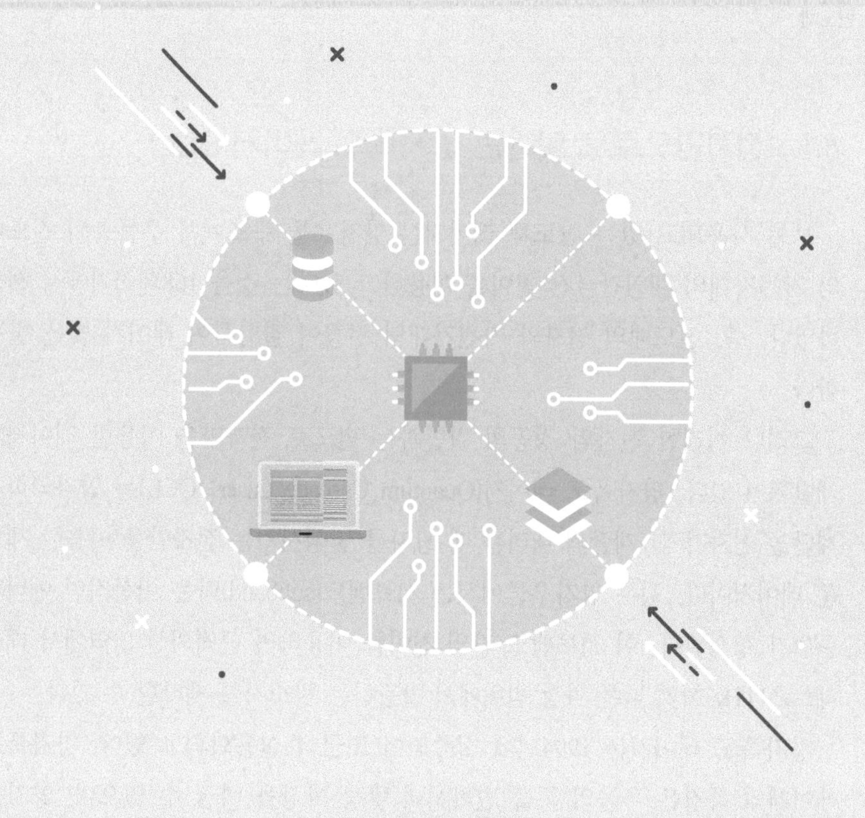

CHAPTER

6

반도체의 최신 동향

반도체 기술은 하루가 다르게 진화하고 있다.

미세가공 기술의 향상에 의한 고집적화 및 고성능화는 말할 것도 없이, 새로운 재료 소재의 발견과 응용에 의한 혁신적인 용도 개발 등 최신 화제를 소개해 본다.

MEMO

6.1 전자만으로도 빛나는 양자폭포 레이저(QCL)

보통 사용되고 있는 반도체 레이저는 양자우물 구조에서 우물층의 전도대와 가전자대의 대역간극간 천이를 이용하고 있다는 것을 168페이지에서 설명하였다. 즉, 전도대의 전자와 가전자대의 정공이 결합하여 레이저 빛을 발광한다.

그러나 이러한 전자와 정공의 결합과는 별도로 전자만을 이용한 레이저가 개발되어 있다. 양자폭포 레이저(Quantum Cascade Laser; QCL)는 양자역학적 계단을 전자가 한 계단씩 내려갈 때 광자를 발생시키는 전자만을 이용한 새로운 레이저이다. 깊은 양자우물에서는 서브밴드(subband)라는 이산적인 에너지 준위가 형성된다. 이 서브밴드 간의 천이를 이용하면 근적외선 영역에서 테라헤르츠(THz)까지 넓은 파장 범위에서 발광하는 광소자를 제작할 수 있다.

양자폭포 레이저는 1994년에 실증되어 조금씩 실용화되고 있다. 양자폭포 레이저의 특징은 우물의 폭을 변화시켜 발광 파장을 바꿀 수 있으며, 양자를 다단(직렬)으로 연결하여 고출력 레이저 광을 얻을 수 있다는 것이다. 이러한 다단의 양자우물 제작에는 갈륨비소(GaAs)와 알루미늄갈륨비소(AlGaAs)의 조합을 이용하거나 갈륨인듐비소(GaInAs)와 알루미늄인듐비소(AlInAs)의 조합이 이용되고 있다. 현재는 실온에서 파장이 4~13μm의 레이저 발진이 달성되고 있다.

양자폭포 레이저의 중요한 응용 분야에 환경 모니터링이 있다. 파장이 4~5μm의 레이저 광은 CO_2와 CO에서 흡수되기 때문에 환경측정 및 배기가스 분석에 응용이 기대되고 있다. 또한 테라헤르츠 대역의 양자폭포 레이저도 발진에 성공하여 전 세계의 연구자들이 그 개발을 다투고 있다.

해설

QCL : Quantum Cascade Laser.

테라헤르츠 : 10^{12}Hz (1,000GHz)

MEMO

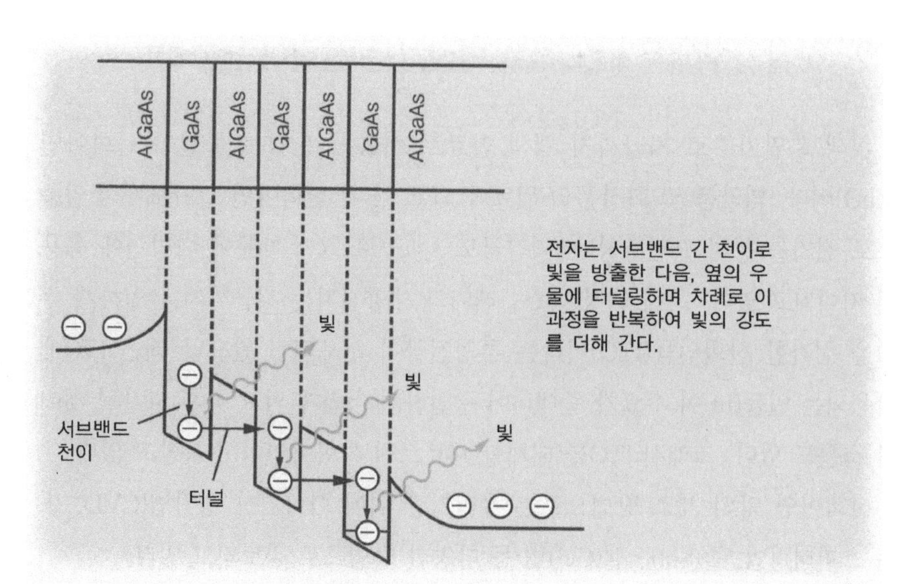

그림 6-1 양자폭포 레이저의 구조
양자우물의 서브밴드 사이를 천이하기 때문에, 우물의 폭을 바꾸면 발광 파장을 마음대로 바꿀 수 있다.

반도체 레이저의 문턱전류

발광다이오드는 전압을 걸어 전류가 흐르기 시작하면 곧바로 빛을 방출한다. 그러나 반도체 레이저는 전류를 흘려도 곧바로 레이저 광을 방출할 수 없다. 레이저 발진을 위해서는 먼저 반전분포 상태를 이루는 것이 필요하고, 또한 광 공진기에서 증폭된 빛의 양이 산란 등에 의해 손실되는 빛의 양보다 많아야 한다. 따라서, 레이저 발진을 위해서는 최소한의 조건이 갖추어지지 않으면 안되는 것이다. 그러므로 반도체 레이저는 전류를 흘려보내면 처음에 자연방출 광만이 나올 뿐이며 임계 전류값(문턱전류) 이상이 되면 갑자기 빛의 출력이 증대하고 레이저 발진을 하게 된다. 이 문턱 전류가 작을수록 저소비전력 레이저가 되기 때문에 양자폭포 레이저에서는 임계 전류를 낮추기 위한 노력이 진행 중이다.

MEMO

6.2 분말가루에서 반도체로 변신하는 산화아연(ZnO)

흰색 분말가루로 지금까지 백색 안료로 사용되고 있는 물질이 산화아연(ZnO)이다. 의약품 및 화장품의 원료가 되고 있다. 산화아연도 반도체의 일종으로 전기를 통하고(전도성) 대역간극도 3.4eV로 크기 때문에 다방면에 응용이 기대되고 있다. 특히 액정 디스플레이와 태양전지는 지금까지 유일하게 주석을 첨가한 산화인듐(ITO)이라는 투명전극이 사용되어 왔으나 최근 ITO에 사용되는 인듐(In)이 수요가 증대되어 구입하기 어렵게 되고 향후 고갈될 것이란 소문도 있다. 그래서 ITO를 대체할 재료로써 산화아연이 주목받고 있다.

산화아연 막의 제조 방법으로는 유리기판 위에 화학기상 성장법(CVD) 또는 스퍼터링법, 졸(Sol) · 겔(Gel)법 등 다양한 방법으로 검토되고 있다.

투명전극으로의 응용을 위해선 가시광선 영역에서 80% 이상의 투과율과 $10^{-3}\ \Omega \cdot cm$ 이하의 저항률이 필요하다. 산화아연은 대역간극이 커서 질화갈륨(GaN), 탄화실리콘(SiC)과 같이 광대역 금지대폭을 가진 반도체로 분류되어, 청색에서 자외선 영역의 발광다이오드 등에 응용에 대해서도 연구가 진행되고 있다. 최근에는 수열합성법(hydrothermal synthesis)을 사용한 단결정 제작기술이 개발되어 산화아연 웨이퍼가 제작될 수 있게 되었다. 이와 같은 용액성장법에서는 대형 열가압장치를 이용하여 생산성을 향상시킬 수 있어, 산화아연 반도체를 이용한 소자의 실현에 한 걸음 다가서고 있다.

그림 6-2 투명 전극 등으로 응용이 기대되는 산화아연

6.3 반도체와 자성체를 융합하는 스핀트로닉스

MEMO

트랜지스터나 반도체 레이저 등의 반도체 전자공학에서는 전도대의 전자 및 가전자대의 정공이 주역이다. 이것은 전자가 가지고 있는 전하의 이동성을 이용하여 전계에 의하여 전자를 움직이게 하거나, 전자와 정공의 충돌에서 빛을 방출하는 원리를 이용한 소자들이다.

그러나 전자에는 스핀(spin)이라는 자유도가 있다는 것을 잊어서는 안 된다. 1987년에 프랑스의 알베르 페르(Albert Fert)와 독일의 피터 그린베르크(Peter Grunberg) 그룹은 거대 자기저항(Giant Magnetic Resistance : GMR)을 발견하고 2007년에 노벨 물리학상을 받았다. 이는 강자성 박막과 비강자성 박막을 다층으로 제작한 다층자성체 박막의 스핀이 평행할 때 낮은 저항을 나타내며, 반평행상태에서는 큰 저항을 나타내는 현상이다. 이 효과는 기록장치인 하드디스크(HDD)의 읽기용 자기헤드로 실용화되어 그 용량이 비약적으로 증대했다.

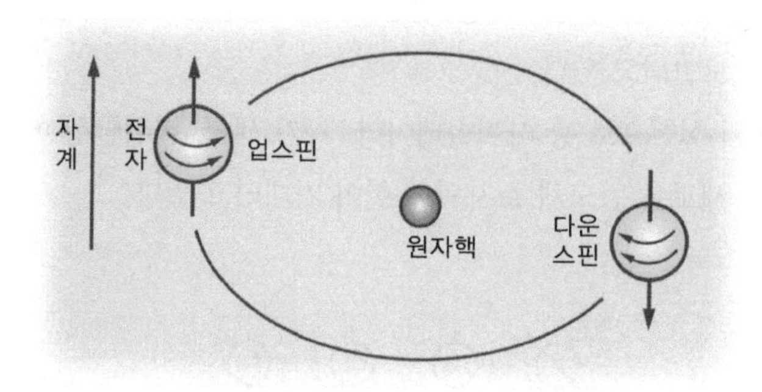

그림 6-3a 전자의 스핀과 강자성의 발생

전자는 원자핵 주위의 궤도를 회전할 뿐만 아니라 자신도 자전하고 있다. 그 전자의 자전을 스핀이라 하며, 스핀의 방향은 자기장의 방향에 대하여 동일하거나(업 스핀) 또는 반대 방향(다운 스핀)의 두 가지밖에 없다. 전자는 하나의 궤도에 2개씩 쌍으로 존재하므로(궤도에 1개밖에 전자가 존재하지 않는 원자는 다른 원자와 결합하여 궤도에 부족한 1개를 보충) 2개 스핀의 방향은 반드시 반대가 된다. 스핀은 물질의 자화에 관계되어 있으며, 일반적으로 위아래가 쌍으로 존재하여 자력이 상쇄되지만, 최외각궤도 전자는 예외로 스핀 방향이 업/다운 중 하나에 치우치기 때문에 그에 따라서 원자가 자력을 가지게 된다.

이 발견에서 스핀이 전자의 전도현상에 큰 영향을 미치는 것이 밝혀지게 되었다. 그래서 반도체에도 자성체 성질을 겸비한 재료가 개발되면 새로운 기능을 가진 반도체 소자가 실현될지 모른다는 희망으로 자성반도체에 대한 연구가 진행되고 있다. 그리고 이 분야를 금속의 자성체와 구분하여 반도체 스핀

MEMO

트로닉스(spintronics)라고 한다.

일반적으로 반도체는 자성을 나타내지않지만 자성을 나타내는 원자를 반도체 결정 속에 첨가시키면, 반도체의 성질을 유지하면서 자성체의 성질을 갖게된다. 예를 들면, 갈륨비소(GaAs)에 자성원자인 망간(Mn)을 넣어 갈륨–망간–비소(GaMnAs)의 혼합반도체를 만들 때, 2가의 망간 원자가 갈륨비소 결정의 3가 원자인 갈륨과 치환되면 자성의 근원이 되는 스핀을 만들고 정공이 생성된다. 이 정공이 중간 역할을 하여 망간 원자의 스핀을 동일한 방향으로 가지런히 해 강자성 반도체가 만들어진다고 알려져 있다. 이것을 캐리어유도 강자성이라고 한다.

이 재료에서는 강자성이 유지되는 온도(큐리(Curie) 온도)가 150K 정도로 보통 우리가 반도체를 이용하는 실온으로는 실현될 수 없다. 그래서 요즘은 실온에서 사용하기 위한 자성반도체의 연구가 활발히 진행되고 있다. III–V족 외에 II–VI족 반도체 및 황동광형 반도체 (180페이지 참조)에 다양한 자성 원자를 넣어 상온 강자성 반도체를 실현하려는 연구가 진행되어, 온도 300K 에서 강자성이 보고되고 있다.

자성반도체의 실현으로 광 아이솔레이터, 자기 센서, 비휘발성 메모리, 스핀 트랜지스터 등 새로운 반도체 소자의 출현이 기대되고 있다.

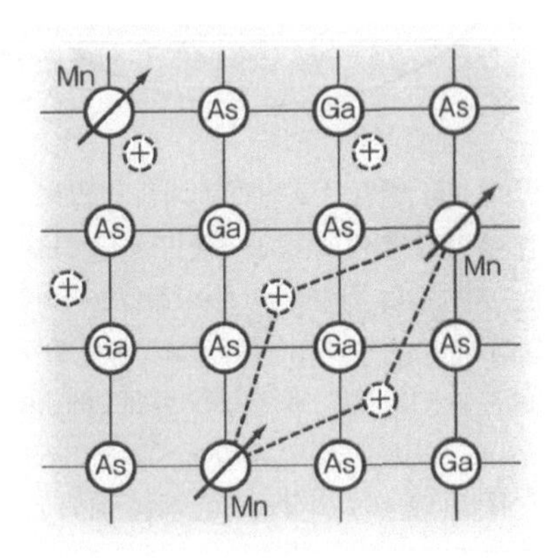

그림 6–3b 캐리어유도 강자성 구조
갈륨–망간–비소(GaMnAs)의 혼합반도체는 망간 원자의 외각 전자가 빠져 정공이 되고, 이 정공이 중간 역할을 하여 망간끼리의 스핀 방향을 맞춰 강자성을 나타내게 된다.

MEMO

■ 스핀트랜지스터의 가능성

스핀트로닉스에서는 스핀트랜지스터라 불리우는 새로운 트랜지스터가 제안되고 있다. 전계효과 트랜지스터의 소스와 드레인에 강자성체로 된 전극을 부착하고 채널에 스핀이 임의의 방향으로 모인 이차원 전자가스(스핀편재 전자)를 흘려보낸다. 이 때, 게이트 전극에 전압을 인가하여 흐르고 있는 전자의 스핀의 회전각도를 변화시킨다. 만약 드레인 전극에 도달한 전자가 소스 전극과 같은 스핀방향을 하고 있으면 저항이 작아지고, 반대 방향이면 저항이 커질 것으로 예상되므로 이렇게 하여 소스와 드레인 사이의 전류를 제어하는 것이 스핀트랜지스터이다. 전계를 걸어 스핀의 방향을 바꾸기 위하여 스핀궤도 상호작용이라는 물리현상이 사용되고 있다. 이 스핀궤도 상호작용은 인듐비소(InAs)를 채널로 한 트랜지스터 구조에 대하여 실험적으로 확인되고 있어, 향후 큰 스핀궤도 상호작용을 가진 재료 및 채널에 스핀을 주입하기 적합한 자성반도체의 선택이 과제가 되고 있다.

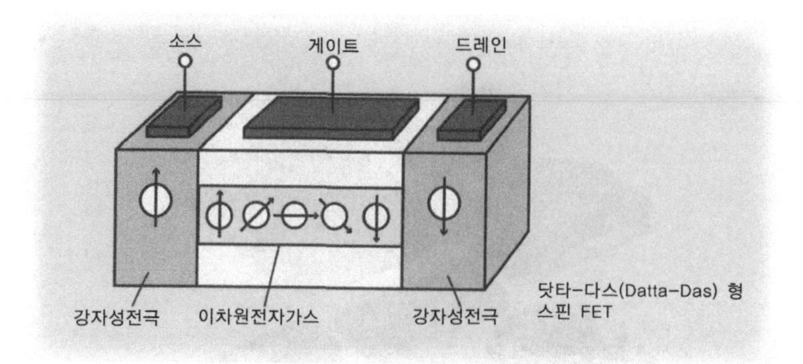

그림 6-3c 스핀트랜지스터의 동작

소스와 드레인에 강자성 전극을 이용하여 스핀방향이 정해진 전자를 공급하고, 게이트 전압(전계)으로 스핀의 방향을 바꾸어 저항값을 제어한다.

해설

스핀궤도 상호작용 : 전자는 궤도회전에 의한 자기모멘트와 스핀에 의한 자기모멘트를 가지며 양방향의 자기모멘트가 상호 작용하는 것.

MEMO

6.4 탄화실리콘(SiC)이 열쇠를 쥐고 있는 전력전자

에어컨 및 냉장고 등에서는 인버터가 사용되고 있다. 콘센트에 흐르는 60Hz의 교류 전원을 일단 컨버터(정류기)을 이용해 직류로 변환하고 인버터에 의해 다시 다른 주파수의 교류로 변환하는 회로이다.

이러한 전력변환 장치인 인버터를 제작할 때, 전력손실이 적고 변환효율이 높은 장치가 요구될 것이다. 물론 소형, 경량도 사용상 중요한 요소이다. 그리고 교류에서 직류로, 직류에서 교류로 변환하기 위해서는 전류를 온-오프하는 스위치 역할의 반도체소자가 필요하다. 이 소자에는 전력손실이 작고 스위칭 속도가 빠르며 큰 전압에서도 파손되지 않는 성능이 요구된다.

지금까지 큰 전력을 다루는 반도체로써 실리콘이 사용되어 왔지만, 최근 실리콘 재료의 한계가 보이기 시작하였다. 그래서 실리콘의 10배에 해당하는 절연파괴 전압을 가진 반도체 재료로써 탄화실리콘 (SiC ; 실리콘 카바이드)이 주목받고 있다.

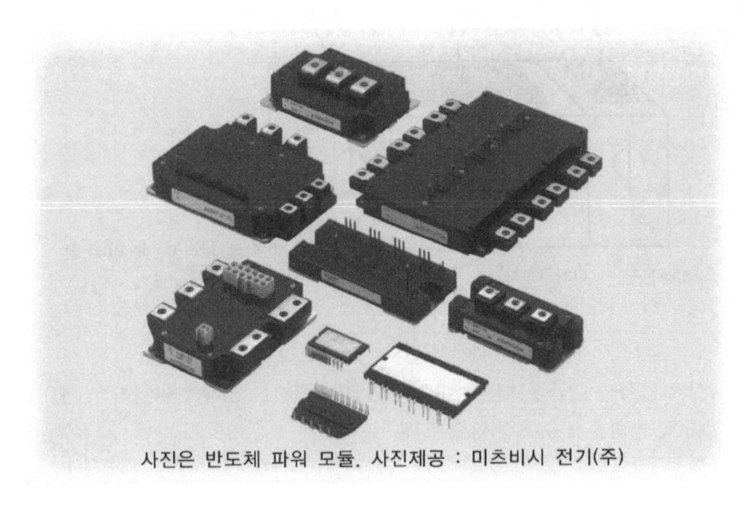

사진은 반도체 파워 모듈. 사진제공 : 미츠비시 전기(주)

그림 6-4 연료전지 및 전기자동차에서 주목받고 있는 전력반도체

MEMO

탄화실리콘은 에너지대역 간극이 2.2~3.02 eV로 크기 때문에 실리콘을 대치하면 절연파괴 전계가 크고 소자의 온-저항이 작은 전력소자를 제작할 수 있을 것이다. 그러므로 탄화실리콘이나 갈륨질화물, 다이아몬드 등과 같이 대역간극이 큰 반도체를 광대역간극 반도체라고 한다. 탄화실리콘은 실리콘과 유사하여 p형 반도체와 n형 반도체를 제작할 수 있으므로 전도성을 제어할 수 있다. 또한, 열산화 공정에서 실리콘 산화막도 만들 수 있으므로 MOS 구조도 제작할 수 있으며 소자 제작 후 뛰어난 특징을 가지고 있다. 또한 아직 고가이지만 단결정 웨이퍼도 손쉽게 구할 수 있고 동종 에피택시층의 성장도 가능하다. 향후, 탄화실리콘 소자는 전기자동차 등의 보급으로 중요하게 될 것으로 예상한다.

탄화실리콘의 다양한 얼굴

탄화실리콘의 화학기호는 SiC라고 쓰지만, 실은 하나의 반도체를 의미하지 않는다. 조성이 같아도 결정이 다른 구조(다결정 유형, 결정다형)가 200가지 이상 존재하는 것으로 알려져 있다.
대표적인 결정다형은 3C, 2H, 4H, 6H 등이 있으며, 용도에 따라 이용하는 결정 형태도 달라진다. C는 입방정(Cubic), H는 육방정 (Hexagonal)을 표시하고 앞에 붙은 숫자는 SiC 적층구조의 반복된 주기를 표시한다.
일반적으로 전력소자 응용에 전자이동도가 1,000cm^2/V • s이며 대역간극 에너지도 큰 4H 구조가 사용되고 있다. 6H 구조는 격자정합 및 열전도도 등의 이유로 질화갈륨(GaN)을 결정성장하기 위한 기판으로 사용되고 있다. 3C 구조는 실리콘기판 위에 성장할 수 있기 때문에 대면적의 낮은 가격을 목표로 한 전력소자에 응용이 기대되고 있다.
SiC 웨이퍼의 직경은 2인치에서 3인치, 4인치로 커지고 있지만, 결정 품질은 소자신뢰성에 영향을 미치는 마이크로파이프(micropipe)라고 하는 탄화실리콘 특유의 관통결함의 저감이 과제가 되고 있다.

MEMO

주목되는 테라헤르츠파

전파의 주파수 단위는 헤르츠(Hz)이다. 전자파를 발견한 헤르츠의 이름을 따서 붙여진 명칭이다. 그 단위 앞에 킬로(k)와 메가(M), 기가(G) 등의 접두어를 붙여 크기를 나타낸다.
휴대전화 등은 2GHz 대의 주파수를 이용하고 있으며, 자동차 레이더에는 76~77GHz 대를 이용하고 있다. 기가헤르츠보다 높은 테라헤르츠(THz)는 1,000,000,000,000Hz로 10^{12}Hz을 나타내고, 산업적으로도 많이 이용하지 못하고 있는 미개척 전파 영역이다. 1 THz의 1주기는 1psec, 파장은 300μm에 해당한다. 테라헤르츠파는 빛의 직진성과 전파의 투과성을 갖춘 빛과 전파의 중간 영역으로 정의되며, 최근 광반도체 소자의 눈부신 개발에 따라 향후 다양한 응용이 검토되고 있다. 예를 들어, 테라헤르츠 빛을 사용하면 봉투에 넣어 있는 각성제나 금지 약물을 알아낼 수 있어, 보안조치 등에도 응용이 기대되고 있다.

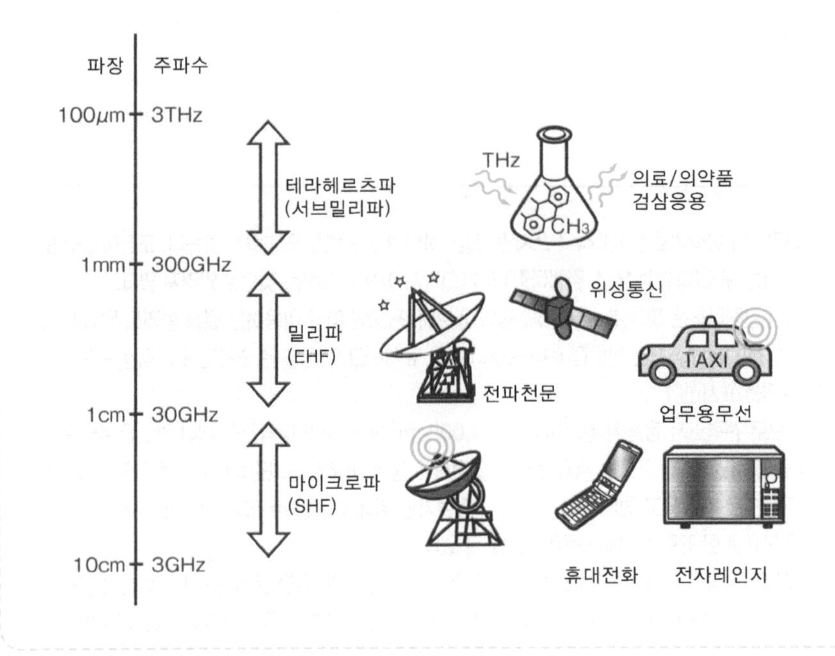

MEMO

 반도체와 특허

진공관 시대에 3극 진공관이 가진 증폭작용을 어떻게 든 고체장치에서 실현할 수 없을까 라고 생각하고 있던 사람은 수없이 많았을 것이다. 그 중에서도 1925년에 캐나다에서 출원된 리엔 펠트의 전계효과 트랜지스터에 관한 특허가 유명하다.
리엔 펠트는 3극 진공관과 유사한 구조의 고체소자를 제안하고 있었지만, "외부에서 가한 전기장(전계)에 의해 고체의 전도도를 변화시킨다"라는 발상은 쇼클리 등이 트랜지스터를 탄생시키기 20년 전에 제안된 것으로 벨 연구소에서도 이 특허에 대해 대응을 하고 있었다.
이 아이디어에 기반한 실험은 실패하지만 아이디어가 다음의 아이디어로 이어졌다는 것은 틀림 없었다.
또 다른 유명한 예는 집적회로의 특허가 텍사스인스트루먼트(TI)에 있던 킬비에 의해 제출되고 이른바 킬비특허로 일본 반도체 업계도 한참 고민을 하였다. 킬비는 1999년에 집적 회로에 미친 공적으로 노벨상을 수여 받았다.
최근 화제는 청색 발광다이오드나 플래시 메모리에 대한 기사가 신문 지상을 떠들썩하게 하고 있으며, 이는 공학에 관한 특허가 얼마나 큰 존재인지를 생각하게 하는 사례이다. 특히 향후에도 시장규모가 큰 반도체 사업에서는 점점 특허의 존재가 중요시 되고 있다.

MEMO

맺음말

이 책은 학생들에게는「이것만 알고 있으면 반도체 수업이 명확해 진다.」를, 일반인에게는「신문이나 잡지를 읽을 때 나오는 반도체의 새로운 키워드에 대해 조금이라도 이해를 돕기」를 목표로 쓰여졌습니다. 반도체 분야는 매일 새롭게 진화하는 산업분야이며, 연구개발 분야이지만, 때로는 잠시 멈춰서 반도체에 대해 조금 알아 보자라고 생각하시는 분들도 그 계기가 되었으면 좋겠다라고 생각합니다.

실제로 반도체는 무엇입니까? 재차 질문하면 즉시 이해하기 쉽다라고는 대답하기 어려울 것입니다. 어떻게 설명하면 쉽게 이해할 수 있을까 생각하고 있는 사이에 시간이 꽤 흘러 버립니다. 단순히 금속과 절연체의 중간 저항을 나타내는 것입니다라는 대답도 석연치 않습니다. 예를 들어 철이나 구리 등의 금속은 우리 주변에서 여러가지 사용되고 있으며, 대표적인 절연체인 세라믹은 도자기 등 가까운 곳에서 자주 눈에 띕니다. 실제로 반도체도 친근하게 사용되고 있습니다만, 이것이 반도체다라고 설명해도 역시 잘 모르는 것입니다.

이처럼 반도체는 눈에 보이는 형태로 설명하기 어렵다는 점이 이해하기 난해한 원인일지도 모릅니다. 또는 발광다이오드가 왜 빛나는지를 간단히 설명하는 것도 어려운 일일지도 모릅니다.

이 책에서는 반도체에 대해 과거에서 현재 그리고 미래로 이어지는 최근의 이야기에 대해 설명하였습니다. 이야기 속에서 어려운 부분도 있지만, 반도체가 친근하게 가까이 있다라고 생각해 주십시오. 많은 분들이 반도체의 본질을 이해하고, 더욱 가깝게 느껴 주시면 감사하겠습니다.

마지막으로, (주)기술평론사의 서적편집부는 물론이고, 제1장의 원고에 협력하신 프리랜서 작가 淵澤進씨, 난해한 설명을 부드러운 터치의 그림으로 연출해 주신 일러스트레이터 秋田綾子씨께 깊이 감사드립니다.

참고문헌 및 자료제공

MEMO

写真および資料ご提供（50音順）

インテル（株）／Pentiumプロセッサー（モノリシックIC）
共同通信社／ENIAC
ＪＲ東海／新幹線N700系車両
（株）SUMCO／シリコンインゴット、シリコンウエハー
電気通信大学・UECコミュニケーションミュージアム／鉱石ラジオほか
東京エレクトロン（株）／クリーンルーム、CVD半導体装置
東北電力（株）／メガソーラー八戸太陽光発電所
日産自動車（株）／電気自動車
（社）日本半導体製造装置協会／半導体のできるまで（後工程）
（株）ピーオーエス／電子ペーパー腕時計
富士電機システムズ（株）／アモルファスシリコン太陽電池
三菱電機（株）／半導体レーザー、半導体パワーモジュール

参考文献

本書は多くの文献を参考にして執筆したものです。主な参考文献を示します。応用物理学会誌なども参考にさせていただきました。

(1) 半導体の理論と応用(上)　植村泰忠、菊池誠著　裳華房
(2) 半導体物性Ｉ，Ⅱ　犬石嘉雄、浜川圭弘、白藤純嗣著　朝倉書店
(3) 半導体物性　小長井誠著　培風館
(4) 半導体超格子入門　小長井誠著　培風館
(5) 図解半導体ガイド　（株）東芝セミコンダクター社　誠文堂新新光社
(6) スパッタリング現象　金原粲著　東京大学出版会
(7) 光情報産業と先端技術　米津広雄著　工業図書株式会社
(8) 半導体レーザの基礎　栖原敏明著　共立出版株式会社
(9) モノリシックマイクロ波集積回路　相川正義　大平孝　徳満恒雄　広田哲夫　村口正弘　共著 電子情報通信学会
(10) 薄膜太陽電池の基礎と応用　小長井誠編著　オーム社
(11) 日経マイクロデバイス「太陽電池」2008年4月号—12月号
(12) 透明酸化物機能材料とその応用　細野秀雄、平野正浩監修　シーエムーシー出版
(13) 創造的発見と偶然　G.シャピロ著、新関暢一訳　東京科学同人

INDEX

[A~Z]

[ㅅ]

[ㅇ]

[ㅈ]

[ㅍ]

[ㅎ]

◆저자소개

内富直隆 (우치도미 · 나오다카)

- 나가오카기술과학대학 공학부 전기계열 교수 공학박사
- 도쿄공업대학 종합이공학 연구과 박사후기 과정 중퇴.
- 1982년 도쿄 시바우라 전기(주) 종합연구소에 입사 후,
- (주) 도시바 연구 개발 센터를 거쳐 1999 년부터 현직.
- 전문 분야 : 기능성 반도체 공학

◆역자소개

정학기

- 1983년 아주대학교 전자공학과 공학사
- 1985년 연세대학교 대학원 전자공학과 공학석사
- 1990년 연세대학교 대학원 전자공학과 공학박사
- 1994년 일본 오사카대학 전자공학과 교환교수
- 2004년, 2016년 호주 그리피스대학교 전자공학부 교환교수
- 1990년~현재 군산대학교 전자공학과 교수

쉽게배우는 반도체

1판 1쇄 발행 2020년 08월 20일
1판 5쇄 발행 2024년 03월 15일
저　　자 内富 直隆
옮 긴 이 정학기
발 행 인 이범만
발 행 처 **21세기사** (제406-2004-00015호)
경기도 파주시 산남로 72-16 (10882)
Tel. 031-942-7861　　Fax. 031-942-7864
E-mail : 21cbook@naver.com
Home-page : www.21cbook.co.kr
ISBN 978-89-8468-866-7

정가 23,000원